网络空间安全技术丛书

ZERO TRUST ARCHITECTURE

零信任架构

辛迪·格林-奥尔蒂斯（Cindy Green-Ortiz）　布兰登·福勒（Brandon Fowler）
大卫·霍克（David Houck）　汉克·亨塞尔（Hank Hensel）
[美]　　　　　　　　　　　　　　　　　　　　　　　　　　　著
帕特里克·劳埃德（Patrick Lloyd）　安德鲁·麦克唐纳（Andrew McDonald）
杰森·弗雷泽（Jason Frazier）

湖州师范学院信息工程学院 组译　陈本峰 等译

机械工业出版社
CHINA MACHINE PRESS

图书在版编目（CIP）数据

零信任架构 /（美）辛迪·格林－奥尔蒂斯等著；湖州师范学院信息工程学院组译；陈本峰等译 . -- 北京：机械工业出版社，2024.11. --（网络空间安全技术丛书）.
ISBN 978-7-111-76855-5

Ⅰ. TP393.08

中国国家版本馆 CIP 数据核字第 2024RH0517 号

机械工业出版社（北京市百万庄大街 22 号　邮政编码 100037）
策划编辑：王　颖　　　　　　　责任编辑：王　颖
责任校对：王小童　张雨霏　景　飞　　责任印制：任维东
河北鹏盛贤印刷有限公司印刷
2025 年 1 月第 1 版第 1 次印刷
186mm×240mm · 14 印张 · 304 千字
标准书号：ISBN 978-7-111-76855-5
定价：89.00 元

电话服务　　　　　　　　　网络服务
客服电话：010-88361066　　机 工 官 网：www.cmpbook.com
　　　　　010-88379833　　机 工 官 博：weibo.com/cmp1952
　　　　　010-68326294　　金 书 网：www.golden-book.com
封底无防伪标均为盗版　机工教育服务网：www.cmpedu.com

译者序

随着数字化转型的浪潮席卷全球，数字安全已不再局限于技术层面的挑战，它已逐渐渗透至组织的核心流程、文化乃至整体战略之中。本书正是在这一背景下应运而生的，它以一种创新的视角为我们当前面临的挑战提供了独到的见解和有效的解决方案。

在信息技术飞速发展的当下，网络环境变得日益错综复杂。传统的安全边界逐渐模糊，来自内外部的安全威胁层出不穷，对组织的数字安全造成了严峻的考验。正是在这样的背景下，零信任架构应运而生，它要求我们从根本上重新审视和构建网络资源的访问与控制机制。实施零信任架构，意味着我们不仅要引入新的安全技术，更要在组织流程、决策机制、员工培训乃至文化建设等多个维度进行深刻的变革。

零信任架构的核心在于构建一个持续评估和动态调整的访问控制环境，它基于"永不信任，始终验证"的原则，要求对所有网络请求进行严格的身份验证和授权。这种架构的实施，是对传统网络安全理念的颠覆，标志着我们对数字安全的认识从传统的"城堡式"防御，转向了更为灵活和细致的"零信任"模式。它强调了在数字化时代，组织必须具备更高的适应性和灵活性，以应对不断变化的安全威胁。

我们深知零信任架构的重要性，也认识到将这一理念准确传达给读者的责任之重大。因此，在翻译过程中，我们努力保持原著的原意，同时尽可能地使其符合读者的阅读习惯，以期能呈现一本既专业又通俗易懂的优秀读物。

在书中，大卫·霍克指出，零信任架构不仅仅是技术的变革，更是组织内部流程和文化的变革。这句话洞察了零信任架构的精髓，它不只是一系列技术措施，更是一种深层次的组织变革。大卫·霍克的这句话，为我们指明了零信任架构实施的方向。它不仅是一次技术的革新，更是对组织内部流程和文化的重塑。在实施过程中，高层的支持、团队的协作、员工的参与以及文化的培养，都是不可或缺的要素。零信任架构的实施，需要组织上下形成共识，共同推动这一变革。

我们希望本书能够帮助更多的组织和个人理解零信任架构的深远意义，在实践中不断探索和创新，从而建立更加安全、高效的网络环境。同时，我们也期待广大读者能够从本书中获得启发，共同推动数字安全领域的发展和进步。

在此，我们感谢大卫·霍克以及本书其他作者提供的如此宝贵的知识财富，同时还要感谢机械工业出版社的各位编辑老师，是他们的辛勤劳动让这些知识得以跨越语言的障碍，服务于更广泛的读者群体。

数字安全的征程永无止境，零信任架构的探索才刚刚开始。我们期待与所有有识之士一起，携手前行，共创安全美好的数字未来。

是为序。

推荐序一

"没有人会轻易地说零信任很简单。"这句话虽然带有玩笑成分，但实际上，零信任是一个涉及在复杂环境中运用复杂技术的深奥话题。然而，就像我对孩子们所说的那样，一件事情困难并不意味着它不值得去做，或者更重要的是，要把它做好。

曾有位安全主管告诉我，安全行业或许是唯一一个你买了很多产品，却永远不觉得效果明显的行业。即使过了 10 年，这句话依然深入人心。对我而言，零信任的真谛是将各种安全技术整合起来以提升公司的安全防护水平、增强可见度、缩短响应时间，并且使用安全工具更好地守护公司的重要资产。

在云原生 / 混合云 / 多云等环境下，我们使用和访问应用程序、数据及基础设施的方式正在发生重大变化。同时，常见的入侵者（如黑客）依然存在，并且他们的技术越来越熟练，行为更加激进。因此，我认为零信任框架至关重要，值得我们高度重视。

好的，显然你对零信任这个概念很感兴趣（毕竟你已经读到了这里）。下面是一系列有关零信任的常见问题：

- 零信任究竟是什么？
- 我们应该如何以及在哪里开始这个旅程？
- 怎样算是成功？
- 何时算是完成？
- 我们现有工具箱中有什么？
- 我们缺少什么？
- 什么是我们可以重复使用的？

这些常见问题需要深思和研究。正如上述问题一样，答案会因公司的业务目标、风险承受能力、合规性考虑以及其他特定于公司、行业和情景的诸多变量而异。这意味着你需要制定一个满足特定需求的实施方案。"可行"是关键。

我从事安全工作多年，我意识到制订准确且灵活的计划的重要性。这个计划不需要每年都重新制订，但必须足够灵活以便根据当前情况调整方向或时间表。

本书可作为一本在不同的领域中从概念、规划到分阶段执行且全面驾驭零信任的指南。本书基于现实并提供基于经验的实用示例以启迪读者。

希望你喜欢本书的主题、指导，以及其中所蕴含的热情和经验。作者对零信任极其热衷，甚至利用空闲时间写了本书——多么可贵的奉献精神！

Jason Penn，思科客户体验部门主管

推荐序二

"生活中唯一不变的是变化。"这句话，我们都听过，它出自古希腊哲学家赫拉克利特。在我 30 多年的联邦调查局工作生涯中，我亲眼见证了许多支持这一观点的事例。如果不能或不愿适应日益变化的具有威胁性的环境，最终会失败。我们面对的来自网络世界的威胁更是以惊人的速度不断发展变化。如果组织未能意识到并有效应对这些变化，那么组织的安全防线将变得越来越弱——风险也随之增大。因此，组织的安全状况必须随着所面临威胁的变化而调整，比如从使用物理锁、围栏和摄像头保护组织的重要资产转变为云端保护。组织的工作环境不再是静态的，而是转向可以在任何地方工作的模式，越来越少的人在组织内部办公。组织内部威胁也不再主要源自内部员工，黑客攻击的手段也随着时代发展而演变，他们使用工具和勒索软件在复杂网络的环境下进行犯罪活动。

一旦黑客获得了访问组织系统的权限，他们会做出什么样的破坏或盗窃行为？他们是否正潜伏在组织的系统中，等待机会通过漏洞入侵？你清楚这些吗？确定吗？

只因设备在组织内部或通过 VPN 连接就对其信任，这种方式已不能确保安全。如果组织没有将零信任纳入安全计划中，那么可能正冒着丧失重要数据的风险。现在采取措施还不算太晚。

零信任适应现今的工作环境，遵循最小权限原则。它是当今基于云且与位置无关的工作场所中 IT 基础设施与数据安全性的最新发展。

零信任的设计灵活，能够根据组织安全策略中的特定需求进行定制，为组织带来显著效益。

John Strong，美国联邦调查局特别探员前负责人

序

写书的想法是从哪里开始的呢？

对我来说，一路走来，冥冥之中一直有很多事情在指引着我。多年前，在我年轻的时候，书使我了解世界并进行思考。写书是我从年轻时就有的想法。

时光荏苒，自从几年前加入思科以来，我一直与这个团队合作，我们每天帮助全球各地的客户解决问题，客户和团队成员的需求无疑是我撰写本书的动力。

每个人对零信任都有不同的理解，为了尽可能地让每个人对零信任的理解一致，我能想到的唯一方法就是以书的形式来阐述零信任。后来写书的想法越来越强烈。我的导师们都说："你应该写一本书！"

当我逐一联系本书写作团队的每一个人之后，我们组成了一个紧密合作的写作团队，我们基于统一的写作风格使书的内容更容易理解。写书终于成为现实。

感谢每一位合著者使这个梦想成真。没有你们，这一切都不可能发生！

亲爱的读者，我希望本书能帮助到你，并在你学习零信任的旅程中起到一些作用。

Cindy Green-Ortiz

前　言

本书基于参与本书编写的所有作者 85 年的安全和架构经验，为读者提供了可实施零信任架构的经过验证的方法。本书作者是来自数十个机构的架构师和工程师，他们在各自的职业生涯中都完成过数百个项目，帮助全球范围内的组织实现了一致且可复制的零信任架构。根据他们对零信任架构应用的经验和设计，本书对在组织中成功应用零信任架构的方法进行了介绍。除此以外，本书还对常见的错误和错误的假设进行了详细讨论。

尽管在安全领域对零信任的有效性存在争议，并且零信任架构在不同组织之间也会存在差异且呈现出不同的特性，但本书旨在为组织、架构师和工程师实现零信任提供广泛的建议和指导。在评估这些假设和错误时，通常需要考虑组织所处行业、实力、商业模式等因素。此外，还需要考虑降低该组织特有风险的最佳方案，并结合该组织内部的具体情况进行分析。这种分析必须根据组织的具体需求，结合该组织特有的实际情况和深入洞察，在零信任方法论的框架下提出适当的建议。

目标和方法

本书是所有作者多年来在实践零信任架构中的经验总结。随着与零信任相关行业以及构成零信任架构组件的不断发展和变化，我们认为本书非常及时地为大多数客户提供了一些最佳实践的参考。

本书追求的目标是，书中提供的方法能够帮助 80% 的客户实现零信任目标而不需要做太多变化，对于那些在追求零信任方面已经取得一定成效的 20% 的客户，本书中的许多内容对其达成目标提供了更多的辅助，即遵循二八法则。希望本书可以在如何持续改进或运行零信任架构方面提供有益的参考。

在本书中，我们使用了一个虚拟的客户，包括来自各行各业的使用案例。为了更好地阐述与零信任解决方案相关的问题，我们对组织名称和业务场景进行了更改，以保护那些已经做出类似决策或犯过类似错误的客户的隐私。

本书中使用了较为宽泛的概念，并在一定程度上避免声称为实现某个目标或里程碑而必须使用某种技术。这里我们是有意为之的。随着零信任的发展和不断演变，产品会发生变化，但它们的功能和业务目标将保持不变，并且会一直持续下去。

本书读者

本书适用于网络安全工程师和架构师，他们负责按照相关原则创建安全框架，以确保监控和管理最小权限的访问安全控制，并减轻高级网络安全威胁。本书也适用于其他网络人员，他们对所在企业业务环境的最小权限网络安全的访问策略比较感兴趣。

本书中介绍的各种方法也可以供行业专家参考。

实施零信任的策略

使团队凝聚在一起的关键是要有一位执行发起人，他在业务部门和组织内等任何可能会受到零信任应用影响的领域都有广泛监督权的执行发起人。执行发起人应该有能力影响项目所需的不同团队的积极参与，并直接对结果负责。他可能是董事会授权的首席执行官，也可能是一个由执行经理组成的团队，或者是一个具有广泛影响力和权威的高级经理。对于正在进行的操作、配置和不同访问权限的更改，执行发起人（无论是个人还是团队）必须有决策权，并在保护正常业务运营的同时阻止非法个人访问。同时，执行发起人必须在企业内部具备影响力和人脉，以获得各方面的支持。准备和推动零信任的实施，还需要组织内部各个团队的广泛支持与参与。此外，还应该开展工作来帮助运营人员理解零信任。这包括对将要使用的技术、工具和平台的培训，以及关于如何应用这些工具的明确指导。对零信任的目标和方法的清晰理解，对于零信任框架的成功实施和持续维护至关重要。

本书结构

尽管本书可以从头到尾地阅读，但它设计的初衷是非常灵活的，读者可以轻松地在章和章之间进行切换，只阅读想深入了解的部分。

本书共有 11 章和 1 个附录，涵盖了以下主题。

第 1 章首先对零信任的发展历史进行了概述；接着介绍了思科的五大零信任支柱，以展示零信任安全基础架构的范围；最后引入了一个案例，后续每章的讨论主题中也会用到该案例。

第 2 章进一步定义和探讨了第 1 章中介绍的思科的五大零信任支柱。

第 3 章介绍了零信任参考架构，然后将整体架构细分为不同的实际服务场景与位置，并进一步详细探讨了典型的服务场景，包括园区、分支机构、核心网络、WAN 和云。

第 4 章讨论了将零信任模型应用于网络架构时，网络的不同分层（包括分支机构、园区、WAN、数据中心和云）之间的构建会如何变化。

第 5 章讨论和分析了一些所谓的"陷阱"或组织和行业垂直领域的独特属性，并提出了相应建议。

第 6 章论述了在尝试限制对象之前应检察的通信的各个方面，这是成功部署零信任网络隔离的关键。

第 7 章介绍了实施零信任时遇到的常见挑战。

第 8 章介绍了当一个组织致力于制订一个对终端进行分类和隔离的计划，并同时保持正常业务运行时，组织应如何规划零信任的未来。

第 9 章探讨了一个实际的计划，介绍一个组织如何通过分步执行的方式确保在实现基于安全思维的实施模式时，组织可以确信已经尽职尽责以确保取得成功。

第 10 章涵盖了当零信任环境进入稳定的运营状态时应考虑的情况，包括监控网络和资产、记录和审计流量。

第 11 章介绍了利用零信任的五大核心支柱是一个很好的起点。然而，在组织的发展过程中，持续改进和重用每个支柱将是零信任持续成功的关键。

附录 A 提供了一个组织践行零信任原则的案例，并讨论了零信任原则持续成功的关键因素。

本书使用的图标

路由器　　计算机　　思科 ASA 5500　　思科 Nexus 9300 系列　　工作组交换机

数据库　　路由器 / 交换机处理器　　虚拟服务器　　IBM 主机　　服务器场

思科 Nexus 9500 系列　　存储阵列　　网络云，白色　　文件服务器

命令行语法约定

本书中使用的命令行语法与《IOS 命令行参考》(译者注：思科公司发布的与 IOS 系统相关的命令参考文档) 中使用的约定相同。《IOS 命令行参考》中的约定如下。

- 黑体表示按所示直接输入的命令和关键字。在实际配置示例和输出（非一般命令语法）中，黑体表示用户手动输入的命令（如 Show 命令）。
- 斜体表示提供实际值的参数；竖线（|）分隔相互排斥的备选元素。
- 方括号（[ ]）表示可选元素；花括号（{ }）表示必选项。
- 方括号内的花括号（[{ }]）表示可选元素中的必选项。

致　谢

在这个领域工作了 40 年，我有太多的人需要感谢，感谢他们对我的帮助、指导和支持。其中，我想特别感谢我的朋友 Patty Wolferd Armstrong，我的终身导师 Denis McDuff，我的思科导师和同事 David Ankeney、Demetria Davis、Bill Ayers Jr.、Justin Taylor、Brian Conley、Jim Schwab、Michele Guel、Zig Zsiga、Cesar Carballes、Jason Penn、Chris Mula、Guilherme Leonhardt、Maurice DuPas、Aunudrei Oliver，以及本书的编写团队，他们见证了我最好或最糟糕的时刻，并帮助我在生活中找到方向，让我能适应不断变化的工作环境。我非常感谢我的高中科学老师 Mrs. Demchek 和我的钢琴老师 Edrie Ballard，是她们让我成长为现在的自己。

——Cindy Green-Ortiz

首先，我想感谢我的高中老师 Wayne Whaley，在我高中时他鼓励我参加思科网络学院的课程，使我接触到计算机网络的世界。此外，我还想感谢这一路上遇到的 Bo Osborne、Danielle Desalu 和 Guilherme Leonhardt，他们给了我证明自己的机会，并在我这些年的职业生涯中为我提供了指导和支持。

感谢 Ranjana Jwalanieh、David Houck、Cindy Green-Ortiz、Chris Roy、Dan Geiger、Daniel Schrock、Tim Corbett、Aaron Cole 等同事和导师，以及其他给我帮助的人。他们让我在遇到职业瓶颈时可以有人倾诉和发泄，非常感谢你们所有人。

——Brandon Fowler

许多人在我们的生命中扮演了重要的角色，影响着我的人生。我想感谢那些对我的人生产生了重大影响的人。

老师 Ben Poston，教会了我严谨；Preston Wannamaker，帮助我学会接受失败。

领导 Danielle Desalu，给了我展现自己的平台和机会；Guilherme Leonhardt，打磨了我粗糙的棱角。

导师 Maurice Spencer，无私地帮助我前行；我已故的祖父 Mel Houck，他教导我刨根问底，养成总是问为什么和怎么样的习惯。

朋友 Jim Kent，在最好和最坏的时候都支持我；Chris Brady，激励我走上新的道路并找到成就感。

——David Houck

我必须要特别感谢我的父亲 Ron Hensel，他教我从工程师视角看待世界。不仅要了解事物是如何运作的，还要系统地探究事物为什么这样运作。基于父亲的教导，在我的职业生涯中，我能够运用分析性思维和创造性思维解决大多数问题。

——Hank Hensel

在一个人跨越数十年的技术职业生涯中，如果没有行业中最优秀的经理、导师和可以互相探讨想法的同事的指导和交流，就不可能达到技术知识的巅峰。能与在这个行业中最出色的一些人合作是我的荣幸，我的朋友和同事 Chris Mula 及我的导师和思科的第一位主管 Kenneth Huss，引导我度过了漫长而精彩的职业生涯，并且推动我超越极限去成长。

我还遇到了最勤奋的人和可以一起畅聊想法的同事 Courtney Carson，以及那些质疑我的想法、迫使我重新思考解决方案，并为本书编写提供灵感的众多学生和工程师们。

——Patrick Lloyd

我非常幸运地在这个行业刚刚起步的时候便进入了这个行业。那时我们使用电话网络传输数据，我得到了一个与行业一起学习、成长和发展的绝佳机会。一路走来，有几个人给了我成功所需的机会，使我脱颖而出。首先，我要感谢 Chip Duval，他给了我一个多路复用器、一卷电缆和一本书，并告诉我：“让它工作。”其次，我要感谢我的第一位经理 Frank Ignachuck，他说：“如果你需要被管理，我会管理你。”从那以后，我再也不需要被管理了。最后，我要感谢我的客户 Jeff Toye，在不被看好的情况下他给了我一个证明自己的机会。这些关于自学和自力的教导让我在职业生涯中持续学习，即使在工作 40 年后，我仍然每天都在学习新的东西。

感谢你们给我机会。

——Andrew McDonald

我必须感谢我生命中三个特别的人。我的祖父 Darrell Smith 教会了我如何成为一个男人。我的祖母 Joyce Smith 教会了我耐心和爱。我的母亲 Rhonda Frazier 是智慧的基石，给了我不懈的激情和动力。

——Jason Frazier

目　录

第 1 章

零信任概述

本章要点：

- 回顾了零信任的起源和发展历程。
- 讨论了在组织中实现零信任所需要的基础能力，以及团队必须遵循的合规框架。
- 提供了一个指南，详细介绍了如何成功运营一个零信任隔离研讨会。
- 讨论了组织的动态变化可能需要相应架构思维的转变，需要更加注重风险的降低并保护对组织有价值的内容。

1.1 零信任的起源和发展

许多想法起初并不是为了解决问题而产生的，但实现零信任的概念显然不属于这一类。有这样一个事件：在 1988 年 11 月 2 日约 20 点 30 分，一个恶意但巧妙的程序（网络蠕虫）从麻省理工学院（MIT）的一台计算机上被移植到了互联网上。

这种网络蠕虫以惊人的速度传播开来，导致计算机瘫痪。当晚晚些时候，加州大学伯克利分校的一名学生在一封电子邮件中写道"我们正在遭受攻击"。在 24 小时内，连接到互联网上的大约 6 万台计算机中，有 6000 台受到了攻击。与病毒不同的是，网络蠕虫不需要依赖主机软件就可以存在和传播。这种蠕虫并没有止步于加州大学伯克利分校，它在当时的互联网设备上无处不在。

不久之后，《纽约时报》确认并公开报道，始作俑者是一位名叫罗伯特·塔潘·莫里斯（Robert Tappan Morris）的 23 岁的康奈尔大学研究生。莫里斯才华横溢，于 1988 年 6 月从哈佛大学毕业。由于他的父亲是贝尔实验室的早期创新者，莫里斯从小就接触了计算机。在哈佛大学，莫里斯以其技术娴熟而著称，尤其是对 UNIX 操作系统了如指掌。同时，他也以恶作剧而出名。在那年 8 月被康奈尔大学录取后，他开始开发一个可以在互联网上缓慢而秘密地传播的程序。为了掩盖传播轨迹，他通过纽约伊萨卡市的康奈尔终端入侵了麻省理工学院的计算机，然后发布了这个程序。

与此同时，莫里斯蠕虫激发了新一代的黑客，并引发了一波互联网驱动的攻击浪潮，至今这些攻击仍然困扰着我们的数字系统。无论是否偶然，30 年前的第一次互联网攻击为这个国家和即将到来的网络时代敲响了警钟。

1994 年 4 月，为解决对环境过度信任而造成蠕虫攻击肆虐的问题，斯特林大学的斯蒂芬·保罗·马什（Stephen Paul Marsh）在他的博士论文《将信任规范化为一种计算概念》中提出了"零信任"（Zero Trust）的概念。马什在论文中探讨了信任一词与人际交往的关系、信任的主观性，以及如何利用数学和其他逻辑性的客观概念将信任规范化并用于数字环境。

马什进一步探讨了 1994 年正在开发的代理程序对所处环境默认信任（隐含信任）的假设。他认为这种假设"既不合理又容易造成误导"。他以 1988 年的"网络蠕虫"（通常被称为莫里斯蠕虫）为例，该蠕虫恶意利用了多个层面上的信任。例如，通过 UNIX 系统中的 rexec 和 rsh 命令服务以及 sendmail SMTP 服务和 finger 命令中的程序错误（bug），实现远程代码的执行。因为这些系统在设计实现时，默认源系统和目标系统的用户或管理员都信任远程连接，所以这些漏洞很容易被利用，从而使蠕虫可以在 24 小时内感染 10% 的联网计算机。马什以此来警示隐含信任的概念所带来的安全问题，并指出需要理解和清晰定义隐含信任，以便提高数字环境中的安全性。

2003 年的 Jericho 论坛进一步探讨了零信任的概念，并完善了其应用。Jericho 论坛的主题是缩小网络边界，这被视为全球组织定义安全架构的中央机构的第一块奠基石。

Jericho 论坛在 2014 年并入开放组安全论坛（The Open Group Security Forum），旨在回答如何克服传统"硬边界和软内部"架构的局限。"硬边界和软内部"侧重于将安全资源放置在网络边界上，并假设一旦进入网络内部就可以假定安全可信了。

研究表明，大多数网络攻击都源于网络内部，这也驱动了网络架构的重塑。虽然通过传统的攻击手段（如零时差漏洞）很难穿越防火墙，但通过社交工程、网络钓鱼和物理手段（如恶意软件感染的闪存驱动器）等，攻击者还是有机会访问网络内部。一旦进入网络内部，系统会错误地认为网络内的任何内容都是值得信赖的，因此网络攻击就可以畅通无阻了。随着网络规模的扩大，它们会更多地暴露在不断进化的网络攻击之下，例如勒索软件。因此，观测到的网络攻击数量这些年一直在稳步增加。零信任的发展时间线如图 1-1 所示。

所有组织都是网络攻击的目标。组织具备安全处理能力和检测能力，是最低要求。数据的价值从能够转售给他人转变为卖回给其原始所有者。考虑到这些日益增长的威胁，其他实体开始行动起来并为零信任的理念做出了贡献。2009 年，全球市场研究公司 Forrester 的约翰·金德瓦格（John Kindervag）帮助普及了当代零信任的基础理念。他将零信任定义为简化安全应用的策略。他的方法建立在这样一个假设上：所有的东西——用户、数据、系统——都应该被视为不可信任的，因此应用安全的概念应该被更高效地设计和实施。尽管这个理念认为最简单的做法是假定一切都不可信，并在确定可信时才给予访问权限，但这一原则的应用要复杂得多。许多执行这项工作所需的工具在 2009 年要么不存在，要么在构建网络架构时没有考虑到需要在可信网络内部进行分离。

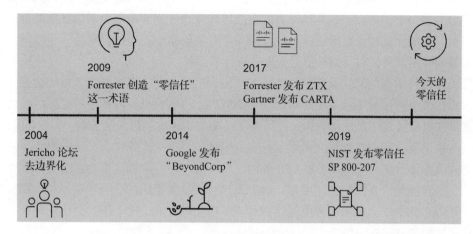

图 1-1 零信任的发展时间线

在这些影响之下，技术公司认识到了 Jericho 论坛和 Forrester 公司所提出的问题，并采取了进一步的行动。因此，新一代工具、流程和最佳实践的开发应运而生。其中最早的例子之一来自 Google，它在 2009 年开启了新的安全模型计划，称为 BeyondCorp。BeyondCorp 试图在 Google 的整个组织中实例化零信任的核心组件。根据实践，Google 提供了所学到的经验教训，以帮助其他人推动其组织向前发展。

技术供应商也开始开发工具和软件来帮助解决网络内的可见性和管控等挑战。

1.2 零信任计划

对于许多组织来说，最大的挑战是需要投入大量工作来了解其业务、工具、能力，并实施零信任计划。这就要求必须理解业务流程与用于保护业务的技术之间应该如何进行整合。完成这些分析才能确保该过程是对业务进行补充而不是阻碍业务的实现。这个过程通常以研讨会的形式展开，重要的业务利益相关者都需要参加，并在更宽泛的目标指导下来确保组织各个方面的安全。这个研讨会的核心目标是使所有重要利益相关者更深入地了解业务。对于大多数组织而言，孤立地执行方案会导致对零信任项目影响的理解也是孤立片面的。如果仍然坚持这种孤立的思维方式，会导致视角受限，并将阻碍组织采用零信任方法来保护业务。如果仅停留在这个层面，只能说是对终端、连接、服务和应用程序的可见性有了一定的了解，但对业务的理解和零信任可能带来的潜在影响没有足够重视。许多组织常犯的一个错误是忽略对风险和潜在影响的理解。这样对业务带来的直接影响就是，由于无法理解利益相关者的观点而导致这些利益相关者对未来的影响持怀疑态度。通常情况下，失去了对零信任项目成功至关重要的利益相关者的支持，项目将注定失败。

零信任隔离研讨会

要理解业务和了解业务部门如何构建一个成功的组织，第一步是邀请来自所有业务部门的代表参加一个研讨会。这个研讨会的重点首先是为什么业务需要零信任策略。许多组织常犯的一个错误是假设整个业务的利益相关者都了解组织必须确保业务安全性的相关法规、监督和合同义务，以及如果不这么做会有什么后果。

随着零信任术语的演变及其在各类技术和流程中的应用，许多参与者可能会基于他们在追求零信任中扮演的不同角色而对这些术语有着不同的假设。因此，对目标的一致理解以及了解所有业务部门是成功的决定性因素，是朝着正确方向出发的关键。

通常情况下，我们在思科公司看到许多组织试图举办一个研讨会，让所有主要业务部门都有代表参加，同时不希望影响到业务的正常开展，担心参加这个会议会分散重要人员的精力，这样的想法会限制整体成功。这个研讨会通过制定执行计划并在业务内部的系统之间采用差异化的访问权限。考虑到这些对业务产生的影响，这个研讨会应该被视为一个决定任务成败的高优先级事项。

1. 开展零信任隔离研讨会的目的

为任何业务设计和实施零信任的核心是细致的探索、分析和理解。图 1-2 展示了零信任隔离研讨会框架。这些研讨会将业务目标、核心服务功能和网络安全目标细分为切实可行的操作性和技术性要求。这些操作性和技术性要求应与前面探索过程中确定的网络终端、控制和流程紧密结合。这些要求应该与既有的或正在制定的策略保持一致，以保证该策略在实施过程中可以在赋能业务和业务实体的同时也可以为它们提供保护。

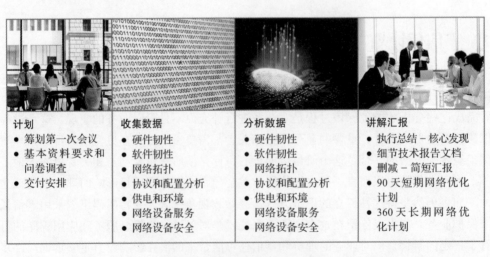

计划	收集数据	分析数据	讲解汇报
● 筹划第一次会议 ● 基本资料要求和问卷调查 ● 交付安排	● 硬件韧性 ● 软件韧性 ● 网络拓扑 ● 协议和配置分析 ● 供电和环境 ● 网络设备服务 ● 网络设备安全	● 硬件韧性 ● 软件韧性 ● 网络拓扑 ● 协议和配置分析 ● 供电和环境 ● 网络设备服务 ● 网络设备安全	● 执行总结 – 核心发现 ● 细节技术报告文档 ● 删减 – 简短汇报 ● 90 天短期网络优化计划 ● 360 天长期网络优化计划

图 1-2　零信任隔离研讨会框架

通过这些研讨会，整个企业的关键利益相关者共同确定功能目标、目的，以及使用相关工具和功能来限制风险暴露和发现潜在的收益与风险。此外，通过研讨会可以确定公司现有的或计划中的或建设中的网络安全能力的"当前状态"。组织通过举办这些研讨会可以更好地、更一致地了解业务部门之间的内部运作和相互协作的模式。通过理解业务部门之间的相互关系和依赖性，可以最大限度地缩短解决网络访问问题的时间，并提升公司凝聚力。该研讨会的预期结果将在后面部分介绍。

2. 研讨会的参与者

在规划研讨会时最常见的问题是谁应该参与以及参与的程度如何。众所周知，重新设计架构和重新思考业务间的通信是一项艰巨的任务。然而，这项任务的关键在于理清谁具备必要知识的、谁是不必要的。将关键知识引入研讨会非常必要，必须考虑如何运营业务，以及在知识缺口出现时及时跟进补充。通常，零信任研讨会需要有四类参与者。

- 主要利益相关者：主要利益相关者是特定业务部门的负责人，负责制定产生利润的业务流程。尽管在不同行业中这些参与者的职称各不相同，但可以将其界定为那些对业务部门的营收和亏损负责的人，尤其是在涉及风险的时候。他们很少是一线员工，更多的是那些负责监督和分配业务预算的管理者。这些人应该了解业务部门与整个组织的关系，并能够对他们的团队参与零信任架构相关事务的程度做出承诺。这种承诺可能涉及人员、系统、终端或时间等资源。
- 跨职能主题专家：大多数组织都有跨架构的主题专家，他们了解技术的架构以及技术是如何为多个业务部门服务的。例如，域管理员可能了解 DNS、DHCP、NTP、证书颁发机构（CA）等技术以及其他对业务成功至关重要的功能。在规划执行机制时，一个能够阐述该执行机制的潜在影响或说明与组织相关的协议是如何工作的主题专家，将是研讨会的关键参与者。
- 关键策略家和决策者：为业务应用新框架是一项重大任务。高层管理者对研讨会的认同和积极参与是成功的关键所在，特别是企业高管或董事会授权代表。他们为整个团队追求的策略提供了授权。这样的授权可以帮助业务部门的参与者减少与各类组织的沟通障碍。
- 终端用户/受众体验代表：将零信任框架应用到网络上的终端意味着那些负责维护终端的人需要为他们可能会面对的任何潜在挑战做好准备。作为这种准备的一部分，应该进行持续的风险评估，如考虑当在网络上添加或更改控制或配置时对用户的潜在影响会是什么。这些增加和更改将贯穿于零信任和终端的整个演变和生命周期中。因此，终端用户/受众体验代表应该尽早参与到这个过程中，为未来不可避免的变化做好准备。此外，终端用户代表应该了解这种风险，并可以提前将反馈和准备步骤反馈给用户，以降低整体影响。只要可能存在影响，就应该与用户进行充分沟通。这些代表中还应该包括那些负责维护没有用户登录的应用程序和无头设备的人员。虽然这些终端可能没有一个明确的长期用户，但这不代表可以忽略这些设备的访问权限发生变化所造成的影响。

3. 零信任架构的目标和风险

研讨会的首要任务是各参会者对零信任的定义应该达成一致。由于零信任在安全行业中经常被提及，许多参与研讨会的人可能对零信任已经有了一种先入为主的印象，会从他们自身的角度来理解零信任是什么、代表着什么。

在某些情况下，可能需要先实施才能确定预期的结果对业务是否可行。研讨会的一个主要关注点是区分实施成本的可行性和对业务影响的可行性，而这两者经常被混为一谈。在许多情景中，业务部门描述的可行性通常是要实现某种结果所需投入的成本。毫无疑问，将需要额外的投入才能使业务与零信任架构的流程、工具和能力更匹配。然而，这需要通过降低风险和权衡投入产出双管齐下，才能使业务与这些保护机制对齐。

4. 已执行过程的结果

基于研讨会中达成的目标，需要对几个因素进行调整以执行该计划。首先要创建一个可行的计划，确保决议可以变为现实，确保零信任不会成为"空中楼阁"或被束之高阁的一套产品。零信任研讨会在这个阶段的主要目标是，参会者可以创建一套分步骤实施的整体方案，通过方案中的实施机制可以推进零信任的开展。参会者需要有权利并愿意为这些实施步骤分配资源、预算和时间，以达成组织的零信任目标。

通常，这些需要组织高层领导对研讨会的支持。通过自上而下的授权与支持，可以赋予参会者确定业务风险的权利，并可以协调个人贡献者来帮助减轻这些风险。高层赞助者的参与具有下游影响效应，使得实施方案得以执行。这种影响效应包含各个方面，从人员配备和技术的支持甚至到预算层面。在高层的参与和支持下，实现零信任架构目标所需的预算和资源可以得到有效分配。同时，不应低估规划、测试和实施零信任架构对业务日常运营的影响，在尝试部署一个架构框架之前必须认真研究这种影响，否则只会导致失败。

5. 成功和收益

只有在对目标、能力、现有情况和已经完成的活动进行了深入探索后，才能开始对项目进行规划并制定切实可行的时间表。在研讨会阶段，确保项目成功的关键流程应该被细分为具体的结果产出。每个过程都应该有一个定义，说明该结果对整体零信任目标的益处和贡献。通常只有在明确实现目标会为组织带来的收益之后，组织才会认可宏大的目标和巨大的任务。例如，对于大多数组织来说，了解终端或它们如何互动确实应该是追求的目标，但更好的方法是将网络可见性分解为业务部门易于理解的场景并定义目标，例如组织内小办公室中的所有终端节点。

这些任务也必须与时间表或其他指标相结合，以确定其成功与否。在设备发现的场景下，成功的度量标准可以基于站点、基于独特设备类型的数量与终端总数的关系，或者是一个业务部门所拥有的终端节点类型。

无论采用何种方法，都必须持续跟踪并遵守任务的时间表，以衡量是否成功。这个成功指标应该得到各个业务部门的一致认同，以确定依赖关系，并为这一目标的人员和资源分配做好计划。

6. 成功和未来需求的实用方法

从本质上讲，网络隔离的做法是识别一个对象，并将它与其他对象的上下文区分开。为了确定如何以及该在哪里应用网络隔离来支持零信任，需要进行发现活动，以便了解一个企业的服务和后续的功能。识别公司的核心业务服务是确定何时和在哪里可以应用网络隔离的第一步。然而，人们经常忽视了"零信任"或网络隔离相关的一个方面，即实施这些新技术和方法对日常运营和故障排除所产生的变化。虽然网络和安全项目通常会完全占用负责团队的资源，但还是应该设立一个能够根据架构解决问题的服务台，这样才能解决与架构有关的各种问题。

必须规划出一个满足零信任标准的网络改造路线图，同时需要考虑到运营方面的因素。根据第6章中所提到的"隔离"方法，需要找到技术实施中存在的差距，然后对补救这些差距的措施进行测试。这两项工作都应该在合理的时间内完成，以便服务台的工作人员有足够的时间可以在技术上对主题专家（SME）进行培训。这些SME也应该参与测试，以第一时间了解设计目标。这样做可能会减缓填补差距的实施速度，甚至会占用日常运营响应的资源，但这可以确保技术为业务提供支持，而不只是增加升级方面的负担。这些方面都应该在研讨会中得到讨论，并获得各方的认同。

关于业务应该如何随着时间的推移而进行变化的路线图也是成功实施零信任的基础。聚焦业务核心服务，大多数公司可以分解为以下几个部分。

- 运营服务是公司中最关注网络安全的部分，因为这些服务可以帮助公司实现业务使命。网络隔离对于满足公司使命以及为满足客户需求而制定管理条例和规范，都是至关重要的。
- 管理服务包括公司对人员和资源的管理。
- 市场营销服务提供探索、创造和传递价值的手段，通过商品和服务来满足公司客户的需求。
- 策略服务是公司在目标市场进行竞争以及整体发展的计划和行动。
- 财务服务为筹集资金、管理运营支出、管理商品或服务的收入以及投资公司的增长提供支持。
- 技术服务是公司员工、合作伙伴和客户用于设计、实施、管理和运营所使用的技术、工具、设备和设施。

在这些核心服务之中，流量发现必须专注于理清公司网络上系统间的通信方式，以及业务对这些系统的关键依赖。关键依赖可能包括财务报告、产品或服务的营销以及人员管理。参与研讨会的非技术团队可以帮助理解这些流程和关键依赖，并提供一个用于发现可能受到网络控制影响的流量和应用的框架。

可以通过临时部署技术工具，来分析公司网络上的现有流量模式。这些工具将这些流量映射到特定的系统以理解这些系统间的通信类型。例如，网络分接器、NetFlow 收集设备、终端流量分析应用和防火墙日志解析等都应该在规定的时间内完成工作，以尽可能收集到更多的准确信息。这通常会在身份发现期间或之后进行。在研讨会期间，应该规划未来路线图上的身份发现和流量映射，并获得利益相关者的认可。

通常情况下，企业会在"旺季"到来之前进入"变更冻结期"，不再允许对网络进行任何变更。旺季是捕获这些信息的最佳时机，可以了解设备、工具、应用等在流量最大的时候是如何相互影响的。这样就可以收集到应用生态系统中大多数元素的跟踪和遥测信息。有些元素可能每月甚至每季度才被访问一次。在夜间或使用率较低的时间段执行流量发现，可能无法收集到对业务影响最大的关键服务。例如，仅在季度末或财年末运行的财务报告对业务运营至关重要，应加以采集，以确保其不受零信任修复工作和策略应用的影响。这种认识应在研讨会上进行交流，并制定补救措施，以防流量发现工具产生意外影响。

以网络隔离为最终目标的流量发现还需要了解这些系统之间通信的背景。为实现这一目标，流量发现必须包括访谈业务资源人员以了解系统间通信的背景、这些系统的目的、系统存储或处理的数据的敏感性以及公司运营所需的数据。另一个重要的发现点是了解这些系统或数据如果被破坏或无法使用会造成哪些影响。这种上下文的网络隔离发现通常被称为自顶向下方法。图 1-3 以分层的方式展示了这种自顶向下的方法。

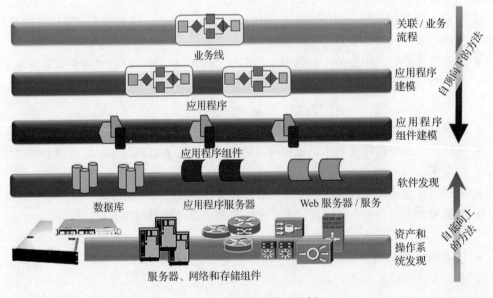

图 1-3　自顶向下方法示例

将自顶向下的方法和自底向上的方法结合起来对网络隔离研讨会的成功实践非常重

要。通过使用这两种发现方法，可以对发现结果和隔离建议进行验证。正如前面所述，仅仅采用单一的设计可能无法充分理解网络内的数据上下文。在相关人员与业务部门合作了解其应用和用例的过程中，应该将这些信息与流量发现进行交叉参考，以验证应用之间的相互通信模式。收集、分析信息以及进行信息交叉参考可能会导致研讨会的计划阶段或讨论阶段被延长，但这将使我们更加全面地了解应用，以便尽可能降低服务中断的可能性。

7. 收集技术资料以获得成功的研讨会

隔离研讨会是规划网络安全和关键网络隔离方案的重要部分。这些研讨会通过探索隔离的范围以及如何将其应用于公司的基础设施上，使利益相关者、用户、合作伙伴和客户间达成一致。研讨会的讨论应促进利益相关者的合作，探索零信任技术和程序的可行性，确定预算，并最终提供一个结构化的路线图来实施隔离发现。在为理解业务做好准备后，需要有一段时间把技术资料与业务目标进行对齐。这些技术资料将根据组织所拥有的核心组件或所处的阶段而有所不同。技术资料包括以下内容：

- 与允许接入网络的终端类型相关的策略文件。其中应包括访问范围、可能存储在终端上的数据、终端的交互限制以及工具相关的限制，同时也需要对数据进行损失预防和类似功能的分析。
- 识别网络终端和用户流程。这应包括使用场景案例，在哪里进行认证，以及组织内各个组有哪些访问要求。
- 终端加入网络并获得访问权限所必须满足的要求，包括用于评估间谍软件、恶意软件或病毒感染的软件、标准的终端配置策略、用于评估这些要求的工具集，以及确定谁来负责验证合规性的责任矩阵。
- 针对各种使用情况，为满足每个终端的访问要求而需要对每个终端实行的相关限制。
- 为分析、存储和维护上述信息而收集的位置信息、识别信息和其他信息，为将来可能进行的审计和调查提供方便。

然而，零信任的应用不是在真空中完成的。对于业务成果的理解，还应关注与业务相关的目标，以促进业务而非阻碍业务。研讨会的主题或话题通常需要根据公司的特定行业和业务交付策略进行调整。

8. 探索业务以确保安全

在研讨会访谈中，所提出的问题和会议的结果可能会因公司类型及其产品或服务交付方式的不同而有所不同。尽管在收集资料和审查过程中可能已经识别出了以下一些内容，但为了验证和深入理解，还是需要进行探索性研讨和访谈。提问的问题和讨论点如下。

- 公司的安全目标是什么？
- 当前的安全策略是什么？
- 如何使用当前的技术和流程来实现这些安全目标和安全策略？

- 目前使用了哪些安全管控？这应该包括对基础架构、安全、系统、用户和合作伙伴所采取的管控。
- 安全管控的使用和使用过程是否与零信任的核心原则一致？能否一致？
- 哪些目标尚未实现？
- 正在考虑或实施哪些安全技术？
- 是否有不符合既定安全目标的安全策略？
- 组织或业务部门遵守哪些规定或标准来确保成功运行？
- 如何防止终端之间相互通信，这些策略执行点位于何处？这通常是指先前收集到的资料。
- 在所有业务部门中，是否存在任何旨在采用零信任方法论的倡议、技术或合同服务？
- 是否所有业务部门都与既定的安全目标保持一致？如果不是，它们之间有何不同？如果存在差异，能否使其一致？如果不能，原因是什么？
- 所有合作伙伴、厂商、供应商或其他第三方是否与既定安全目标保持一致？如果不是，不同之处是什么？
- 所有客户、顾客和关联客户是否与既定安全目标保持一致？如果不是，有何不同？
- 如何防止由于员工流失而造成的数据丢失？
- 将恶意软件和勒索软件等潜在数据威胁的影响降至最低的方法有哪些？

在将这些业务需求转化为技术需求的过程中，某公司医疗健康部制定了以下技术目标，并在每个目标中进一步明确了其含义。

- 使用思科身份服务引擎集群来识别网络终端。

含义：每个网络访问设备都需要进行 AAA 配置，以便在终端加入网络时进行身份认证、授权和审计。这些配置需要纳入医疗健康部当前使用的配置模板，并通过内部审核流程进行验证，以确保不会对终端产生任何影响。

- 对加入网络的设备进行配置文件设置，以验证其上下文身份。

含义：必须有一个流程来定义接入网络上的终端是否符合预期或者合法，并确认无法正确识别的设备。对于那些未能正确识别的设备，运维团队需要调查这是否与设备本身、终端接入点，或是上游的 ISE 认证服务器有关。

- 对电子医疗记录设备访问互联网的方式加以限制。

含义：需要建立一个流程来确定终端是否需要对外访问，或者是否有潜在的对外访问需求。对于将来可能需要支持的功能，应设定一个重新评估流程，以评估对设备访问权限需要进行哪些更改，包括增加和减少。该流程应规定在何处限制设备的访问权限，并优先考虑阻止通信源发起请求。如果条件允许应尽量将 IP 解析为域名，并通过身份认证确定试图访问资源的人员身份。

- 控制临床终端与建筑物物联网（IoT）终端之间的东西向流量。

含义：与评估终端访问外部资源访的需求流程类似，需要设定一个评估终端如何与网络内设备互动的流程。如果允许，该流程应利用设备标识，对端口、协议和终端设备的通信进行映射。执行点应尽可能接近通信源。

- 所有网络访问设备应处于供应商售后服务期内，以最小化停机时间和售后支持成本。

含义：作为医疗保健部实施资产管理策略的一部分，应该记录和跟踪终端设备及其连接的网络访问设备的售后服务期限。基于这些信息，可以制定网络访问设备的更新计划，并将这些计划整合到需要用到这些网络访问设备的技术和业务目标中。

1.3 零信任组织动态

组织有两种选择，要么实施零信任，要么不相信零信任是"真实存在的"。在实施零信任策略时，需要能够识别组织需要解决的真正问题。只是把一个产品、工具或解决方案安装并启动，是无法让组织实现零信任的。首先要准备好解决方案和关键基础设施，组织才会进一步准备好资金或人员来支持这些工具、解决方案或基础设施。在后续的工作推进过程中，让利益相关者参与进来非常重要，常见做法通常包括以下几种。

1.3.1 "我们有一个计划"

"我的团队拥有零信任"或"我们知道了"是那些认为五年后零信任才会完备并成为行业通用解决方案的组织通常持有的观点。不幸的是，持有这种心态的组织会在这方面无所作为，直到安全问题对业务造成重大影响的时候才措手不及。在发现业务非常依赖于零信任时，才想起来去推行零信任策略只会导致灾难。

当多个团队或重点小组主导计划时，会形成许多相互竞争、孤立的零信任策略，导致各部分不能协同工作。组织为实现零信任策略在公司内部努力解决这些问题时，会面临一系列挑战。首先，对零信任很少有单一的定义。在零信任项目开始启动的时候，通常需要指定一个负责人（通常是一位高管），以打通在零信任中发挥关键角色的各个团队。零信任的概念通常涉及多个团队，包括但不限于网络、安全、应用、治理和高管。最终，他们都需要协同工作。

请注意，领导者在工作中应该具有足够的权威、协作能力和预算决策权。领导者还要勇于面对困难，并能够排除万难向前迈进。成功的方法是让每个参与团队协同工作，同舟共济，朝着同一方向努力。

1.3.2 竞争团队

有时候，过去的惯性做法会带来新的挑战。例如，组织中常常有一个领导团队倾向于只资助网络项目，而不是安全项目，或者相反。这种情况往往是由于业务面临各种挑战而导致的，例如只启动能带来业务增长的项目，而不是保护控制型项目，这导致了资金上的短缺。

如果零信任的领导者在组织中的地位足够高，可以在整个团队中推行各类的策略，通常对克服这个挑战会有很大帮助。如前所述，社交敏锐度是领导者的关键能力，对预算的影响也非常关键。所有组织都存在预算挑战。零信任的领导者有责任引导并促使这一倡议成为高优先级事项。最后，为了使零信任成为现实，所有团队都需要共同努力，使零信任实现成为可能。

1.3.3 "问题？什么问题？"

最大的挑战来源于团队不相信零信任策略或根本不认为存在问题。没有将零信任视为"真实存在"的组织不会意识到安全防护上的缺失，这通常是最令人担忧的。随着人们对零信任兴趣的增加，营销部门迅速抓住了"零信任"这一术语，并将其应用于几乎所有与零信任概念有关的产品，有时甚至是相关度微乎其微的产品。很多时候，讨论都是围绕着如何通过一键点击就可以将零信任应用于组织。不幸的是，事实上今天并不存在这样的产品。当组织内部推动接受零信任时，需要一种策略来帮助屏蔽市场营销概念，让人们真正地了解零信任。一种策略是重申零信任是一种架构策略，而不是产品策略。这意味着这些原则必须纳入每个项目的设计和部署中，并根据组织的风险接受度、技术成熟度和可用资源量身定制这些原则。

1.3.4 "我们将转向云端，而云端默认实现了零信任"

第三方数据中心通常被视为解决零信任问题的策略。许多组织误以为，只要转向云端，就能自动实现零信任，但事实并非如此。在本书中，我们探讨了如何在组织各层级应用零信任原则。书中所述的架构设计方法需要在云端、数据中心、园区、分支机构、附属机构，以及终端等各个层面实施。

当组织迁移或直接使用云服务时，必须将零信任纳入解决方案、工具和基础设施的开发考虑之内，就像处理数据中心迁移一样。在云环境下，企业需要按照云供应商共同责任模式的规定来运用自身的工具和安全解决方案。要确保有适当的基础设施支持公共云环境中"零信任"的实践，则需对环境进行可视化管理，并更加关注应用与终端流量情况。"一键启动"的零信任并不存在——尽管很多供应商会这么宣传。

1.4   思科的零信任支柱

思科开发的零信任能力，用于评估环境以及从传统隔离迁移到零信任隔离的准备情况。思科使用并创建了五大支柱，这与许多其他的框架和方法论是一致的。我们发现具备这些能力的组织可以转向零信任策略。本章将介绍这些支柱并在第 2 章中对这些支柱包含的能力进行详细探讨。如果没有这些能力，组织将很难完全采用零信任策略。在零信任架构中考虑的所有内容都应属于这五大零信任支柱中的其中之一。

零信任是一种思维方式，也是一种运营组织的方式，它要求每次信息交换都与不断变化的安全策略相对应。零信任之旅并不是从一个组织拥有所有组件、产品、服务或策略时开始的，而是始于组织首次参与规划。零信任要达成的目标是降低组织的风险，同时平衡业务的需求，以应对已知和未知的威胁。

思科的零信任支柱如图 1-4 所示，将在后面部分进行概述。

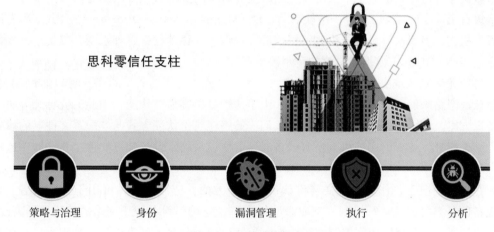

图 1-4　思科零信任支柱

1.4.1　策略与治理

策略与治理支柱规定了从网络上的可以捕获的任何身份应该包含哪些信息以及它应该具有什么访问权限。该支柱通过执行点控制信息和系统，从而解决控制目标位置的策略和治理问题。基于本书中概述的零信任能力，组织可以开始进行网络规划以及如何在组织结构中实施每项能力。尽管策略是特定于组织及其业务功能的，但还是可以找到共同点。如当需要仅允许公司资产进入网络并为其提供访问业务关键资源的同时，还需隔离未经授权的上下文身份可以访问的区域，例如访客、承包商甚至高风险设备。

策略与治理可以实现获得高层领导的支持，再将支持传递到一线员工，并要求组织中的所有人都必须遵守。

1.4.2　身份

身份支柱用于处理上下文身份，包括谁使用哪个设备，在网络中的哪个位置，何时、如何进行连接，以及连接到哪个媒介。这个支柱包括对系统、服务、资产、身份或用户进行分类的所有工具。

当策略得到批准后，实现身份支柱的方法在整个组织中可能会有所不同。由于用户、设备、组织身份的多样性和检测机制的多样性，身份通常是践行零信任过程中的不稳定因素。一般来说，必须存在某种机制来执行上下文身份的验证，然后基于该上下文身份的各个方面进行认证和授权。

当通过身份将设备连接到网络时，身份认证应通过诸如 802.1X 和 RADIUS 协议等方法进行。或者在设备无法提供基于网络的身份的情况下，使用集中的 Web 认证门户来验证登录用户的身份。无论哪种方法都应与包含身份信息的集中身份认证方法或数据库相结合，以确保身份可以根据上下文的变化而改变。这里的身份认证方法和身份数据库可以是轻量级目录访问协议（LDAP）、微软活动目录（Microsoft Active Directory）、公共或私有证书颁发机构、多因素身份认证机制、资产管理数据库、移动设备管理系统，或支持开放数据库连接性（ODBC）或类似协议的定制数据库。

对于无法确认或提供身份认证信息的"无头"或"无人监管"设备，可以通过 MAC 身份认证旁路来展示其固定身份。然而，由于这种身份容易被伪造，因此只应将此方法作为备选方案。为了打击这种伪造行为，我们应始终将身份认证方式与"配置文件"的授权条件结合起来，或者使用网络上所有设备通用的协议来确定设备的真实性，并增加伪造和操纵的难度。

在这种情况下，作为上下文身份认证的一个方面，应该有一种可用于验证网络上终端设备的分类机制或执行机制，例如通过 VLAN 推送确保设备位于网络的正确"隔离段"中，或者通过可下载的访问控制列表（ACL）、TrustSec 标签或两者的组合来阻止设备在网络上的通信访问。通常情况下，对于那些无法给网络提供明确的身份识别方式而较不可靠的设备，会受到更严格的限制和／或更多的授权限制。而对于可以通过更先进或更可信的手段验证其身份的设备，将施加较少的限制。

在设备新购、收购或合并入网时，也需要考虑到这种身份认证机制并明确入网流程，以便减少将来在初始识别阶段就需要重新发现终端设备情况的发生。作为策略的一部分，不仅应该考虑到当前已连接网络的设备访问核心业务资源的情况，还应该考虑将来设备在接入网络时应如何提供与其所需访问内容相符的身份。这个策略通常会导致一个谨慎的入网过程，详细说明了哪些需要使用网络并访问受保护数据设备的购买、配置和策略是可以接受的。

组织是否有支持执行的相关机制呢？这种能力可以决定网络的架构，并决定如何设计强化防御区（DMZ），以及明确允许哪些身份访问组织的核心资源。

网络上实体的上下文身份将成为第二个关键的支柱，因为它为所有其他能力注入了一个可以应用它们的主体。没有身份，执行或漏洞管理就无法应用于单个结构、无法发挥作用。

身份必须是上下文相关的。这里不仅需要考虑设备所有者、管理者、故障排查者或报废者，还需要考虑该设备的类型，以便更好地做出决策，确定该设备在网络上可接受的风险等级。例如，制造厂中的手机可能不需要访问机器人控制模块或 CAD 图纸，而工业 PC 则可能需要。

因此，身份必须包含当前使用、管理、故障排查或拥有相关实体的人或物。我们可以使用哪个数据库来识别这个"谁"，并验证身份凭据（主要或次要）是否符合策略和网络接入的要求？谁将设备引入网络中？许多设备都需要访问网络，但我们无法通过交互来获取当前设备使用者的确切身份凭据。对于是谁把一个设备接入网络中，我们能够掌握哪些信息，以更好地确认该设备需要什么样的访问权限？

实体连接到网络的具体位置在哪里？可以是在办公室、通过虚拟专用网络（VPN）的家庭办公室，或是分支机构。一个实体通常从指定的地点、使用固定的方式进行网络连接。对于通过 VPN 连接的设备，通常期望它们将连接到离它们最近的头端，或者至少在本国内连接。当实体尝试从基线之外的位置进行连接，例如基础设施设备试图通过 VPN 连接，或用户从另一端的国家连接网络时，这些也应该列入上下文身份的考虑因素中。同样，用户离资源越近，可能获得的资源访问权限就越多，例如外科医生在手术室需要访问关键医疗信息，或机器人维修技术员在处理机器人控制系统时需要访问原理图。

实体连接到网络的时间是什么时候？许多组织允许网络上的大多数设备 24 小时连接，并且在办公楼或园区中通常有工作人员持续监控网络，但对于连接到网络的设备，基于其常见基线行为，有些例外情况应被视为异常。例如，如果一位高管很少在上午 8 点到晚上 8 点之外的时间工作，但在清晨早些时候看到其在访问网络，这就可能需要进行调查，后续还需要根据上下文身份的其他信息进一步确定。又如，如果一位高管为 APAC 地区做了一次重要的演讲，当天早些时候离开后返回，提供了正确的主要和次要身份凭证，并从其办公室通过公司计算机连接网络，那对登录的审查就可以宽松些。如果用户在开源移动平台上只使用了来自中国某个站点的单一凭证，那就需要考虑进行更多的审查，甚至限制会话。

实体如何连接或附加到网络？在软件定义的网络隔离架构中，具有标准化设计原则的访问、分布式、核心和广域网络结构的环境，会规定某些实体不应有某些固有区域的连接权限，因为这违反了策略或逻辑。有很多设备在某些介质中很少或不应该被看到。例如，Apple iPad 可能永远不会通过有线网络连接。如果在有线网络上观察到它，需要考虑这是否是伪装，以及将其放置在非预期环境的方式是否合规，并且要思考是否应允许此类连接作为叠加策略的一部分。

1.4.3 漏洞管理

通过审查设备的安全处理方式、设备健康状况和应用健康状况来持续评估其对网络的威胁性。此外，漏洞管理支柱需要把谁拥有、谁负责管理、谁负责故障排除以及谁使用此设备这些信息作为其漏洞管理方程的一部分。漏洞管理支柱包括用于监控、管理和减轻漏洞而搭建的各种系统。

对于连接到网络的每个设备，无论拥有、管理、使用还是故障排除的用户是谁，设备在网络上都存在固有的风险。为了最大程度地降低这种风险，需要对设备的真实行为与其在网络上的期望行为进行对比分析。这种分析高度依赖于设备的上下文身份，需要将与设备相关的身份认证信息或分析信息列入考量范围，以确保上下文可以纳入这种风险分析。作为这种分析和降低设备对网络造成风险的一部分，IP 体系结构可以用来将所有尚未被分析或被认为风险较高的设备放置在网络的隔离区域，例如隔离的 VLAN 或隔离的 IP 子网。虽然 IP 地址通常不作为唯一的身份，但正确的 IP 子网结构和布局可以与上下文身份相结合。如果设备的上下文身份信息是缺失的，则可以认定设备是未知的。

除了设备所在的物理位置以及从配置引擎的角度看到的它在网络中的"外观"之外，对设备进行主动质询还有助于确定设备对网络造成的风险，包括设备是否有超出正常操作预期而开放端口或协议，是否安装了最新的防病毒软件，以及设备与网络内外的终端交换了哪些信息。了解设备的"态势"不仅有助于确定该设备是否属于网络以及它对网络有哪些访问行为，还有助于做出与变更管理相关的决策。例如，何时可以更改或断开这些设备所连接的交换机或者路由器等网络访问设备；需要维护与网络内终端、设备、数据工作负载相关的哪些信息；如何对设备进行分类，以便更有效地执行；以及如何确保在执行过程中，已经准备好足够的措施来保持业务的连续性。

上下文身份是理解网络上的设备以及其所在位置从而可以对其进行管理的基础，但组织如何知道执行机制的应用是否会妨碍设备执行其关键业务功能呢？了解设备对网络构成的潜在漏洞是零信任之旅的关键，在尝试迁移到未来功能及执行落地之前，必须完成这一步骤。在传统网络中已经考虑到漏洞预防和修复，但漏洞管理需要了解设备访问网络内部和外部资源的情况。当启用了上下文身份的新特性，通过建立设备连接资源的基线就可以检测并理解这些变化。同时，对通信模式的理解可以作为应用执行策略的基础，以防止通信超出已知所需的端口和协议。

漏洞管理支柱还包括漏洞管理计划所需的更常见的工具集，如漏洞扫描以及跟踪和报告这些漏洞以进行修复所涉及的工具。验证扫描工具可对连接到网络的系统进行漏洞扫描，以确定这些系统当前是否存在已知漏洞。这些工具使用由 MITRE 组织维护的通用漏洞和暴露（CVE）数据库。该数据库对公开披露的漏洞进行了分类，并规范了格式供用户使用。有效使用漏洞扫描工具可以检测出与系统相关的已知漏洞并明确补救措施来帮助管理风险。MITRE 公布这些漏洞时，会使用漏洞评分系统（CVSS）来估算风险和影响。CVSS 分值是作为基础分值发布的，该分值是基于漏洞的基本度量指标（如访问向量和漏洞被利用的复杂性）利用公式计算得出。为确保最有效地修复漏洞风险，必须根据实际情况对 CVSS 提供的时间和环境度量指标进行调整，以获得组织的完整风险视图。时间度量指标考虑的细节包括是否存在漏洞可利用性的证明、可部署的补救措施以及关于漏洞的置信度等。然后，环境度量指标需要根据组织对系统的使用情况进行调整。这里包括的因素有：易受攻击的系统在整个系统中的占比情况、成功利用漏洞对系统或组织造成的预期损害程度，以及对机密性、完整性和可用性的影响。经过调整后的分数可以为组织提供正确的信息，帮助组织有效地利用资源来降低已识别的漏洞所带来的风险。

1.4.4　执行

执行是基于上下文身份的。执行支柱包括执行点、执行策略和执行这些策略的方法。

虽然确定网络内的身份和漏洞无疑应该被视为零信任的"关键路径"，但通过各种机制完成实施才是最终目标。执行的艺术在于确保在正确的区域采用正确的方法，以最大限度地降低漏洞被利用的风险，或降低引入无法解释的上下文身份的风险。执行需要分层进行，贯穿整个网络，并在最适合管控该网络中所有设备漏洞的地方进行。重要的是要记住，虽然安全的目标是消灭漏洞以限制风险，但由于业务限制，这并不总是可行的。较小公司通常使用专有的小众系统，这些系统可能无法及时得到更新，但由于市场限制，这些系统很难被取代。

与云访问、拒绝服务（DoS）预防、数据泄漏防护、域欺骗、电子邮件欺骗或利用设备漏洞或连接性等相关的执行机制可以用来防止系统被恶意利用。应该将这些执行机制应用到接近潜在攻击目标的地方，以确保在上下文身份被利用之前，可以对该漏洞进行管理，并限制可被黑客入侵利用的内容以避免触发重大警报。这些警报是基于对特定上下文身份的基线预期行为的理解，会在分析支柱中定义。

执行支柱通常由产生上下文身份的"飞地"定义，用于确定允许执行的策略、用于识别设备的身份机制、设备的预期流量，以及如何对其进行限制。在整个组织内到处都有执行策略的机制，包括云、远程访问、访客或 DMZ 重点区域、楼宇管理区域、标准企业访问和关键业务数据中心。应根据完整的上下文身份谨慎应用这些机制。如果每个常见飞地中都存在异构终端，则应在决策过程中根据上下文身份进行风险评估，以确定执行的级别并逐步提高执行的级别。

在完成尽职调查、了解上下文身份及其可能给网络带来的风险，并将其与相关策略进行关联以确定该如何修改访问权限之后，就可以根据这一理解，实施执行来防止不必要的通信模式。这种执行可以采取多种形式，包括应用本身和确保登录安全、VLAN 本地的 TrustSec 标签、用于跨 VLAN 通信的可下载 ACL，以及用于对外通信的防火墙规则或使用虚拟路由和转发（VRF）执行第 3 层网络隔离控制。

这种分层执行的思维方式可确保单一设备不会因特定身份需要应用大量的执行而超负荷工作。这样可以避免单点故障，从而在设备出现问题时可以防止其对不必要或潜在风险资源的访问。

1.4.5　分析

分析支柱通过跟踪哪些实体正在通过什么传输途径访问哪些设备，以及使用哪种方法进行访问，提供了一种洞察数字环境的机制。

与人们普遍认为的相反，网络的安全性永远不尽如人意，总会有新的终端、用户、用例和业务功能出现，需要更新叠加策略、发现新设备、确定其流量需求和漏洞，并相应地执行这些新策略。零信任的"分析"支柱中包含了对策略的修改以及对策略是否按预期运行的验证。分析包括分析设备的行为以及设备进入网络或改变网络配置时所需采用的策略，并将分析结果输入所有其他支柱中，以验证这些支柱的功能，并改进它们对上下文身份的使用。

分析支柱应从其他每个支柱收集信息，例如使用一个资产管理数据库对身份进行验证，以确定网络上的某设备已退役并处于休眠状态，并于近几个月又重新加入了网络。虽然一切看起来都与该身份相符，但进一步的分析会发现它并不寻常。同样，为了确保可以更容易地发现误报和漏报，还需对设备行为、用户行为以及与之相关的成功或失败的经验教训和有价值的信息进行总结。此外，对这些设备及其预期行为的外部信息或者反馈，以及实际观察到的与预期行为相悖的行为，也都应该包含在分析中。

零信任过程具有周期性，不仅需要持续分析和了解网络上的设备在整个生命周期中的访问模式的变化，还需要了解和分析添加到网络中的新设备或上下文身份。这种分析为零信任支柱的其余部分提供了支持，因为对设备和上下文身份的了解可能会导致叠加策略的更改，可能会增加更多用于识别设备和用户的信息，也可能会发现以前未知或未发现的漏洞，或者可能会确定何时需要限制或放松执行，以允许某个身份能够实现其业务功能。

因此，分析应从网络上收集所有可用信息，包括应用程序日志、交换机计数器、来自整个网络设备的系统日志以及身份审计信息。然后，需要根据企业的业务目标，以有效的方式对这些信息进行汇总、分析、排序和展示。这通常需要对数据及其结论进行进一步分析，以便根据这些目标进行更改并获取正确的数据。我们将在本书中讨论支持这些能力的各种解决方案。

1.5 总结

在了解如何实施零信任以及实施零信任的每个阶段后，就需要与主要利益相关者以研讨会的形式共同探讨这些方法和注意事项。研讨会的目的是确保所有利益相关者达成共识，了解零信任之旅的目标和风险，并明白自己在成功实现零信任的过程中应该发挥的作用。研讨会的成果应包括：收集有关业务单元和设备如何互动的资料和信息、确定设备通信基线以及规划控制机制。虽然不同组织和行业可能对其"零信任"之旅有着独特的目标，但研讨会可以让所有参与"零信任"规划、设计、实施和运营的相关方统一愿景和目标。因此，还必须确保提出的问题和提供的答案能够直接或间接地得到所有相关方的认同。

面对相互竞争的优先级、预算和组织动态，制定零信任目标、策略和实施计划是必要的。面对不断变化的威胁、新终端的引入以及保护业务连续性的需要，组织必须统一目标，并准备好在实施零信任方面共同努力。

参考文献

- The Morris Worm, FBI, www.fbi.gov/news/stories/morris-worm-30-years-since-first-major-attack-on-internet-110218
- Stephen Paul Marsh, "Formalizing Trust as a Computational Concept," University of Stirling, April 1994, www.cs.stir.ac.uk/~kjt/techreps/pdf/TR133.pdf
- Jericho Forum, https://en.wikipedia.org/wiki/Jericho_Forum
- Computer Security Resource Center, "threat," https://csrc.nist.gov/glossary/term/threat

第2章

零信任能力

本章要点:

- 本章概述了零信任五大支柱的能力,包括如何叠加策略、以身份为导向、提供漏洞管理、执行访问控制以及为控制平面和数据平面⊖功能提供可视化等。
- 我们提供了识别思科定义的零信任能力的方法,以及如何在组织内开始寻找这些能力。
- 我们还提供了大量的参考资料,或称为"能力字典",可以用于组织内的许多工作。
- 本章概述的能力可以进一步细化,但为了实现零信任,本书主要关注所需的关键能力。
- 我们为在组织内构建零信任奠定了基础。

创建零信任策略的基石是通过专注的流程来确定组织的能力边界。这些工作包括审查技术管理能力、跨组织的功能流程能力,以及这些能力的整体应用情况。

通过阅读和参考本章内容,你将能够更加明确思科对零信任能力的定义,以及在组织中如何寻找这些能力。组织需要审核与策略创建和执行相关的需求以及视为关键基础设施的内容,以定义对问题或差距的整体风险容忍级别。

在为组织确定风险容忍级别之后,应进行可用能力的评估。为消除偏见并使组织的所有部门都能够接受评估的结果,风险评估通常由外部的组织执行。对于零信任驱动的组织,识别出的问题和优先事项可以帮助组织确立前进的策略和路线图。

本书接下来将概述实施零信任的用例、方法和最佳实践。

2.1 思科的零信任能力

如图 2-1 所述,思科零信任支柱包含了一个成功的零信任策略所需的各种能力。这些

⊖ 数据平面加密是一种网络安全技术,用于保护数据在网络传输过程中的安全性。它通过对数据进行加密,使得只有授权的用户才能解密和访问这些数据。——译者注

能力并不全面，而是必需的最低要求。某些组织可能需要具备与其特定用例相关的更具体的能力。

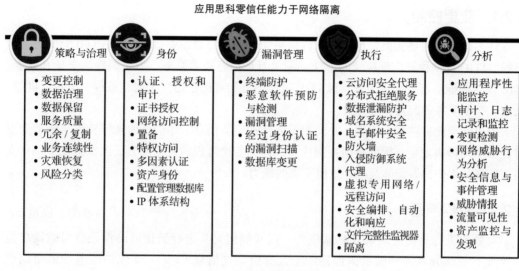

图 2-1　思科零信任能力

本章将帮助你了解每种能力以及该能力在组织内的应用，以便建立强大的安全态势来应对潜在的攻击者。我们首先讨论策略与治理支柱，因为它确定了组织内可以做什么或者不能做什么。接着讨论身份支柱，它不仅需要确定用户的身份，还需要确定设备、传输和许多其他对象的身份。身份确立对于建立更强大的安全态势至关重要，这一点不容小觑。

漏洞管理支柱使组织能够识别、跟踪和缓解已知漏洞以降低组织风险。在传统意义上，执行支柱的能力被认为是安全运营中心（SOC）或网络运营中心（NOC）的工作；但是，当团队审查这些与零信任相关的能力时，你将发现这些能力超出了这些组织能力的范畴，而应该由整个组织中的多个团队共同使用或管理。在分析支柱中，我们要审查的是组织在环境内外如何观察对象的状况以及如何对这些状况进行响应。

拥有完善的治理、身份存储、漏洞管理、执行和可见性的能力，有助于零信任策略的实现。

2.2　策略与治理支柱

在任何零信任策略中，找到安全性和业务开展之间的恰当平衡至关重要。思科零信任模型的策略与治理支柱主要就是为了帮助实现这种平衡的。通过策略与治理支柱，组织可以确定整个组织受到严格管理的程度、信息保留的时间长度、组织在紧急情况下如何恢复，以及各个团队对重要数据集是如何管理的。组织还需要关注自身所处的行业、相关法规、组织自身及业务目标，以及客户的风险容忍级别。策略与治理支柱侧重于关键因素的建立，以实现零信任之旅。

2.2.1   变更控制

许多组织都需要变更管理服务。许多组织使用信息技术基础架构库（ITIL）变更管理流程。ITIL 是一种被广泛接受的方法，用于管理信息技术服务，为组织提供支持和赋能。ITIL 使组织能够有效提供服务。像 ITIL 这样的框架有助于建立架构、流程、工具、度量、文档、技术服务和配置管理实践。

变更必须能被协调、管理，并向相关方传达细节信息。零信任的独特特点意味着变更将在整个环境内发生，因此必须特别注意。作为变更过程的关键部分，测试提供了确保支持零信任的生产部署能够及时有效地完成的能力。

2.2.2   数据治理

对数据进行分类并理解其存储位置，以及如何对其进行监控以确保符合组织策略至关重要。数据分类的一些示例包括：个人身份识别信息（PII）、受保护的电子健康信息（ePHI）、支付卡信息（PCI）、受限的知识产权和分类信息。数据治理还包括一个定义明确且维护良好的配置管理数据库，其中包含所有数据存储的位置、谁在组织内拥有这些数据，以及数据分类、标签、存储和访问要求。

2.2.3   数据保留

数据保留是由组织和法规要求来确定的。事故发生后，确定服务停机或服务中断的原因至关重要。保留的这些关键信息，既可用于恢复服务，也可用于审计。数据保留必须考虑数据的静态存储、确定数据的存储期限，以及确定何时清除数据，以降低组织的负担。组织的法务团队负责管理关于组织必须保留哪些数据以及需要保留多长时间的策略要求。

2.2.4   服务质量

服务质量（QoS）需要在短暂或长期拥堵发生时对关键流量进行标记和优先处理，是保证可用性的关键组成部分，可以确保控制平面的流量持续流动，以使零信任能力按预期工作。QoS 为不同的流量提供不同的处理优先级，以满足策略要求，确保安全和业务功能所需的关键功能可以持续进行而不会受到不当的损害。如果没有这种保障措施，组织就有可能面临网络拥塞的风险，导致对流量和依赖该流量的解决方案产生不可预测的影响。

2.2.5   冗余

冗余是维持可用性所必需的，是零信任策略的一部分。生态系统的关键组件需要根据许多框架、标准、法规和法律进行备份。冗余可以有多个方面：控制平面的冗余对功能的运行是必需的，而数据平面的冗余则是为了确保业务功能可以无障碍运行。

2.2.6　复制

复制涉及将关键数据存储到阵列和离线备份中并加密，以便在环境被勒索软件部分或全部破坏时恢复。需要利用软件自动化来确保正确的环境被复制到合适的位置。若没有自动化复制，错误在所难免，如可能会因为人为误操作而将关键数据覆盖，从而引发大规模停机，并需要对一个或多个数据库进行全面恢复。

审计员、监管者或管理机构需要定期验证这些控制机制。组织需要注意的关键一点是，规章制度、标准或法律只是提出了复制的最低要求。对组织来说，保护组织数据是首要任务。如果没有防护控制机制，即对复制的数据存储进行加密和位置设置，就无法确保数据的完整性、机密性和可用性，那么，零信任将出现漏洞。

2.2.7　业务连续性

机密性、完整性和可用性是所有安全计划的核心，也是零信任策略所必需的。业务连续性依赖于执行得当的零信任策略。在危机发生时，需要保证危机处理团队可以联系到业务连续性团队和访问业务连续性文档，这是保证业务连续性的基石。请注意，在任何情况下，业务连续性计划（BCP）都应优先保障人员安全，并确保在事件期间团队安全无虞。一个周详的沟通方案将有助于找到并联系到相关人员。这个计划还需要对公开分享的内容进行保护以支持恢复工作。

数据完整性在响应业务连续性事件中也非常重要。尽管某些负责处理关键事件的人可能认为这不重要，但攻击者正是利用这一点发起攻击。我们需要确保"临时"控制或措施不会使组织面临数据完整性和可用性的问题。"勒索软件"攻击可能会触发业务连续性计划并导致服务中断，受限资产或知识产权可能会面临风险。

提前规划应对各种场景，并与融合中心及其他政府机构合作以应对这些关键事件至关重要。桌面演习可以发现问题，但进行业务连续性计划演习则能揭示团队的应对能力，并可能找出暴露关键数据存储的风险。

2.2.8　灾难恢复

通常，一旦检测到问题，就会激活灾难恢复（DR）事件，但很多时候应该激活业务连续性计划（BCP）。在BCP团队评估情况之后，才正式开始恢复工作。灾难恢复计划可能涉及与BCP相同的许多领导层面的联系人，但灾难恢复计划的重点是恢复一个解决方案、一组解决方案或组织的关键基础设施。

任何灾难恢复事件都可能被评估并归类为次要事件，也可能较为严重。起初，事件可能只影响业务的一个方面，甚至是一个解决方案，但这时团队不应该盲目乐观，而应该考虑可能受到影响的其他系统和环境。根据影响和风险启动适当的流程并通知正确的领导层，是业务连续性计划的一项功能。更重要的是，要为灾难恢复计划制定适当的标准，主要是系统对组织和对日常运作的影响，从而确定可接受的数据丢失限度和恢复时间。这通常分为两类：恢复点目标（RPO）和恢复时间目标（RTO）。RPO 规定了可接受的事务数据丢失时长，换句话说，RPO 是指系统发生故障后无法恢复的数据量或工作量。RTO 是指系统和数据恢复正常所需的时间。在确定灾难恢复能力时，应为每个系统定义这些变量。

灾难恢复计划与业务连续性计划相互补充。在"策略与治理"部分已经定义了适当控制，以确保灾难恢复是可行的且完整的。开发和测试灾难恢复计划是新环境启动流程的一部分。每个环境都必须在上线前确定一个修复方法，以便在实际的灾难恢复事件或测试期间，确定什么是成功的恢复，并在完成后进行核查。如果购买应用程序后未创建该计划，则可能会忽略许多安装要求，或只有少数团队成员知道。新旧生态系统都需要进行灾难恢复计划的测试，这句老话仍然适用："没有测试就没有灾难恢复计划"。此外，若缺乏业务连续性计划和灾难恢复计划，则无法有效执行零信任策略。

2.2.9　风险分类

风险分类有助于支撑其他多种能力，如数据治理、业务连续性和冗余。这包括为数据和能力所面临的风险进行分类。对于数据而言，必须评估风险，以了解数据对组织的重要性。对于能力，必须对风险进行分类，以了解如果该能力不按预期运作可能对组织产生的影响。

应与法务团队一起制定风险分类结构，以确保业务得到保护并确保业务连续性。在开发或更新这些分类时，采用零信任思维方式将有助于提供更好的保护和控制措施，同时促进业务的顺利进行。

2.3　身份支柱

身份是网络实体的标识，代表其所有或所属。这些实体有时可能提供预设或已知的凭证，但有时则不然。仅凭身份是不足以获取数据访问权限的。确认身份是认证过程的首要步骤，但仅以身份进行授权访问的组织，并未完全遵循零信任策略，因为他们对该身份并未有全面的了解。例如，持有驾驶执照作为身份证明并不能直接登机，必须通过某人或某物验证所提供的身份证明与试图使用执照的实体相匹配。

2.3.1　认证、授权和审计

认证、授权和审计（AAA）是什么意思？简单地说，认证是对实体是"谁"或"什么"的验证，授权是确认经过身份认证的实体可以访问哪些资源或数据集，审计是对操作过程中发生的交互进行记录。

任何实体对网络进行访问时，第一步就是身份认证。这一步要求请求身份认证的实体——无论是人、计算机还是网络设备——必须以至少一种形式提供关于自身的详细信息。这些详细信息可以由实体直接提供，例如使用由实体提供的用户名和密码、证书或MAC 地址。

身份认证可以使用多个标准来完成，这称为多因素身份认证。身份认证过程并不意味着实体就具备了访问的权限。以 ATM 为例：任何人都可以带着有效的借记卡走到一个ATM 前，并将其插入机器，使用正确的 PIN 码，用户这样就完成了身份认证。但持有卡和 PIN 码并不能确定此人有权访问哪些账户的详细信息，这就需要用到第二个"A"，即授权。

授权涉及获取已验证实体的身份，并结合其他条件，通过定义的策略确定应提供的资源或数据访问级别。根据使用的策略引擎，这些条件可能变得非常详细。授权网络访问的其他条件可能包括设备健康情况或态势、目录服务组成员资格、时间和日期、设备身份或设备所有权。回到 ATM 的例子，经过身份认证后，客户在策略引擎做出必要的决定后，便获得了访问其账户的权限，例如查看和交互的权限。

最后，审计是一种为了审计目的而采取的记录网络上实体行动的方法。这包括记录实体尝试进行身份认证的时间、身份认证的结果，以及与授权资源所进行的交互，并在实体断开连接或从网络注销后结束。这些审计数据对于故障排查和取证都至关重要。在故障排查中，它提供了宝贵的数据，以帮助确定在 AAA 过程中实体遇到问题的位置，例如为什么没有获得对预期数据或资源的授权。对于取证目的，它提供了了解实体何时访问网络、采取了哪些行动、何时断开连接或是否仍然连接到网络的能力。

这里还需要提到物联网（IoT）设备的快速增长所带来的 AAA 的挑战。在大多数情况下，当涉及网络连接时，这些设备的操作方式更为简单，并且可能无法提供用户名和密码进行身份认证，更不用说证书了。在某些情况下，虽然这些功能可以从设备上获得，但由于缺乏适当的管理，可能无法在技术上使用这些功能。在任何情况下，都要确保能够以有效且安全的方式对这些设备进行认证和授权。通常，这意味着使用 MAC 地址对设备进行身份认证，并与数据库进行对比，授权将遵循与其他实体相似的一系列条件。目前已经有许多努力致力于改善物联网设备的交互能力，特别是涉及企业网络方面，例如机器用途描述（MUD）属性，它向策略引擎提供了设备的用途。不过，通过 MUD 或基于 MAC 地址的路径进行认证时，这些设备更容易被冒名顶替，因此必须保持谨慎。对实体进行正面识别和详细身份验证的可信度较低，意味着在分配资源或数据的授权时必须特别谨慎。

2.3.2　证书授权

在网络中唯一标识设备的另一种方法是提供证书，但这种方法的开销略高。简而言之，证书是颁发给用户或终端的唯一身份标志，它依赖于一个信任链。这个信任链由一个作为信任根的中央权威机构和像树枝般分布的结构组成，为全球范围内的分布式信任提供支持。通过向终端或用户颁发证书可以提供"因信任该权威机构而信任此实体"的能力。

证书通常被认为是一种更可靠的身份认证方法，因为它既可以防止身份的导出，又可以验证证书中呈现的身份与中心化身份存储之间的关系——例如，Active Directory（微软的目录存储）、轻量级目录访问协议（LDAP，一个开源目录存储），或基于云的 Azure 活跃目录域服务（Azure AD DS）。

通过阻止证书的私有部分被导出，证书无法与其他用户甚至其他设备共享，这使其成为一个安全的身份认证机制。此外，像目录服务属性一样，可以在证书中添加替代名称和属性，用于唯一标识一个终端，并确定该设备在网络上应该被授予什么样的访问权限。

策略引擎使用扩展认证协议 – 传输层安全（EAP-TLS）进行证书交换。这些证书可以分配给终端或用户。用户和机器证书的组合创建了一个独特的上下文身份。这种上下文身份根据与身份类型相关的属性提供差异化访问，无论是对用户、应用还是机器。

2.3.3　网络访问控制

网络访问控制（NAC）系统提供了一种对网络的访问控制机制。有许多解决方案可以为组织提供这种零信任能力，以实现对谁或对什么进行访问网络的控制。NAC 系统需要能够与其他零信任能力进行集成。NAC 系统将直接参与策略与治理、身份认证、漏洞管理、执行和分析等支柱。策略与治理会影响 NAC 系统的配置。

在设备被购买、上线和识别后，需要搭建一个数据库和策略引擎来使用 AAA 验证身份（请参阅前一节）。此策略引擎应包含：

- 集成到目录服务的身份认证。
- 终端对于漏洞的态势。
- 通过策略控制终端访问的能力。

例如，在身份方面，我们依赖于目录服务或证书授权，就需要 NAC 系统与身份存储集成，以确定并执行 AAA。NAC 应利用此身份将漏洞链接到上下文身份，然后应用执行控制，并在本地或集成系统中记录这些操作，如安全信息和事件管理（SIEM）系统。在 NAC 系统中生成的日志需要收集已完成的操作和成功完成的原因，以便更好地分析网络上的设备及其对网络的潜在安全隐患。

2.3.4　置备

置备是一个基于策略与治理支柱在整个组织中获取、部署和配置新的或现有的基础设施的过程。置备在实施零信任策略时对决策过程会产生重大影响。置备在环境中跨多个组和多个阶段进行。所有利益相关者都必须了解统一策略和流程的重要性。

组织定义自己的需求以满足特定的要求。全面的零信任策略需要一种整体方法来解决流程中所需的灵活性，同时保持严格的控制，以执行组织和监管机构的策略。在基础架构生命周期的所有阶段，都应该对统一形式的跟踪和访问需求的可见性进行文档记录，以满足置备规范要求。以下部分详细介绍了一些置备策略执行类别。

1. 设备

常见的设备类型包括打印机、计算机、IoT、OT、特殊设备、管理设备和非管理设备。负责创建、维护和执行这些功能的团队几乎存在于组织的方方面面。设备需要遵循物理、逻辑和网络环境中的各类零信任管控。

2. 用户

用户可能存在于组织的许多部分，但与设备不同，所有用户都应该以组织内的角色进行控制。为第三方创建的用户身份也必须映射到组织中的角色。设备、人员和流程的访问依赖于这些基于角色的用户账户。这些账户可能对应多个不同功能的角色。零信任依赖于用户身份，而身份是将策略与行为关联起来的重要属性。"用户"是零信任身份能力的一个组成部分，用于用户归因、分配和置备，并为建立信任奠定了基础。

3. 人员

零信任策略应该为组织内每个实体的加入和退出流程提供信息和指导。人员有可能成为安全攻击的软目标，这样对组织而言是存在漏洞的。安全威胁认知、培训和测试有助于提高组织工作人员的能力。与人员相关的置备不仅局限于有系统访问权限的人员。这些流程会影响用户、设备、访问、服务、资产和许多其他重要方面的置备工作。零信任控制试图将组织、第三方或合作伙伴中的任何人员所进行的所有交互进行归因。这些概念可以扩展到一个人通过任何连接与任何资产所发生的全部交互。

4. 基础设施

基础设施对象的身份定义了对象是什么，对象需要什么功能，并将对象与支持组织的有效活动相关联。

基础设施置备过程定义了访问对象的途径。为支持用户群体使用基础设施，管理员需要定义所需的保护措施。负责支持基础设施的管理员需要确定在服务和流程中引入置备的时间和步骤。

5. 服务

服务为一个应用或一系列应用提供支持，以帮助用户在组织内履行其角色职责。没有服务，用户访问应用就没有意义。身份能力的服务属性用于定义用户的访问属性，使用户能够执行分配给他们的关键功能。

服务身份的置备过程将设备、用户、人员和基础设施相互关联，以进一步构建上下文身份能力。通过记录与设备、用户、人员和基础设施相关的访问要求和限制，可以创建出能够由零信任直接执行的策略。服务需要从置备中获得准确一致的身份信息，以有效地定义这些策略。通过对这些标识符的记录并对允许使用服务的内容以及什么条件下请求服务进行分类，以实现访问拒绝和访问接受。

2.3.5 特权访问

特权访问是通过提高用户访问权限来执行支持和管理系统所需的功能。特权访问在基础设施中很常见，包括网络设备、数据库、应用、操作系统、云提供商平台、通信连接系统和软件开发。特权访问应遵循"最小特权访问"的理念，只针对非常少数的用户开发。特权访问的用户类型包括但不限于数据库管理员、备份管理员、第三方应用程序管理员、财务管理员、服务账户、系统管理员，以及网络和安全团队。

特权访问对数据、系统可用性或控制引入了更高的风险。利用特权访问，攻击者可以对环境、生态系统或专有信息造成最大的破害，因此组织应该提高对特权身份的保护、监视和控制力度。

为了监测和控制特权访问，可以使用访问计时器和更强的管控解决方案，包括记录利用身份特权访问所进行的操作。建议组织在管理层的监督和批准下，对特权访问的使用进行例行审计。许多法规和法律都要求在组织内部实施特权访问控制，并定期向外部审计人员证明其合规性。团队应根据法务团队的指导意见，审查其组织的特权访问要求。

2.3.6 多因素认证

多因素认证（MFA）利用了用户知道的（例如密码）、用户拥有的（例如受管理的设备或设备证书）、用户是谁（例如生物特征）以及用户可以解决的问题（例如带问题的Captcha）等多种因素，这是零信任的基本原则。组织的各类人员对多因素认证会有不同的看法和解读，因此，策略和治理支柱需要向组织的所有用户解释为什么要推行多因素认证。

电子邮件地址是最常见的用户名，如果用户没有很好地设置密码并在许多系统上使用同一个密码，就很容易受到暴力攻击。通过利用 MFA 的其他因素，组织提高了对攻击的抵抗力。然而，需要对员工、实习生和承包商的入职 / 离职流程进行监控和审计，以保持对身份存储和 MFA 因素的控制，并限制未经授权的访问。

在某些情况下，组织可能希望转向真正的"无密码"访问控制方法，仅使用设备证书来提高用户的便利性。建议组织在转向真正的"无密码"方法之前，与法律团队和监管机构审查此方法。例如，对于大多数操作系统，用户登录到机器后，作为身份认证机制的一部分请求者会从策略引擎那里得到一个证书。用户登录和设备证书对组织及其必须遵守的法规来说是否足够？这些质问可能会发生，因此组织应具体说明 MFA 是使用两个或更多的相同因素，还是使用多因素的独特组合。这些细节需要由组织通过策略与治理支柱来指定。

2.3.7 资产身份

资产身份是一种方法、流程、应用程序或服务，使组织能够确定与组织交互的实际物理设备的类型、位置和关键属性。

组织需要能够识别其生态系统内运行的所有独特资产。根据资产的身份，元数据为能够驱动资产类型或特定资产的策略和治理要求增加了上下文信息，这对于实施零信任策略至关重要。需要识别的关键资产包括但不限于服务器、工作站、网络设备、电话设备、打印机、安全设备和低功耗设备。

更难识别的资产包括那些不响应唯一身份请求的设备，如低功耗设备。这些设备可能没有请求者，甚至可能不符合 RFC 标准规定的响应格式、频率和协议。在这些情况下，需要使用独特的资产属性来识别终端。识别终端的被动能力已经被内置到制造设备的标准中。例如，嵌入到设备的网络接口卡（NIC）的唯一 MAC 地址，前 24 位是预留给该终端制造商的唯一标识码。通过将其与在数据库中注册和保留的组织唯一标识符（OUI）进行对比就可以识别该设备。MAC 地址是标准配置管理数据库中的一个重要数据元素。

2.3.8　配置管理数据库

配置管理数据库（CMDB）是一个包含关键组织信息的重要存储库，其中包含所有设备的类型、解决方案、网络设备、数据中心设备、应用、资产所有者、应用所有者、紧急联系人以及它们之间的所有关系。

无论使用的属性是终端的 MAC 地址、终端的某个唯一序列号，还是分配给终端的唯一属性或属性组合，都应存储到一个配置管理数据库（CMDB）或资产管理数据库（AMDB）上，以确保设备、服务、应用和数据可以被跟踪到，并提供关键信息来响应紧急事件或事故。

解决方案可以使用 CMDB 中的数据来控制只有授权的对象才可以访问。需要有具体的接入流程来支持零信任策略。当一个终端接入网络时，能够准确描述出其角色、责任以及更新要求等必要信息，是判断组织是否实现成熟零信任的标准之一。

要实现优化和高效的接入流程，首先需要接入流程是一致的。这种一致的接入流程可以确保在不同的供应商之间遵循类似的置备实践，并使用一致的配置来识别网络内的实体。虽然设备可能存在差异，但对于来自同一供应商的设备也应如此。只要设备识别能够与接入流程相匹配并保持一致，就会使安全态势显著提升。在区分设备或设备类型时需要审查的关键元素包括：

- 固件版本。
- 基础软件版本。
- 单个硬件组件版本。
- 用于 NIC 的组织唯一标识符（OUI）变体。

2.3.9　互联网协议体系结构

互联网协议（IP）体系结构通过唯一的 IP 地址实现对服务或对象的识别。任何零信任网络隔离程序必须具有 IP 地址体系结构或计划，以实现工作负载之间的通信，无论是在生态系统内部还是外部。组织不应特别关注用 IP 地址来创建零信任网络隔离策略，而是应使用 IP 体系结构作为管理员工具箱中的另一个工具，以协助识别工作负载或对象。

另一个需要考虑的问题是，组织是否应使用独立于提供商（PI）或提供商聚合（PA）的 IP 空间来提高安全性，同时可能增加一个额外的好处，即组织可以很容易地从一个提供商转移到另一个提供商。

大多数组织更喜欢选择独立于提供商的 IP 空间。正如技术论文" Stream: Internet Engineering Task Force (IETF)"中所述：

一个常见的问题是公司应使用独立于提供商（PI）还是提供商聚合（PA）的 IP 空间 [RFC7381]，但从安全的角度看，其实两者之间差异很小。然而，当需要对空间的路由能力进行限制时，需要明确谁拥有地址空间的管理权以及谁应该对技术负责。这通常是应对恶意犯罪活动而产生的。依赖提供商聚合的地址空间还可能增加对地址转换技术（如 NPTv6）的需求，这样操作的复杂性就会增加。

实施寻址计划和 IP 地址管理（IPAM）解决方案，是创建稳定 IP 空间环境的最佳实践。以下部分将详细介绍 IP 地址空间的三个标准。

1. IPv4

互联网协议第四版地址，即 IPv4 地址，使用了标准化的 256 位寻址标准，使工作负载能够利用公共媒体进行通信。众所周知，全球 IPv4 地址正在耗尽，这已成为组织转向 IPv6 的驱动因素。

2. IPv6

IPv6 具有其标准化的 128 位地址，预计几乎可以为地球表面的每平方英寸（$1 in^2 = 6.4516 \times 10^{-4} m^2$）分配一个地址。但真正实施 IPv6 是困难的，不应该在没有经过充分审查的计划下就着手进行。在 IPv6 中映射出更多地址空间的需求进一步将问题复杂化，通常是将 56 位或 64 位分配给特定的组织，以及地址空间内终端之间的流量。

首先，近年来，转向 IPv6 的计划已成为某些组织的合规做法和要求。通过 IPv6 进行工作负载通信正变得必要，尤其是与公共部门机构合作时。在一个项目中同时进行零信任迁移和 IPv6 迁移是一项艰巨的任务。建议先制定一份随着时间的推移逐步改进的路线图。例如，当组织开始推出 IPv6 时，强烈建议进行通信映射，以了解终端如何跨各自的通信域进行交互。虽然大多数工程师和管理员继承了 IPv4 网络的设计或设计标准，但组织现在有机会将 IPv6 及其能力纳入安全策略中。

每个获得 IPv6 地址并可以通过 IPv6 进行通信的工作负载也具备一个与 IPv6 关联的唯一身份。IPv6 内有如此大的地址空间可用，可以将身份与地址关联起来，或者至少可以作为网络工程工具箱中的另一个工具关联起来。

3. 双栈

在许多情况下，作为过渡，组织需要在"双栈"环境中使用 IPv6 地址空间。"双栈"中包括 IPv4 地址和 IPv6 地址。

在必须以双栈方式过渡的情况下，管理团队需要进行双倍的工作。实施双栈要求每个工作负载都同时获得 IPv4 地址和 IPv6 地址，并且可以使用 IPv4 或 IPv6 进行通信。这个双栈过程可能会产生很高的行政开销，包括映射地址、设计可识别的子网或网络架构，以及通过将相同的身份和策略应用于两个独立的地址来管理网络设备。这种双栈实施阶段往往会持续好几年，有望成为管理组织 IP 地址问题的永久方法。

2.4 漏洞管理支柱

漏洞管理支柱指的是组织内识别、管理和减轻风险的零信任能力。有效实施漏洞管理首先要很好地定义策略和治理实践，并将其整合到用于管理漏洞的解决方案中。需要在组织内部建立一个漏洞管理团队，并采用最佳实践，如在信息技术基础设施库（ITIL）中可以找到的实践，或者由 NIST 网络安全框架提供的实践。许多法规、法律和组织策略都依赖于有效的漏洞管理流程，对已知风险进行分类，为减轻这些风险进行优先排序，使领导层能够对这些已知风险负责，并回应监管机构的要求。

2.4.1 终端防护

终端防护系统不仅能检测恶意软件等威胁，还可确定文件风险级别、识别标记已知漏洞、阻止渗透攻击，以及整合行为分析以理解用户和机器的常态行为并标记异常。通过机器学习，可以减少对公开情报数据的依赖。这种机器学习试图通过监控恶意软件的常见特征来预防零日恶意软件或其他终端攻击。

终端防护应该能够监控系统并检测恶意软件，以及跟踪网络中威胁的来源和传播方式。每个终端防护代理都对其所连接的环境有一个小视图。当设备之间的数据被聚合，并与网络级监视相结合时，就有可能提供一个更完整的全景图，以了解恶意软件是如何进入网络、在网络上传播和影响网络的。

终端防护应该能够清晰地描述恶意软件是如何进入并开始在网络中传播的。启用了终端防护的系统将能够检测并限制威胁的行为，同时产生警报。系统将采取回溯行动来了解恶意文件的来源。反过来，网络监控系统可以将所有受保护终端上的数据进行聚合，以便在检测到入侵时可以描绘出入侵点和受影响的系统。

保护措施必须超出终端本身。例如，绝大多数企业网络都具有物联网（IoT）或运营技术（OT）终端。这些终端可能是楼宇管理系统的一部分，如恒温器或照明控制功能，或在仓库中运行传送系统的可编程逻辑控制器。IoT 和 OT 之间的共同点是，它们都无法使用终端防护应用程序，因此管理员必须使用其他可用的控制方式来提供保护。起初可能很难理解桌面上的终端防护应用程序是如何为恒温器提供防护的，但这种做法实际上是为这些系统提供了取证的能力。

2.4.2 恶意软件预防和检测

恶意软件是组织面临的最常见的威胁之一。由于恶意软件被广泛使用并以商业利益为目标，组织不能仅仅依赖终端进行恶意软件预防。特别是考虑到无法运行终端防护系统的 IoT 和 OT 终端。因此，恶意软件预防必须在整个生态系统中分层实施，部署在专用设备上，或与其他安全工具结合使用。正如在"2.4.1 终端防护"中所讨论的那样，这些网络级别的恶意软件预防和检查能力必须能够与其他系统集成并协同工作，以发挥最大的能力。如果生态系统可以检测到恶意软件，它可以与连接终端进行通信，告知它们恶意软件的存在和类型，以允许每个终端对抗威胁。此外，如果系统无法自动处理这些威胁，检查系统可以向管理员发出关于威胁的警报，并启动响应措施。

恶意软件预防和检查系统的另一个优势是可以通过一个中央控制点来扫描和阻止恶意软件。例如，将恶意软件预防和检查系统配置在带有 OT 终端的制造网络之前，这可以大大减少那些无法运行恶意软件预防工具集的业务关键终端所面临的风险。随着数据在这些网络隔离之间流转，恶意软件可以快速被识别出来，其他系统和管理员可以开始采取行动以消除威胁并保证组织的正常运转。深度防御意味着恶意软件预防和检查必须尽可能频繁地进行，并且要很好地集成到组织的整体安全生态系统中，以实现零信任。

2.4.3 漏洞管理

漏洞管理系统的作用是识别由于配置错误、软件漏洞或硬件漏洞而可能存在的系统漏洞。随着技术能力的提高，软件会变得越来越复杂。同时，这些软件被快速地开发出来，难以保持质量，导致错误或疏忽，即所谓的漏洞。从安全的角度来看，许多情况下这些漏洞并不构成问题，但随着复杂性和开发速度的提高，漏洞的数量也将增加，一些漏洞将不可避免地被攻击者利用。及早发现这些漏洞并在被攻击者利用之前对其进行修复，对于保护组织至关重要。对于越大的组织，漏洞管理系统的重要性越大，因为它可以使管理员快速确定软件的健康状态，并在发现恶意利用后立即识别它们。

安装在组织中的应用程序的数量可能并不总是已知的。应用程序的数量通常会达到数千个。运维人员需要尝试确定每个应用程序什么时候可能会遭受攻击。由于组织内对象的数量非常庞大，因此需要使用可视性化技术、自动化技术和 AI 技术来支持漏洞管理团队。通过与持续更新的已知威胁数据库进行比对，漏洞管理系统提供了一致且可靠地扫描网络和终端的能力。这些自动化系统可以大规模地对数千个终端及其应用程序进行扫描，以了解存在哪些软件、该软件的弱点和漏洞，以及监控补救措施（如补丁或升级）的应用情况。

漏洞管理系统还应该为管理员提供快速了解和确定现有漏洞优先级的功能。仅仅根据漏洞影响评估漏洞的威胁是不够的，还应考虑攻击者利用漏洞的频率、复杂性以及容易受到攻击的系统数量和关键性。零信任策略依赖于决策的上下文，漏洞管理也不例外。如果组织的特有场景不能被纳入防渗透分析中，管理员就有可能花费宝贵的时间修复那些实际上对组织几乎没有风险的漏洞，而对那些真正容易受到威胁的漏洞并没有及时采取行动。这些较低的风险可能已经得到了适当的缓解，并应与其他已缓解的风险一起保存到残留风险数据库中进行跟踪。残余风险是在评估安全控制和风险缓解措施完成后追踪剩余风险的一种方法，因为在大多数情况下不可能完全消除所有风险。

2.4.4　经过身份认证的漏洞扫描

经过身份认证的漏洞扫描会为漏洞扫描器提供有效的凭证来认证其对目标系统的访问，是支持零信任策略的全面漏洞分析程序的一个主要组成部分。从表面上看，漏洞扫描似乎是合理的：扫描网络并寻找可能被利用的已知漏洞，以便组织了解应该修复哪些漏洞。然而，对某些人来说，验证漏洞扫描可能不那么合乎情理。这些人经常会问：为什么我应该绕过我已经设置的安全措施？或者，如果在进入应用程序之前有多因素身份认证这样的安全缓解措施，那么是否真的有漏洞很重要吗？然而，将经过身份认证的漏洞扫描与渗透测试区分开是很重要的。对于渗透测试来说，完成身份认证再进行访问没有意义，但经过身份认证的漏洞扫描的目标是更好地了解组织当前的风险水平。经过身份认证的漏洞扫描只是深度防御策略的另一层，允许更近距离地查看应用程序中的漏洞，这些漏洞可能只受到了用户名和密码的保护。大多数安全专家都会认同仅依赖用户名和密码是不明智的这个观点，这就说明了为什么经过身份认证的漏洞扫描是任何零信任策略必不可少的一部分。

这些经过认证的扫描消除了盲点，并为应用程序或系统的真实风险水平提供了洞察。一旦攻击者进入系统，即使被攻击的账户只有最小的权限，攻击者也可能利用最初的目标作为跳转点而轻易地被允许实施其他的恶意行为。常见的恶意行为包括提升特权或获得对其他资源的可见性，以便转到更深层的网络或更关键的系统。通过实施经过身份认证的漏洞扫描，可以更轻松地识别这些漏洞，并评估修复或缓解措施，以确保理解组织所面临的风险，并尽可能将风险减少或消除。

在使用诸如多因素身份认证或依赖硬件安全密钥的免密码验证等的系统上实施经过身份认证的扫描会比较困难。重要的是对要使用的扫描工具进行彻底评估，以确保它们能够成功克服这些障碍，并对潜在目标执行完整的经过身份认证的扫描。即使部分身份认证失败或整个扫描会话未保持身份认证，某些扫描程序还是会报告扫描成功，这取决于配置。因此，必须准确评估扫描平台，并更新和定期审查威胁信息以确保配置符合供应商最佳实践，并为组织提供所期望的安全可见性。在某些情况下，根据网络和应用程序架构，使用多个扫描平台或相关工具集（如终端防护系统）可能是合适的。

未经过身份认证的漏洞扫描本质上提供了一个"公开"视图，显示被扫描的系统上可能存在的漏洞。这个视图代表了恶意攻击者在没有用户凭据的情况下可以访问的内容。但这些扫描发现的漏洞通常较少，因为它们无法访问用户级服务。

2.4.5 数据库变更

作为员工和客户经常访问的关键数据的存储方式，数据库是组织中最重要的知识库之一，通常被称为组织"皇冠上的宝石"。这些数据库的内容可以差异很大，例如 HR 团队的内部员工数据、产品设计、ERP 系统生成的客户数据、为会计和高管团队收集的公司财务数据，以及 IT 团队使用的系统审计日志。

对于大多数组织来说，许多数据库体量又大、数量又多，加上数据库对组织正常运作的重要性，这些都使它们成了攻击者的重点目标。对于组织来说，确保存储数据的完整性和机密性至关重要，因为商业决策需要基于可靠的数据来源。通过控制数据库周围的风险和未经授权的访问，组织可以避免受到监管机构的罚款。因此，数据库变更监控是零信任的重要组成部分，以确保在需要时数据可靠且可用。

零信任策略必须包含对数据库系统的强有力监控，以监控任何数据库的意外变化（无论这些更改是恶意的还是无意的），从而识别目标攻击可能造成的威胁，以及错误配置或其他用户错误可能给数据库或其运行带来的问题。这些监控系统必须能够快速检测到行为的变化，并帮助采取行动，以尽可能减少对组织的影响。监控数据库变化还可以检测及平衡其他安全控制，例如监控访问数据库管理员的源 IP 地址，并在未经授权的跳转盒尝试进行数据库连接时发出警报。

所选的数据库变更监控工具必须能够跨多个数据库（不论其类型或位置）进行关联，根据组织对其数据的实际使用模式（而不是单个数据库本身）提供警报。该工具还必须提供适当的报告机制，在需要人工干预以进一步分析或应对检测到的事件时，可将警报导入工单系统。有些系统还可提供其他功能，如有关每个数据库内数据量和数据背景的数据洞察，以便确定审计范围；根据数据库软件本身的监管标签、策略和漏洞通知，对存储的数据进行分类。数据库变更解决方案可与特权身份系统集成，以实现端到端的访问控制。

2.5 执行支柱

执行是组织使用解决方案、方法和属性实施策略和治理规则的能力，以限制和控制对组织内对象的访问。执行策略的能力是零信任的一个关键成果。在本章介绍的零信任安全能力基础上，执行支柱对策略与治理支柱、漏洞管理支柱、身份支柱和分析支柱中描述的概念进行控制。

2.5.1 云访问安全代理

云访问安全代理（CASB）通常位于特定网络和公共云提供商之间，并促进访问网关的使用。这些网关提供了如何使用云服务的信息，并作为执行点进行访问管理。CASB 试图通过常用或传统的企业安全方法提供访问控制。

此外，CASB 通常以 X-as-a-Service（X 即服务）模式在云的前端提供服务。这种能力允许将工作负载迁移到云托管模型，同时帮助跟踪和管理实体行为。CASB 还可以帮助监视通过网络到网络互联（NNI）传输的数据流。其中一个执行控制的示例是只允许加密流量进入特定区域。

CASB 也可用于处理"影子 IT"[○]的问题。由于在云提供商上设置租户或订阅非常容易，许多业务部门可能决定绕过正常的 IT 流程自行获取基于云的服务，这使 IT 部门面临大量盲点。CASB 可以通过监视组织的网络和云服务提供商之间的流量来解决这一问题，将这些不符合标准的群组标识出来，并允许 IT 部门进行纠正。这种可见性还提供了组织对云系统的使用模式进行报告的能力。

2.5.2　分布式拒绝服务

拒绝服务（DoS）或分布式拒绝服务（DDoS）是一种用于攻击组织的网络攻击，目的是使关键资源不可访问。这种攻击可能对客户、员工、企业或第三方产生负面影响。DoS 攻击可以来自任何地方。这些攻击向量代表了目标系统无法按预期的方式使用。

对于网络，按预期的方式使用依赖于正常的控制平面和数据平面。两者任何一个不能满足都可能阻碍系统按预期或设计的方式工作。大多数试图在这个领域提供保护的系统，都是基于通过签名特征识别攻击的能力。其中攻击的签名特征是通过在其他组织中观察到的模式来定义的。如果组织是首次观察到某种攻击，那么该组织需要通过"沙盒"或其他攻击响应流程的解决方案来帮助重定向流量，以尽量减少影响。

当多个系统联合攻击一个目标时，这称为分布式拒绝服务（DDoS）。DoS 和 DDoS 之间的主要区别是，被攻击的组织可能同时从多个位置受到攻击。通常，与单一来源的 DoS 攻击相比，DDoS 攻击更加难以缓解或修复。

2.5.3　数据泄漏防护

数据泄漏防护（DLP）是一个执行点，控制并防止组织的数据或知识产权的丢失、滥用或被访问。数据是组织"皇冠上的宝石"，必须使用多种能力和控制加以保护。

DLP 程序控制了信息的创建、移动、存储、备份和销毁。当组织维护静态数据库时，必须监控这些数据的位置和允许的位置。这意味着需要对网络、静态设备、移动设备和可移动介质进行监控。此外，DLP 程序还控制数据的保留或销毁方式。在使用技术解决方案来控制数据之前，应该制定并批准 DLP 的策略。

2.5.4　域名系统安全

域名系统（DNS）表示人类或机器之间的交互方式。DNS 将域名转换为 IP 地址，以

○　"影子 IT"是指在没有获得 IT 部门批准并且通常没有 IT 部门确认或监督的情况下，在企业网络中使用的任何软件、硬件或 IT 资源。

便可以使用互联网资源。域名系统安全（DNSSec）是 DNS 的一个扩展协议，用于验证或检查 DNS 流量以维护策略或保护系统免受非法访问。DNSSec 系统还可以用来防止攻击者篡改或污染 DNS 请求的响应。

2.5.5 电子邮件安全

电子邮件安全代表了组织保护用户不会接收到恶意电子邮件或防止攻击者访问关键数据存储或进行攻击（如勒索软件攻击）的能力。电子邮件安全通常通过监控向外发送电子邮件来防止数据丢失，进而对其他能力进行补充。

电子邮件是一种常见的威胁途径，攻击者通过电子邮件能够与安全威胁意识薄弱的终端用户进行交互。在终端用户与电子邮件交互之前，使用安全解决方案移除恶意电子邮件以减少对组织的风险至关重要。

2.5.6 防火墙

防火墙是一种网络安全设备，监控进入和离开网络边界的数据流量，并根据预定义的安全规则决定是否允许或阻止特定的流量。防火墙的主要目的是在具有不同信任级别的计算机网络之间建立一个屏障。防火墙最常见的用途是保护公司内部受信任的网络免受不被信任互联网的侵害。防火墙可以基于硬件、虚拟或软件形式实现。防火墙有如下四种类型。

- 数据包过滤防火墙：数据包过滤防火墙是最常见的防火墙类型。它们会检查数据包的源 IP 地址和目标 IP 地址，看是否与预定义的安全规则匹配，以确定该数据包是否能够进入目标网络。数据包过滤防火墙可以进一步细分为两类：无状态防火墙和有状态防火墙。无状态防火墙检查数据包，而不考虑之前的数据包，因此，它们不会基于上下文评估数据包。有状态防火墙可以记住之前的数据包信息，从而使操作更加可靠和安全，并更快地做出允许或拒绝的决策。
- 下一代防火墙：下一代防火墙（NGFW）可以将传统的数据包过滤并与其他先进的网络安全功能相结合，包括加密数据包检查、病毒防护签名识别和入侵防范。这些额外的安全功能主要是通过所谓的深度数据包检查（DPI）实现的。DPI 允许防火墙深入查看数据包，而不仅仅是检测源 IP 地址和目标 IP 地址。防火墙可以检查数据包内的实际负载数据，并在识别到恶意数据时进一步分类和阻止数据包。
- 网络地址转换防火墙：网络地址转换（NAT）防火墙在通过防火墙传输时通过更改数据包头来将数据包的 IP 地址映射到另一个 IP 地址。然后，防火墙允许具有不同 IP 地址的多个设备使用单一 IP 地址连接到互联网。使用 NAT 的优点是它允许公司的内部 IP 地址对外界隐藏。虽然可以专门为网络地址转换（NAT）的功能搭建一道防火墙，但这个功能通常包含在大多数其他类型的防火墙中。
- 状态多层检查防火墙：状态多层检查（SMLI）防火墙利用深度数据包检查（DPI）

来检查开放系统互联（OSI）模型的所有七层。此功能允许 SMLI 防火墙将给定的数据包与已知的可信数据包状态及其可信源进行比较。

2.5.7　入侵防御系统

入侵防御系统（IPS）是一个基于硬件或软件的安全系统，可以连续监控网络中的恶意或未经授权的活动。如果检测到此类活动，系统可以采取自动化的操作，包括向管理员报告、丢弃相关的数据包、阻止来自源头的流量或重置传输连接。与入侵检测系统（IDS）相比，IPS 被认为更为先进，IDS 只能监控并提醒管理员。

IPS 通过将系统置于网络中，以在数据包在源和目标之间传输时实时检查数据包。IPS 可以基于以下三种方法之一进行流量检查。

- 基于签名：基于签名的检查方法主要侧重于将数据流量活动与已知威胁（签名）进行匹配。该方法对已知威胁具有很好的效果，但无法识别新的威胁。
- 基于异常：基于异常的检查方法通过将网络活动与已批准的基线行为进行比较，寻找异常的流量行为。这种方法通常对高级威胁（有时称为零日威胁）具有良好的效果。
- 基于策略：基于策略的检查根据预定义的安全策略监控流量。违反这些策略将导致连接被阻止。这种方法需要管理员详细设置来定义和配置所需的安全策略。

然后在系统的某个平台上单独或分层地使用这些 IPS 检查方法。

- 网络入侵防御系统（NIPS）：NIPS 使用先前提到的在线实时方法，安装在合适的位置来监视流量以识别威胁。
- 主机入侵防御系统（HIPS）：HIPS 安装在一个对象上，这通常包括终端和工作负载。对入站流量和出站流量的检查仅限于这个单一对象。
- 网络行为分析（NBA）：NBA 系统也被战略性地安装在网络上，检查数据流量以识别异常流量（如 DDoS 攻击）。
- 无线入侵防御系统（WIPS）：WIPS 的主要功能与 NIPS 相同，只是它专门用于 Wi-Fi 网络。WIPS 也可以识别针对 Wi-Fi 网络的恶意活动。

IPS 安全技术是零信任架构的重要组成部分。通过 IPS 功能和自动快速威胁响应策略，大多数严重的安全攻击可以被防止。虽然 IPS 可以是一个专用的网络安全系统，但这些 IPS 功能也可以被纳入如下一代防火墙（NGFW）和安全网关（SMLI）系统等防火墙中。

2.5.8　代理

代理是终端用户和对象之间的混淆和控制中介，以保护组织数据免受滥用、攻击或损失。

代理服务器可以在多种情况下使用，但对于大多数组织，有两种主要用途。一种是互联网代理，该代理位于公司用户群和互联网之间。这些代理服务通常与其他控制能力相结合，为互联网流量控制提供安全 Web 网关、电子邮件安全和 DLP。这组控制可以位于本地，也可以基于云。随后，可以对所有出站互联网流量执行策略强制控制。通过代理实施策略可以影响访问哪些站点和服务、是否可以传输文件、可以获取哪些用户身份属性，或者采取哪条网络路径等。

第二种常见的用途是反向代理，控制被放置在提供的服务（即内部网络或互联网）之前，代理充当应用程序前端服务和用户社区之间的中介。反向代理服务通常提供负载均衡、从应用程序前端解除加密、与性能相关的缓存，以及会话和用户的 AAA。

随着当前通用网络架构的演变，用户和服务可以位于任何地方，代理的功能和位置在零信任架构中起着重要的作用。企业用户经常跨越边界与基于互联网的云和 SaaS 服务通信。基于互联网的用户跨越边界访问私有云和企业数据中心服务。这些边界不仅是关键的策略执行点，而且是从终端、用户和工作负载中获取属性的机会。这些属性可以用来确定参与连接请求对象的当前态势。

2.5.9　虚拟专用网络

虚拟专用网络（VPN）是一种在跨越互联网或不受信任的网络但互相信任的对象之间创建加密连接的方法，是在零信任架构设计中要利用的重要方法。VPN 有多种形式，从运营商提供的多协议标签交换（MPLS）服务到面向个人用户的远程访问（RA）VPN。

从安全控制的角度来看，VPN 可以提供通用流量隔离和路由控制，通过控制网络数据包的转发位置来减少攻击面。远程访问 VPN 还可以帮助组织对使用方式进行分类，并定义适用于认证用户、终端和功能组的策略。

如果一个组织要对其部署的各种 VPN 进行完整的记录，则需要记录组织的结构，例如应该如何部署 MPLS VPN 和虚拟路由和转发（VRF）来隔离跨业务单元、部门或子公司的流量。它还会对供应商、合作伙伴和客户的访问机制以及服务和应用的访问要求进行记录。

2.5.10　安全编排、自动化和响应

安全编排、自动化和响应（SOAR）是一套解决方案，使组织能够可视化、监控和响应安全事件。SOAR 不是一个单一的工具、产品或功能。SOAR 的目的是将常规的、可重复和耗时的安全相关任务自动化。SOAR 将不同的系统连接在一起，为多个安全平台上的安全事件提供更完整的画面。SOAR 被用来提高组织识别和响应安全事件的能力。

从零信任的角度看，这些能力也可以用来启用、更新和监控整个安全生态系统中的零信任策略。例如，利用编排能力将漏洞管理系统与网络访问控制相结合，可以根据发现的终端漏洞进行策略调整，其中具有已知漏洞的设备在修复之前将不被允许连接到网络。此外，可以使用自动化为被标记为不可信的设备提供无人值守的修复服务。

2.5.11　文件完整性监视器

作为应用于零信任架构的执行控制，文件完整性监视器（FIM）提供了对支持服务和应用的文件或文件系统所做的恶意更改的检测能力。FIM功能通常应用于服务器平台，但也可以部署到具有可访问文件系统的任何平台。在零信任架构中，如果系统最近发生了更改，可以使用文件更改检测和警报来影响系统的信任状态。零信任策略可能会限制或完全阻止会话对发生意外文件更改系统的双向访问。

为了通过这个控制实现零信任的能力，组织必须努力为已知的和预期的行为设置基线。然后，管理员需要定义哪些文件的更改将触发行动，对检测到更改的系统进行隔离。然后需要将更改检测策略和更改检测警报转化为响应计划和行动。这项活动可能会很费时费力，但在追踪错误报警时可以减少工作量。将FIM与SOAR架构结合起来，可以自动隔离和修复受影响的工作负载。

2.5.12　隔离

隔离是指对服务、应用、终端、用户或功能分类的集合进行识别和分类，并将它们与其他系统集合隔开。这种隔离通过网络流量控制的各种技术来实现。这些控制集合会根据它们应用的位置和被隔离的资产分类而有所不同。例如，将企业内网与互联网隔离将需要更多的功能，因为需要穿越此边界的业务服务的范围和规模很大。相比之下，假设可以清晰地识别建筑管理系统和企业工作站，则将连接到企业网络的建筑管理系统与通用企业工作站进行隔离将只需一个"拒绝任何"的规则。确定和划分企业资产的基础流程对于创建零信任架构非常重要。其中定义隔离或飞地用于建立对其他飞地的信任，同时采用一系列控制措施来保护飞地内的资产集合。

2.6　分析支柱

零信任能力的分析支柱是零信任部署过程中极其重要的一个方面。分析的需求，就像持续寻找并获得更多关于身份的洞察一样，是不断变化和不断发展的，需要对大量被比喻为"噪声"的数据进行筛选，以找到能够指示生态系统内部情况的数据。

分析有多种形式，可以是与网络变更相关的任何分析，这些变更可能试图对抗零信任的实施，包括跟踪用户在网络上和远程连接网络期间的行为。对于网络中发现的威胁进行分析，为如何检测这些威胁和如何阻止这些威胁提供了更多洞察。并有助于克服管理层、业务部门、运营人员或管理人员在实施方面可能存在的任何犹豫。

2.6.1　应用程序性能监控

应用程序性能监控（APM）是通过观察用户的交互行为以及通过综合测试来建立关于

应用性能的数据的过程。这些数据可以用来建立一个基线,当应用程序偏离该基线时则需要进行调查。

收集的数据可以包括 CPU 使用率、错误率、响应时间或延迟、正在运行的应用程序的实例数、请求率、用户体验等。这些数据还可以用来确保应用程序可以满足服务级别协议(SLA)中指定的性能或可用性级别。一个全面的 APM 不仅仅是实现应用程序代码级别的监控,还要跨越支持应用程序的基础设施,以全面了解应用程序的健康状况和性能。这意味着 APM 解决方案的设置过程需要利益相关者的参与,以决定如何在每个独特的环境中实施监控和调整解决方案以获得最佳效果。

对于零信任架构,APM 是必要的,因为用户可能使用不同的设备从不同地方访问应用程序,这些设备可能有组织管理,也可能没有。当用户在使用应用程序中遇到问题时,运营和工程团队能够快速了解问题是否与应用程序本身相关,或者是否存在组织无法控制的因素,这是至关重要的。这些数据对于确保应用程序从不正常状态恢复到正常状态非常重要,或者如果问题是由外部因素引起的,则需要通知用户,以便用户根据需要进行调整以改善他们的体验。正如前面提到的,APM 还可以提供一种方法来跟踪应用程序性能是否符合服务水平协议,以便监控软件即服务(SaaS)的提供情况,确保组织获得与供应商约定的服务水平。

最后,APM 提供了合成测试的能力,即 APM 以可重复的方式模拟正常用户行为的测试。在用户使用率较低,或者应用程序或其支持系统发生变更后,这些测试可以起到制衡作用。这些测试的输出结果可帮助企业快速确定所做的更改是否对应用程序产生了负面影响,并能更快地解决问题。通过尽可能多地将变量隔离,合成测试具有可重复性。因此,定期运行的合成测试还可以突出显示细微的偏差,而这些偏差如果不加以控制就会变成影响用户的问题。这样,企业就能积极主动地解决问题,使应用程序处于健康状态,从而提高用户满意度和企业效率。

2.6.2　审计、日志记录和监控

审计、日志记录和监控是一个持续的过程,它涉及终端的身份和漏洞评估,并试图将此评估与网络上的用户或设备的行为联系起来。日志记录和监控面临的挑战在于大量的设备和用户会定期访问网络,需要处理大量的数据来验证以及存档用户和设备的行为。除了记录用户管理网络的指令、升级、定期重启等操作外,组织还必须跟踪用户和设备的行为,如它们通过网络接入设备时的行为,以及针对这些设备行为而发送的潜在响应。

本书中多次使用了"噪声中的信号"这一短语,但没有详细说明应该寻找和筛选什么信号。在确定了用户或设备的身份后,应该建模出该身份的预期行为,并采取行动来确定该身份中存在的潜在漏洞,并阻止该身份与其无权访问的资源进行通信。可以说,这是解决方案中最需要持续投入人力的方面了。该方面需要监控用户或设备的行为,同时验证这种行为是否符合预期,是否与安全策略一致。

2.6.3 变更检测

变更检测是指在生态系统内发生变化时能够检测到这种变化。许多时候，情况并非如此，因为组织内的变更检测工具可能存在缺口。努力填补这些缺口，即使是在影子 IT 环境中，也能使组织提高零信任能力。

变更检测正如其名。变更发生了，组织需要知道发生了什么变更、怎样发生的变更、谁授权或进行了变更、变更在哪里发生，以及何时发生变更的。组织需要知道发生的所有变更，无论是为了研究、响应还是法规要求。

对于零信任中的变更检测，如果进行的变更违反了策略，我们希望能够确定是否会生成自动警报并发送给安全运营中心（SOC）、网络运营中心（NOC）或适当的人员，是否包括了所有相关信息，如变更的内容、方式、执行者和时间。变更检测可能非常具有挑战性。在 IT 环境中，变化通常是持续发生的。变更可能包括经常发生的软件更新或补丁。配置经常被更新或新建以支持变更。以下类型的解决方案可以识别变更或检测未经授权的变更。

- 文件完整性监控解决方案。
- 系统日志。
- 消息传递。
- 特权访问解决方案。
- 安全信息和事件管理。

2.6.4 网络威胁行为分析

行为分析使得零信任方法能够定义环境中预期的流量或者环境中异常的流量。作为监控的一部分，组织不仅需要关注能够提取出的包含活动的文件，还需要分析这些信息使其可操作。当我们说"使其可操作"时，重要的是理解组织需要能够看到流量在数据中心或云中的情况。这就是网络威胁行为分析在零信任策略中发挥作用的地方。

为网络行为分析提供威胁信息和情报对于更深入地了解环境中的流量至关重要，因为当前的威胁每天、每小时、每分钟都在变化。网络威胁行为分析解决方案的好坏取决于它们为适应组织而进行了哪些调整。

大多数组织都有大量的数据在数据中心之间以及与第三方之间进行传输。对于组织来说，监控这些活动并确定它是否正常或者是否超出了正常范围很重要。组织可通过实施自动化来整理警报信息并查看异常和不合理的地方。通过排除"噪声"并提取相关信息，团队能够根据事件的重要性及时响应解决方案，而不是让 SOC 或 NOC 人员在尝试跟踪相关信息时迷失在大量的信息中。

一个关键的结论是，组织必须能够查看其信息流，并确定哪些已经被破坏或处于有名无实的状态。由于环境中涉及的流量巨大，这必须以结构化的方式完成。对网络威胁行为分析的监控是一个必须持续维护和更新的常规功能。它不是一套"设置然后忘记"的解决方案。对于组织来说，它是安全操作中心或网络操作中心不可或缺的部分。数据必须以多种方式进行分析。接下来，我们将讨论关于分析数据流的几个关键概念。

网络威胁行为分析中的一个常用术语是横向移动，或东西向移动。当我们谈论横向移动时，我们必须考虑应用程序、数据库和终端之间的正常流量是什么，以及什么是异常行为。

- 这些流量是否流向环境或生态系统内的未知仓库？
- 是否存在不应相互通信的服务器之间的通信？
- 数据库流量是否被转移到文件中而造成数据泄露？
- 是否在不同对象中存在定期或高频率的恶意活动？
- 通信是否起源于已受损害的终端？

应该在这些工具集中建立规则，以便当环境中出现异常行为时及时向关键资源发出警报。另一种网络威胁行为分析模式是查看南北向移动或垂直移动，即进入或离开组织的流量。组织需要提出以下问题。

- 数据移动是否使用标准方法，还是恶意软件和威胁发起者之间存在命令和控制通信？
- 数据是否流向组织业务未涉足的区域？
- 是否有一些组织不应该接收的信息？
- 为什么大量数据从组织中流出？
- 哪些目的地从组织接收流量？这些目的地是否合法？

这些都是值得审查和监控的有效问题，以建立符合组织最佳实践的规则集。当发现异常流量超出基线时，组织应采取有效措施。在查看这些流量时，我们经常看到东西向流量与周期性的南北向流量的组合，这些流量最终传输到组织外部的命令和控制（C2）主机。

除了分析网络行为外，对于应用程序或云数据也可以使用相同的分析过程。这些工具将使用日志、API 和其他遥测订阅流来消化可用的数据，以定义用户或实体行为的基线。与网络行为分析一样，其他行为分析平台可能需要进行一定程度的调整以适应每个特定的组织。一个例子是会计系统的报告使用率在季度或年末财务事件期间会提升，用户访问的次数和频率也会随着数据的编制而增加，以支持财务报告要求。应用程序或云行为分析工具的输出与支持网络的工具类似，它们使安全人员能够更快地识别访问频率或持续时间的变化，并进行进一步调查。网络中的攻击者可能不会积极地泄露数据或以触发网络行为分析工具的方式进行操作，但如果他们积极关注高价值系统，仍然可以通过其他行为分析平台发现攻击者的存在。因此，确保对网络以外的行为也进行分析，有助于减轻盲点，防止产生虚假的安全感。

2.6.5　安全信息和事件管理

安全信息和事件管理（SIEM）解决方案使组织能够从多个系统中提取大量的日志和审

计数据，并将这些信息处理为可操作的数据，以对安全威胁作出响应。

手动审查这些数据既低效还可能适得其反。因此，经过良好调整和维护的安全信息与事件管理系统（SIEM）可以确保正确信息是以可操作的方式呈现在零信任架构中的。

一个稳健的 SIEM 通常以分布式方式设计和实施，并应该能够从系统日志或其他来源捕获所需要的事件，以确保不存在盲点或数据缺失。它应该能够对其接收到的日志来源进行分类，以便在分析过程中智能地对服务器与网络设备采用不同的分析算法。SIEM 应该具备使用元数据标记事件源的功能，从而能够将所有者按部门、用户、用例或组织数据添加到事件源中。它应该能够将事件源分类，并支持安全传输，以防信息在系统之间发送时被窃听。

在访问控制列表或身份认证等操作执行失败时，同样需要进行行为监测，以分析拒绝访问行为。虽然可能会阻止设备访问网络或网络上的特定设备，但一旦执行，那么源设备应完全限制或停止访问该设备的尝试。当继续尝试访问网络或设备时，应设置一个阈值，当尝试次数超过这个阈值将触发 SOC 控制台上的警报，并引发对该问题的进一步调查。这种方法还需要考虑尝试访问网络或某个特定资源的设备或用户的身份。然后，向负责支持高管团队的团队发送警报，并优先进行修复。

SIEM 应直接集成到组织的数据中介中，如 CMDB、票务系统或其他安全事件监控解决方案。这种集成可提供更多有价值的信息，提高 SIEM 中数据的质量。集成还可通过工单系统或其他监控系统（如网络运营中心）触发外部活动。

例如，在许多基于身份的网络访问控制产品中，将数据添加到诸如本地用户之类的数据库表中，或将无效数据添加到数据库表中以尝试进行 SQL 注入攻击，这可能不会触发系统日志。然而，可以通过用户数据库表的 API 查询检测更改，并使用 SIEM 来监控和警告这种无效的数据注入尝试。

一些人很容易将 SIEM 和其他看起来相似的工具混淆，例如扩展检测和响应（XDR）以及安全编排、自动化和响应（SOAR）平台。虽然这些工具的目的都是从多个来源聚合数据并进行分析，但它们的区别在于，SOAR 专注于基于一个或多个输入来支持多个安全工具并协调它们的活动。而 XDR 专注于利用从终端收集的数据，因为许多安全事件要么通过终端进入网络、要么发生在终端上，这为环境的变化提供了大规模的视图，使其成为一个有价值的数据流。

2.6.6　威胁情报

威胁情报是由事件响应人员、政府、应用提供商、设备提供商等多方收集的信息。当这些情报直接且实时地被引入组织内部的网络、安全和应用程序解决方案中时，其效果更为显著。这些信息包括威胁指标（IOC）、公开的漏洞和风险（CVE）、IPS 规则集，以及关于新的或正在发生的安全事件的其他相关信息。

全球威胁格局持续演变。零信任策略明确了收集威胁情报的重要性。我们需要理解组织的运营环境，区分可信元素与不可信元素。创建和调整威胁情报是为了服务组织。通过研究各类活动威胁及其与恶意域名相关的网络行为，可以深入洞察恶意行为模式。密切关注世界、国家、监管机构以及与组织相关的新闻，有助于把握组织的安全状况和态势。

组织需要与其关键基础设施社区建立联系，同样，与能够帮助建立这种联系的重要机构建立合作关系也非常重要。与情报汇集中心、政府机构以及公私情报分享组织合作，有助于与在危机中发挥重要作用的不同组织建立合作关系。在形势良好时建立这些关系有助于在形势恶化时使组织得到有效支持。在美国，像 InfraGard 这样的组织连接着庞大的社区，并且是免费加入的。

理解组织的风险容忍度和关键目标可以更好地对需要收集的情报进行"微调"。关键问题包括：

- 安全报告法律是否发生了变化，这些变化是否影响了组织？
- 组织是否需要响应新的要求？
- 供应链组织是否发生了安全漏洞？
- 组织是否有一个健全的第三方风险程序？
- 第三方和第四方是否有义务报告他们在签订合同中经历的问题或违规行为？
- 在公开来源的新闻中，组织是否观察到影响组织、供应商、政府或条约组织的威胁？

将这些观察到的信息转化为行动，需要持续关注威胁环境的解决方案和工具。组织必须有多种方法获取威胁情报，并直接将这些情报融入解决方案中，以及反馈给团队和领导者。能够对关键情况做出反应和响应并根据威胁形势做出正确的商业决策，可以使公司超越竞争对手。

保持对威胁源的多样性和传入方法的持续关注，大多数威胁源可以被进程、解决方案和服务轻松地自动处理掉。如防火墙、自动化隔离解决方案、异常检测解决方案、监控解决方案、终端防护解决方案和主机保护解决方案，所有这些解决方案都需要能在活跃的威胁源影响组织时发出警报。

2.6.7　流量可见性

流量可见性是在需要时可以查看组织的完整数据活动的能力，以及将流量聚合以在未来使用的能力。由于法律或法规，许多关键基础设施组织需要长时间保留流量可见性信息。这些信息应该被聚合到支持终端、安全事件、网络事件或数据分析信息的特定系统中。

流量可见性的另一个要求是确保组织的控制范围内没有盲点。如果存在盲点，将会出现基于行业（例如，PCI、FCC、FFIEC 等）的合法性问题。当组织内部存在盲点时，将削弱与零信任相关的组织态势，甚至可能降低关键功能的作用。

流量可见性工具也是确定和创建隔离执行策略的关键组成部分。

2.6.8   资产监控与发现

资产管理数据库是一套工具，随着资产的购买、报废或目前存在于网络中的状况变化，它们可以得到持续可靠的更新。对于目前存在于网络中的设备，应设定一定量的信息作为标准进行传播，为那些监控网络内潜在威胁或安全漏洞的分析人员在调查终端时提供便利。策略与治理应定义应该被收集的每种资产类型的属性。

资产管理是另一个关键领域，以确保组织对所有资产都有一个标准化的生命周期，让资产可以得到最有效和最高效的使用并实现其业务目标。资产管理计划的意图是简化操作并将资产的整个生命周期映射出来，以及确保从资产购买前到资产报废或处置的全流程都是遵循严格的审批流程来降低风险的。这包括尽可能地标准化，例如，标准的配置可以更容易跟踪未经批准的更改或修改，同时确保新的部署可以被使用。缺乏适当的资产管理很容易导致生产力下降，因为用户无法访问关键资源（应用程序、资源或数据存储库）。通过适当的资产管理，组织能够加固配置，确保定期进行物理和虚拟维护，并验证设计，同时确保资产可以被使用。在零信任的目标中，资产的操作和配置很可能是首先考虑的问题，但资产管理必须延伸到资产的整个生命周期，包括评估和采购、设计、操作、维护以及更换或报废。最后的更换或报废也必须得到适当管理，以确保资产上的任何专有或敏感数据被恰当清除，以减少对组织的风险。

2.7   总结

在这一章中，我们介绍了思科的零信任能力的支柱，包括策略与治理、身份、漏洞管理、执行和分析。

策略与治理支柱是组织的策略，为如何在网络上治理终端和数据奠定了基础。虽然这一支柱应足够严格，以充当"徽章和盾牌"来支持执行，但它需要在允许设备在网络上执行其业务目的和保持最低权限访问之间取得适当的平衡。

身份识别是应用策略的关键，因为它决定了网络上的对象及其各自业务目的所处的环境。身份支柱提供了解决方案所需的必要背景，以便在网络上提供有效的安全控制。

漏洞管理支柱通过评估设备通信、基线行为、已知漏洞、开放端口和响应以及恶意软件感染的敏感性来评估入侵风险。

执行支柱基于策略考虑了每个支柱，以防止组织内的关键资源被访问。执行采用主动和被动控制机制。

分析支柱利用在其他支柱中发现的信息，确定是否主动预防了威胁、身份在网络的整个生命周期中是否发生了变化，以及在哪些执行行动中阻止了对实体业务目的所需的资源访问。这种分析会影响所有其他支柱，以与零信任和安全威胁不断变化的形势保持一致。

参考文献

- É. Vyncke, K. Chittimaneni, M. Kaeo, and E. Rey, RFC 9099, "Operational Security Considerations for IPv6 Networks," August 2021.
- Maya G. "ITIL Change Management Process," ITIL Docs, June 30, 2021, www.itil-docs.com/blogs/news/itil-change-management-process.

第 3 章

零信任参考架构

本章要点：

- 本章描述了零信任参考架构的各个方面，以及它作为任何组织坚实的零信任策略第一步的重要性。
- 解释了如何将参考架构应用于组织网络的各个区域，因为每个区域都需要根据组织的业务领域、功能和监管要求，以及其他因素进行调整。
- 还针对每个网络区域（如分支、园区、数据中心和云）提出了挑战的应对方案和推荐策略，以适应零信任参考架构。

映射到高级飞地设计的零信任参考架构为组织的功能性基础设施和服务区域提供了一个目标计划。这些参考架构中的服务区域通常包括园区、分支、核心网络、WAN（广域网）和云。在这些服务区域中，数据流量用于支持所有的业务应用和流程以及终端或其他服务区域的访问。

图 3-1 所示为一个飞地的实际参考框架，包含了一个企业的应用服务和被这些服务、终端和用户所访问和处理的数据。依赖于相关的应用服务和终端，前面提到的每个服务区域可能具有独特的或共同的飞地。如图 3-2 所示，开发零信任参考架构，使组织能够调整并理解所需的隔离级别。

最后，零信任参考架构必须包括前面所讨论的五大支柱中保护和风险缓解控制能力中的元素。要确定用于飞地设计的特定能力，应基于风险和影响缓解、关键性、应用功能以及可能存在于飞地内或在飞地内处理的数据的监管要求。

以下部分讨论了园区、分支、核心网络、WAN（广域网）和云服务区域位置的架构范围、这些区域内通常包含的终端类型，以及应用零信任能力原则的策略。

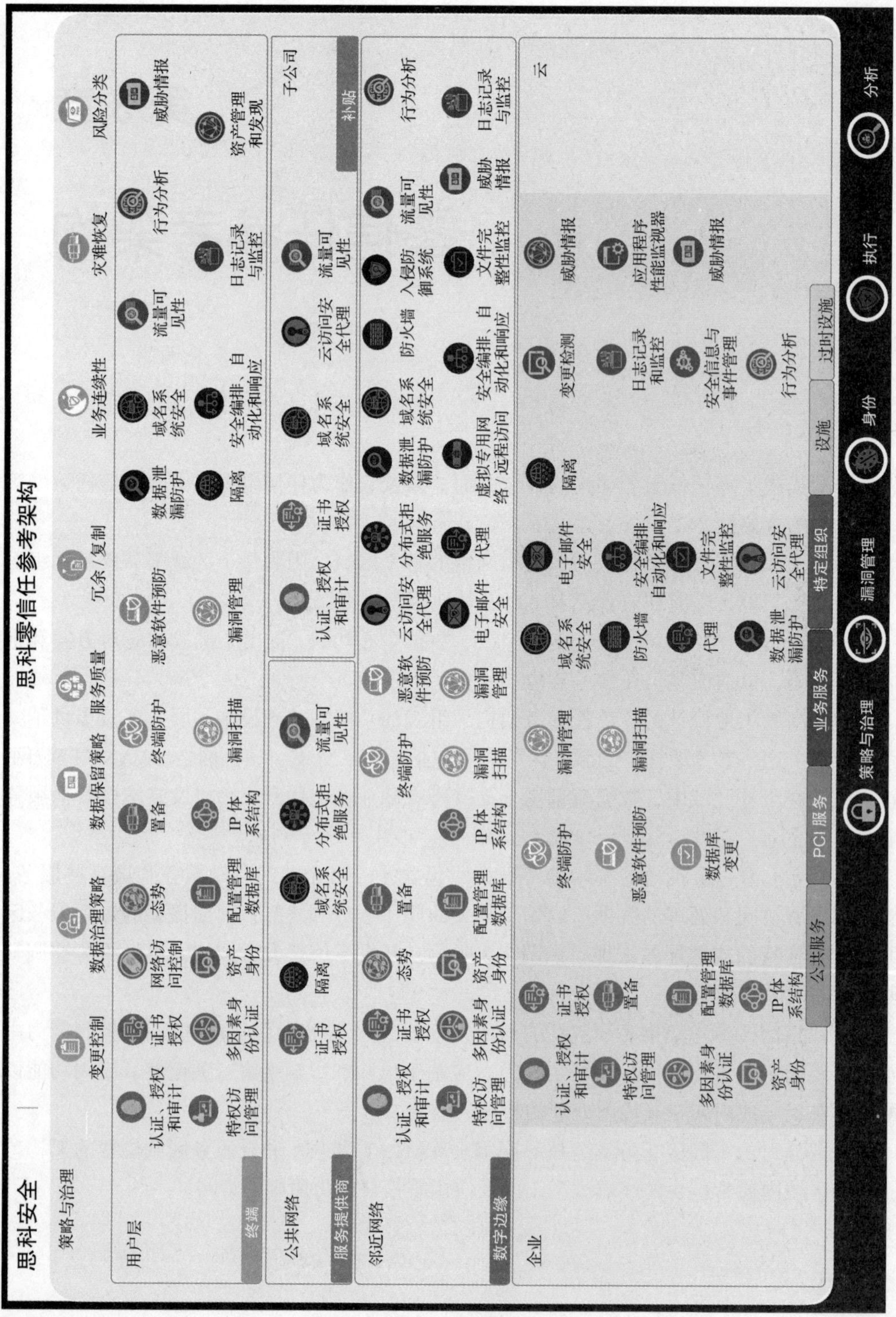
思科安全
思科零信任参考架构
策略与治理
变更控制
数据治理策略
数据保留策略
服务质量
冗余/复制
业务连续性
灾难恢复
风险分类
用户层
认证、授权和审计
证书授权
网络访问控制
态势
置备
终端防护
恶意软件预防
数据泄漏防护
域名系统安全
流量可见性
行为分析
威胁情报
特权访问管理
多因素身份认证
资产身份
配置管理数据库
IP体系结构
漏洞扫描
漏洞管理
隔离
安全编排、自动化和响应
日志记录与监控
资产管理和发现
终端
公共网络
分布式拒绝服务
服务提供商
子公司
云访问安全代理
补贴
邻近网络
电子邮件安全
代理
防火墙
入侵防御系统
虚拟专用网络/远程访问
文件完整性监控
数字边缘
企业
数据库变更
变更检测
应用程序性能监视器
安全信息与事件管理
云
公共服务
PCI服务
业务服务
特定组织
设施
过时设施
策略与治理
漏洞管理
身份
执行
分析

图3-1 零信任参考架构

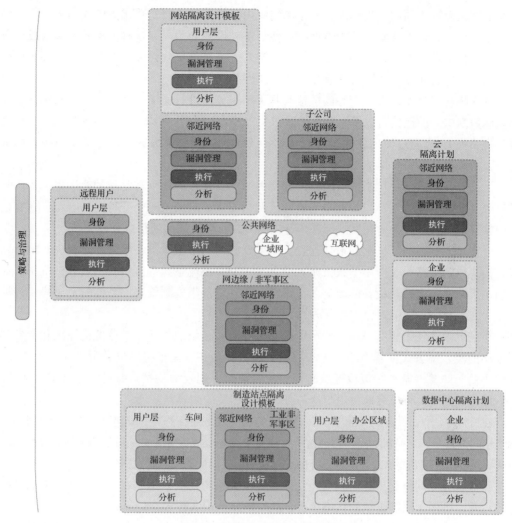

图 3-2　零信任参考架构概览

3.1　零信任参考架构：探索的概念

零信任重点关注更细粒度的网络隔离以及存在于这些隔离中的终端。既假设设备在连接到这些网络之前已被入侵，但同时也认为设备需要以能够排除已知被入侵设备的方式进行通信。通过其业务功能检查的设备将获得所需的访问权限，以保持业务正常运行。然而，在防止威胁恶意利用网络的关注点中，可能没有考虑到网络内部潜在的威胁在一个侧重于连接性而非安全性的未受监管的网络区域中发展和恶化的可能性。

3.1.1　分支

分支可能是最容易应用策略的用例，但也可能具有挑战性。通常，行政制度、收购和合并的变化允许不同的架构标准在特定的组织内蓬勃发展。对于采用集中式园区或数据中心规则的组织，分支通常由使用本地统一通信基础设施的用户和各种类型的设备组成。所有关键信息都存储在数据中心。复杂一点的是，统一通信基础设施可能会直接连接到拓扑结构的核心或合并核心区域的本地服务器来进行备份。

分支随后通过返回数据中心的链接与其策略服务器进行通信，通常通过 RADIUS。这种返回数据中心的链接可以是私有的（例如 MPLS 连接），也可以是公共连接（例如互联网服务提供商），或通过使用软件定义的 WAN（SD-WAN）解决方案和可在私有连接上构建的覆盖层来提高其安全性。

无论分支通过哪种机制进行通信，分支由站点到站点的最少和常见的终端集组成。常见的分支功能存在共性，与数据中心或园区网络相比，应用策略会变得更加容易。在零信任的旅程中，组织有必要在终端部署执行机制，并收集终端的通信以创建策略。

分支是部署零信任机制的最佳起点。如果分支的网络接入设备数量相对较少，就可以将它们集成到策略服务器中下载策略。结合 NetFlow 或流量阀等流量收集或分析机制，可以确定策略对一定数量设备的影响。在将网络接入设备集成到策略服务器时，还建议根据业务优先级及业务影响对分支进行分类。

在组织零信任之旅的身份、漏洞管理和执行阶段，组织将使用对业务优先级和业务影响最小的侵入性方式部署策略。大多数组织的目标是在应用策略时最大限度地减少中断。从较小的、非关键站点中汲取经验教训，对后期部署到较大的站点时可能会有很大帮助。在后面的介绍中，将更多地讨论与这种分类策略相关的内容。

在进行零信任原则的分支部署时，一个关键的挑战是拥有消费者级别或专业消费者级别的网络访问设备，如交换机和路由器。这个挑战源于在安全成为主要关注点之前网络设计的思维方式。当设备连接到网络时，网络设计的重点是如何根据业务案例将数据包在网络上传输。

在部署分支网络交换机时，安全功能可能没有被考虑到。这些在分支中低成本的网络基础设施，可能会限制组织的策略执行，从而阻碍组织实现零信任的进展。

分支是组织采用有效身份控制（如态势）的好地方。在像分支这样的常规设计网络区域中评估端点态势通常更加容易，假设绝大多数端点是网络访问的终端用户。组织可以运行评估态势的软件，该软件将信息报告给策略服务器，以便在授予网络访问权限之前确定端点的状态和合规性。态势通常使用端点上的代理来完成，可以是已安装的代理、短暂的代理或扫描功能，这些功能可以通过操作系统提供的 API 或类似的扩展来对端点进行审计。然后，可以结合漏洞管理、身份以及策略与治理能力来为用户端点创建访问策略。

分支执行核心原则的应用使零信任策略能够从一个地方部署到另一个地方。创建了一种模式或设计后，如图 3-3 所示，将创建策略，并激活执行。在具有类似用例的分支之间重用相同的策略是很常见的。多层防御作为零信任的主题，在分支中至关重要，因为分支基础设施支持的功能可能有限，所以必须考虑策略执行。组织应确保对管理平面和数据平面的安全防护。应阻止未经授权的用户访问网络设备，并阻止其获得端到端通信的访问权限。考虑到其对整体业务运营的潜在影响，只有通过这种级别的执行，分支才能真正得到保障。

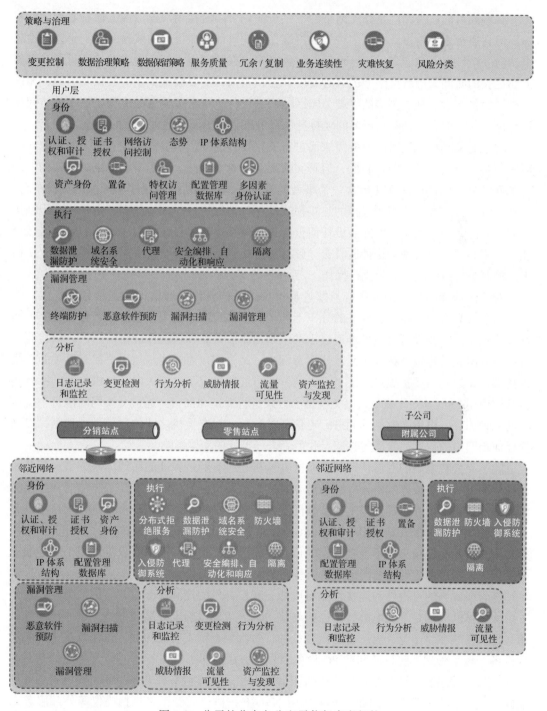

图 3-3　公司的分支办公室零信任参考架构

3.1.2　园区

有些人可能认为园区是分支网络的下一步演化。园区在用户连接性方面有着相同的目标，但它通常要大得多，有更多种类的终端，因此可能存在更大的威胁。分支是连通性思维转向安全性思维的起点，园区也可以作为一个潜在的起点。园区通常缺乏可见性，可能需要更长的时间来理解网络上的各种身份。在执行前，需要验证大量的数据。然而，园区网络中数量更大、种类更多的终端为园区的网络设计也带来了显著的优势。更多的访问层执行点、存在的安全设备和更多的独特身份都可以为保护园区提供显著的优势。

园区通常是根据当时的业务需求而进行架构设计的。虽然最佳实践表明，园区应具有明确的接入层、分发层和核心层，但真实情况并非总是如此。除了需要解决一些架构上的特殊问题外，园区内通常还包含一个小型数据中心，作为新应用程序和产品的试验平台。这种配置导致需要对组织所选择的连接模式的例外情况进行仔细地甄别。由于标准识别机制通常只应用于接入层，因此假设任何分配或汇聚交换机只存在于园区建筑的安全区域可能是不正确的。反过来，这种假设会导致许多连接到这些不安全设备的终端被遗漏，从而无法控制与这些终端相关的执行操作。

对于园区而言，识别工作应从接入层开始，并假设许多通信都会汇聚到分配层。然而，与通常只有少量接入层设备的分支不同，大量接入层设备中存在潜在恶意设备的可能性会更大，而这些设备可能更难通过手动识别出来。策略和可视性应足够强大，以检测恶意设备并阻止其连接。在许多园区使用案例中，某个用户需要比其他用户拥有更多的有线连接端口，这就需要扩展接入层了。因此，在可能的情况下，园区内交换机之间的所有链接都应使用 MACSec 等技术，以交换机的方式进行验证和加密。通过交换网络内每个交换机的标识信息，可以在它们之间进行可信任的通信。对交换机之间的通信进行加密，以确保任何跨网络的通信都能得到验证，并免受未经授权的实体影响。

除了交换机之间的身份认证外，园区交换机还应有经过验证的布线体系方案。与其他交换机的上行链路或终端附件等功能必须有确定的端口分组。如果定义了终端通常连接的端口分组，就可以在终端端口上一致地配置标识和验证机制。因此，上行链路端口可以有一个单独的配置模板，专门用于对等验证配置。通过对设备连接策略的审查和分析，这种模式可以更容易地指出设备连接错误的位置。作为交叉检查，策略服务器可用于对终端进行验证，以指出连接到终端端口的错误基础架构设备布线。

随着园区内的可视性和连接性取得成功，基于身份的控制措施通常会更加强大。在分支中，最多的终端是个人电脑，可以在终端上部署代理以确定终端的态势。这些代理可以永久性地安装在终端上，也可以是短暂性的，每次检查都安装或卸载。当涉及基于物联网的设备、楼宇管理系统设备和非 PC 设备，代理方法就不那么可行了。需要考虑的是，在已经受到资源限制的终端上安装软件的能力各不相同，特别是对于那些除固件更新之外可能缺乏编程能力的设备。因此，必须使用 NMAP 扫描仪或专用态势扫描仪等外部服务来确定给定终端的态势。该扫描仪需要将这些结果传递给策略引擎，并将这些数据与终端的上下文身份关联起来。然后，在确定执行行动时，就可以将这些态势状态信息考虑在内。

对于园区，执行行动也在发展。园区通常比分支更为稳健，但包含更多的终端，因此也有更多的威胁。园区的拓扑结构通常由多个 VLAN、子网和 VRF 组成，在第二层（L2）数据链路和第三层（L3）路由结构之间提供了一个自然的控制点。对于每个 VLAN 之间的通信，需要有一个相关联的第三层路由点，通常由 L3 交换机、路由器或防火墙组成。在不替换可以应用于终端会话的控制点的情况下，可以使用额外的控制点来应用静态的执行操作子集。对于 VLAN 通信，可以进行 VLAN 映射，以了解每个 VLAN 中常见设备如何进行通信，以及如何配置路由结构以允许该通信。如果每个 VLAN 都有一个关联的子网，可以在属于这些结构的子网之间应用 ACL 或防火墙策略，同时通过路由器或防火墙终止。需要在虚拟路由实例之间设置终止点的 VRF，在穿越防火墙时，也具有类似应用流量过滤器的能力。

园区确实在分析核心原则上投入了更多的努力和精力。这一概念的示例如图 3-4 所示。由于设备、VLAN、子网和 VRF 数量的增加，需要更好地了解所有这些结构及其各自终端之间的流量传输。持续的分析将有助于应用不断变化的策略。然而，由于网络接入设备的数量较多，也可以在整个园区网络的较小区域内应用执行机制。例如，流量监控和身份执行可以在单一类型交换机上进行，而这些交换机仍有较多的连接终端。这样，就可以在不影响关键工作负载和用户的情况下对网络的单一类型交换机或区域进行分析。这种分析可以说明终端之间通用的关键通信，从而最大限度地减少未来的停机时间。这样可以将园区分解成更小的分析区域，如分支分析，从而更快地汲取经验教训。如果网络拓扑结构和执行机制能够清楚地识别一组身份的常见位置，那么小范围的分析还可以提高操作能力。

3.1.3 核心网络

如"分支"和"园区"中所述，无论在哪种拓扑中应用零信任，都需要依赖网络和底层基础设施。当基础设施数量较小，即在分支中存在单个交换机或只有几个交换机时，可能只需要投入较少的努力来保护网络。当存在较少的交换机时，可能会存在同质化的终端和网络访问设备会变多的趋势。然而，和其他零信任原则一样，保护网络访问设备的核心原则仍然适用。网络访问设备的身份仍然至关重要，这使其能够识别自己并向策略服务器和任何其他配置服务器发送信息。

对于大多数策略服务器，这种能力通常以 IP 地址的形式存在，通常是设备上的环回或专用管理地址。还建议将实际的主机名、模型、位置、功能和任何其他元数据与网络设备的身份关联起来，以完成此核心原则的上下文标识部分。当应用策略时，其中一些信息也可能被用于与点对点认证或终端认证相关的内容。

网络设备应配置有执行能力，通常以点对点认证的形式进行。执行机制阻止其他设备在完成身份交换之前从网络设备接收信息。基础设施访问控制列表（ACL）的使用和确定设备应在何处进行管理的能力作为第一层执行机制，以防止未经授权的身份访问网络设备。防止未经授权身份的控制可以包括跳板主机、管理网络或分配给被授权管理设备的公共子网。

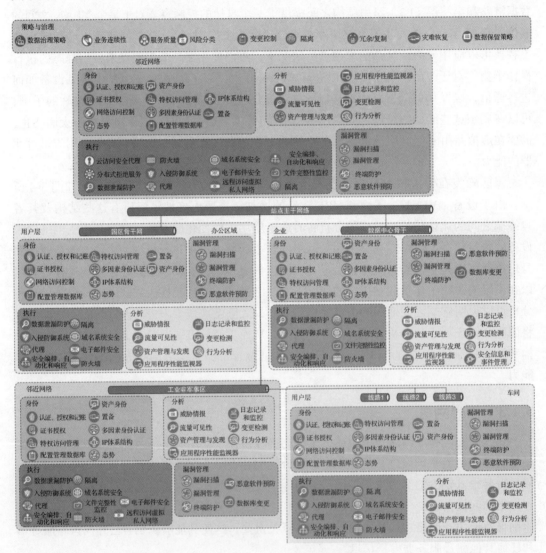

图 3-4　中央园区

使用设备管理协议，如 TACACS+，可以确保发给设备的每个命令都与经过认证的身份关联。基于对每个命令的授权来验证对网络访问设备配置进行更改的授权。将 TACACS+ 和网络访问设备的日志功能集成到系统日志或 SIEM 服务器，可以为设备或设备执行的操作提供有价值的信息。

通过 NetFlow 或设备上的流量捕获功能，可以对终端通信进行分析，如图 3-5 所示。这种通信关注的是终端在连接到网络访问设备时如何相互通信。

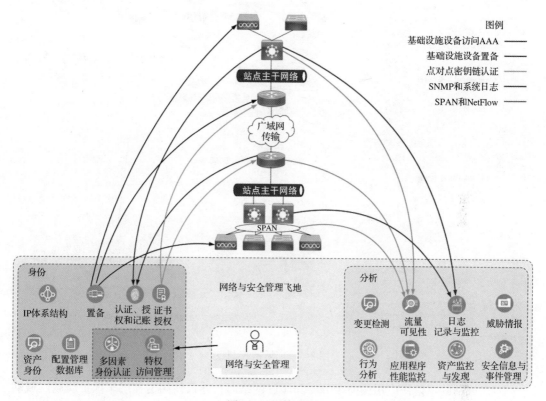

图 3-5　网络遥测

3.1.4　广域网

与分支或园区网络不同，当涉及零信任时，广域网（WAN）不是一个可以直接干预的区域。也就是说，如图 3-6 所示，WAN 仍然具有与分支和园区网络相同的许多零信任概念。这源于 WAN 采用了两种模型之一，一种是组织拥有的网络访问设备和从服务提供商那里租用的终端电路，另一种是服务提供商完全拥有和管理的广域网模式。在设备由组织所有的情况下，与网络相同的概念仍然适用。

- 网络访问设备的身份与策略应用 / 执行服务器同步。
- 使用 TACACS+ 对设备上执行的操作进行认证。
- 当执行操作时，按命令进行授权。
- 集成到 SIEM 中，跟踪所有更改。
- 服务提供商或合作伙伴提供的"X 即服务"产品，包括网络应用防火墙或分布式拒绝服务保护，可能比本地实施更合适。

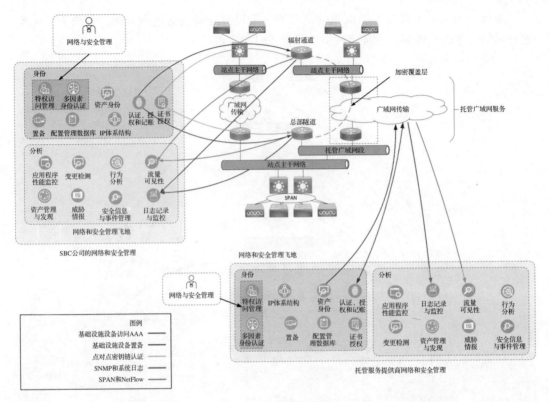

图 3-6　广域网控制点

当广域网的零信任应用偏向于分支和园区网络时，建议使用覆盖层来保护跨越广域网的流量。当广域网完全由其他实体管理和运营时，尤其如此。当涉及广域网时，组织最担心的问题是中间人攻击的可能性。由于数据包流经广域网提供商的基础设施，而所有组织对数据的跨越情况几乎没有可见性，这就推动了广域网的中间人攻击。与推荐分支和园区网络使用 NetFlow 和网络分接器一样，广域网提供商也可以使用相同的机制来了解数据流，并对客户数据流在广域网中的跨越进行故障排除。鉴于安全协议流量在内置到应用中时有可能被解密，因此强烈建议采用一种机制对传输中的所有流量进行加密。利用软件定义 WAN 的实现（如思科 SD-WAN 系列实施），还能在数据包中携带隔离数据，从而创建一个可应用策略的完整结构。

在广域网上实施的覆盖层，如动态多点虚拟专用网（DMVPN）、组加密传输虚拟专用网（GETVPN）或配置为网状的 IPsec VPN，可确保流量安全。根据协议的不同，发送方暴露的 IP、隧道源的公共 IP 或基于覆盖的 IP 可以为在服务提供商的云中暴露哪些信息提供极大的灵活性。除了加密链路和防止中间人攻击外，在使用思科 TrustSec 等隔离标记技术时，TrustSec 标记可直接写入 DMVPN、GETVPN 或 IPsec 隧道数据包，并允许该信息跨越广域网。如果没有这些技术，标签中的信息很可能会被剥离。这样，在一个站点发生的策略应用就可以跨越广域网，从而使得终端的附加可识别信息在整个网络中普遍存在。

3.1.5　数据中心

数据中心一直是大多数组织的神经中枢。它是"皇冠上的宝石"，也就是数据通常被存储的地方，也是承载业务运行和处理关键数据的主要服务器和应用程序所在之处。因此，有必要重点关注数据中心内部存在哪些内容以及它是如何与内外部进行通信的，以及验证数据中心中的终端是否合法。通常，设备会被托管在数据中心，而不是架构的其他区域，这是因为能够在较小的分支和园区内以"免费"的方式为设备供电、冷却和维护。然而，也有许多未经授权的服务器存在于数据中心的例子，如用于托管 P2P 文件共享的活动、为国家/地区托管网站、加密货币挖矿以及其他利益驱动的活动，但这些活动并非数据中心安全所关注的重点。

虽然未经授权的使用应该是数据中心及其运营商的主要关注点，但另一个更为严重的问题是，看似无害且经过授权的终端可能在数据中心边界内被利用，随后在用户无意识的情况下而感染了数据中心。正如本节前面所提到的，当安全重点集中在位于数据中心外部的威胁，并需要找到入侵口时，确保数据中心的安全一直是一个相对简单的任务。然而，当数据中心存在可能未经授权的服务器，或者即使服务器经过了授权但也可能托管了恶意软件、应用程序或数据时，这使得组织面临更大的风险。

作为一个典型的例子，IRS 在其 1811 个数据中心中发现了 1150 个未经授权的服务器，它们对网络所带来的威胁是无法估量的。外部威胁更容易防范的一个原因是服务器与外部世界通信需要通过防火墙进行流量遍历。防火墙至少记录一个 IP，最好是静态的，可以用来跟踪服务器的活动。而对于虚拟服务器带来的内部威胁，缺乏一个明确的硬件执行点会导致通信难以理解。

数据中心面临的挑战在于数据中心的混合性质以及数据中心持续演进对监控方式的影响。为了减少冷却和电力成本，许多组织使用各种虚拟化模型将多个物理服务器合并到单个物理服务器上。一个"超级监视器"或虚拟管理平面利用一个或两个物理网络接口卡来发送所有相应虚拟服务器的流量。虽然每个虚拟服务器可能有自己的 IP 地址，但无法将策略应用于物理网络端口，导致无法进行细粒度地应用策略。虚拟化监视器本身可能具有集中控制点的能力，但虚拟和物理架构之间的集成仍存在许多缺口。无法跟踪同一虚拟化监视器内甚至数据中心内虚拟服务器之间的通信，会导致用于防护威胁的执行能力无法有效开展。这一限制可以通过安装在服务器上的代理或像交换机一样的超级管理程序来克服，它们能够将策略应用于与虚拟网络接口卡相关的唯一虚拟机"会话"。

因此，当涉及与零信任相关的数据中心拓扑时，迄今为止在本书中提到的许多方法仍然适用，只是数据中心的虚拟化特性可能会给发现和强制实施带来额外的挑战。一个典型的数据中心架构如图 3-7 所示。为了防止未经授权的服务器通过数据中心网络访问，连接到数据中心网络的机器首先需要具有一个明确的身份，以便可以向网络展示并用于跟踪其中所包含的终端活动。在数据中心，与身份相关的挑战是大多数服务器要么没有用户登录，要么只有一个用于维护的登录账户，而个体用户则根据其应用程序的需求被授予特定的权利以进行更改或配置服务器。这意味着服务器可能没有特定的用户身份呈现给网络，因此需要考虑其上下文身份的其他方面，以继续构建其身份以便在网络上对其业务目的进行验证。或者同一个物理或虚拟服务器同一时间可能有许多身份在使用，因此在短时间内呈现多重身份。无论如何，这种上下文身份需要被汇总并与设备对齐，以供分析之用。

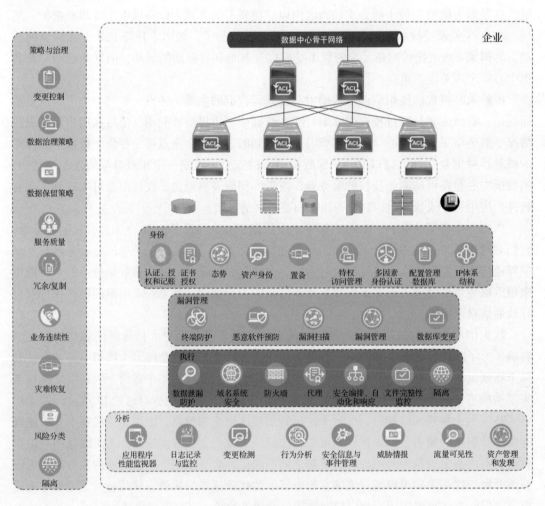

图 3-7　数据中心架构

在数据中心关于终端的第二个挑战与漏洞管理有关。一旦服务器可以通过上下文身份被准确地识别，那么就需要对其态势和防御状态方面进行验证以防止内部攻击。虽然一些供应商可以根据身份复制的组策略使服务器硬化变得很简单，但由于人们普遍认为运行这些实用程序可能会影响有效工作负载的处理时间，或更糟糕的是，由于服务器的使用年限过长而不受支持，因此对防病毒、反间谍软件或反 X 软件的验证在许多环境中可能是一个具有挑战性的话题。在许多环境中，一些单体服务器和应用程序无法被更新替换，因为更换或重写其上的应用程序成本巨大。这意味着已经停止支持的操作系统不再有专门为其编写的反 X 应用程序，即使可以通过变通方法让反 X 应用程序在操作系统上运行，但由于受限于操作系统的使用年限和自身模式，还是无法集中管理这些应用程序。

在这些情况下，可能需要为长期成功制定一个商业案例，其中包括重写应用程序或者以某种方式对服务器进行隔离，以便产生具有相同功能的副本并可以处理记录，以防当该服务器受到威胁时，也不会威胁到其他工作负载或其他服务器。具有读取副本类型模型的共享后端数据库，或以快照类型模型同步的数据副本，可能有助于确保该环境中的潜在威胁不会影响正常的业务运行。此外，好的做法还包括资产管理策略，这些策略为不合规的系统（如遗留服务器和操作系统）定义了适当配置，并通过严格审查的配置和标准来帮助降低风险。

一旦克服了这个最后的挑战，就可以根据所涉及的服务器类型确定多种执行机制。对于私有数据中心和公共云中的虚拟服务器，由于超级管理程序无法识别应用于交换终端本身的动态策略，因此需要使用服务器上的执行代理或基于策略的网关来应用策略。这是由于 RADIUS 执行机制是基于网络访问设备和 RADIUS 服务器之间的公共会话 ID，需要将该策略应用于特定问题的虚拟机。这个策略网关可以是另一个充当网络访问设备本身的虚拟机，比如一个已经接入 RADIUS 服务器的虚拟交换机，或者可以是一个所有流量都会通过的聚合点，由该点对所有设备应用策略。在数据中心设计或吞吐量要求不允许的情况下，可以将代理部署到独立服务器上，这些代理作为微执行代理运行，并推送服务器可以发送和接收的流量策略。

对于物理服务器，需要确保正在使用的数据中心交换机是可以支持零信任所需的执行。在许多情况下，交换机的生产有特定的需求，比如具有微秒或皮秒延迟的交易大厅或具有巨大吞吐量需求但"额外功能"很少的大型数据中心。这些用例可能没有考虑到将安全机制包括在交换机的功能集里面，或者可能需要特殊配置的情况。在这些服务器上使用 RADIUS 时，可能会出现不支持更改授权的情况。此外，在使用如 TrustSec 这样的标记机制时，可能需要静态地为端口、端口配置文件、VLAN 或子网分配标签。

无论在数据中心内如何开展执行和策略应用，覆盖和分析原则都像在任何其他拓扑结构中一样适用。无论执行机制是什么，都需要了解流量流动的情况，以及适用于终端上的数据法规要求，以及如何将执行应用于终端。除了需要记录和分析服务器之间的流量以及与该流量相关联的身份的流向，还需要对尝试访问的情况进行记录和分析，并需要对任何潜在的入侵或网络的威胁进行汇总、审查和验证。图 3-8 是在数据中心中提供零信任控制的思科 ACI 结构策略模型的示例。

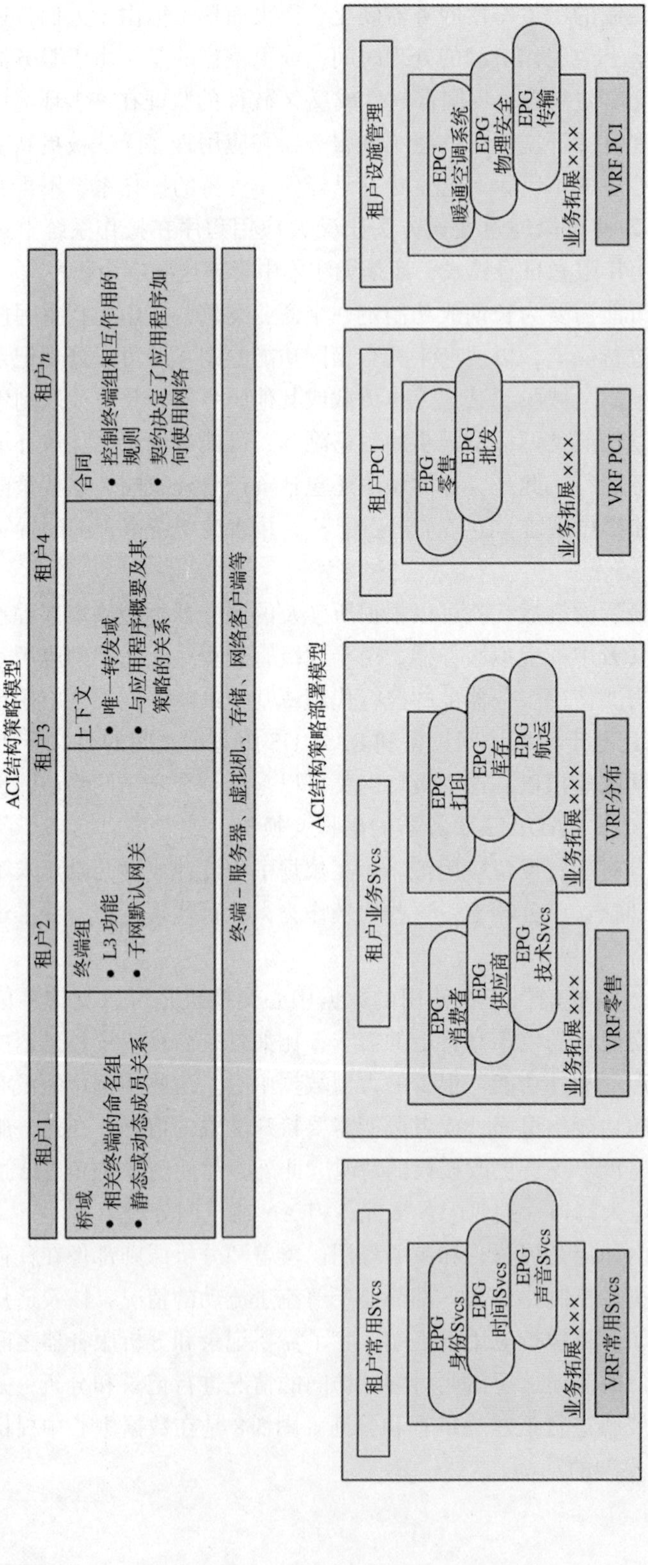

ACI结构策略模型

租户1	租户2	租户3	租户4	租户n
桥域 • 相关终端的命名组 • 静态或动态成员关系	终端组 • L3功能 • 子网默认网关	上下文 • 唯一转发域 • 与应用程序概要及其策略的关系	合同 • 控制终端组相互作用的规则 • 契约决定了应用程序如何使用网络	
终端－服务器、虚拟机、存储、网络客户端等				

ACI结构策略部署模型

租户常用Svcs
EPG 身份Svcs
EPG 时间Svcs
EPG 声音Svcs
业务拓展×××
VRF常用Svcs

租户业务Svcs
EPG 消费者
EPG 供应商
EPG 技术Svcs
业务拓展×××
VRF零售

EPG 打印
EPG 库存
EPG 航运
业务拓展×××
VRF分布

租户PCI
EPG 零售
EPG 批发
业务拓展×××
VRF PCI

租户设施管理
EPG 暖通空调系统
EPG 物理安全
EPG 传输
业务拓展×××
VRF PCI

图 3-8　思科 ACI 结构策略模型

3.1.6　云

大多数组织将云视为一个具有不同控制、可见性或安全执行水平的环境。作为一种相对新颖的托管应用程序和服务模式，基础设施即服务（IaaS）需要额外的安全审查。从本质上讲，这种 IaaS 服务必须通过公共互联网为外部消费者提供服务，但也要保护访问外部服务托管应用的内部消费者。消费模式的唯一区别在于内部用户可以从本地子网或使用站点到站点类型的 VPN 发起连接。然后，这个站点到站点的通道连接到托管云中的某个服务器。许多组织使用网络地址转换（NAT）配置作为一种安全机制。这种站点到站点 VPN 的终止方式可以在不需要将内部托管的服务或子网暴露给公众的情况下，为相关的应用程序或服务提供一层安全保护。

远程或在家工作的用户的安全解决方案也可以通过云来提供。这个概念可能有各种名称，例如安全访问服务边缘（Secure Access Service Edge，SASE）或安全服务边缘（Secure Services Edge，SSE），这些本质上是把有限的控制与其他解决方案结合以形成完整的 SASE 解决方案。SASE 由云交付的安全控制组成，例如 DNS 安全性、反恶意软件检查、云交付的防火墙、入侵检测和预防系统等。其目的是为用户提供坚固的企业级安全保障，即使用户身处远程且未连接到企业网络。通过使用云来扩展这些企业级控制，组织可以选减少甚至消除需要建立用户 VPN 连接的情况，以为员工提供更大的灵活性。SASE 可以最小化这些需要 VPN 连接覆盖的区域，以消除大规模工程和故障排除工作的复杂性。

使用另一种服务来托管基础设施并不意味着这些工作负载在资产管理数据库中就可以不被管理和审计。资产管理数据库仍然需要通过上下文的身份方式来识别工作负载。必须存在一个治理策略来定义如何对工作负载进行分类、确定所有者、验证生命周期和定义目的，以确保上下文身份可以用于认证访问能力。元数据可以与基于云的工作负载关联，以确保它们被适当地"标记"。标记过程有助于操作和策略管理员确定谁或哪种类型的设备应该访问哪些服务器以及从哪些位置访问。

根据元数据的定义可以制定执行策略。在云数据中心，工作负载必须应用动态上下文元数据才能执行。虽然可以使用静态标签，但与任何静态配置一样应尽可能避免使用静态标签，以确保所应用的标签最能代表特定时间的工作负载，这最好通过动态手段来实现。这种执行应该考虑到哪些云执行的防护层可以用来支持云工作负载。云执行策略应只允许将所需终端暴露给相应的身份消费者，并应进一步扩展组织其他数据中心的隔离设计和相关安全概念。

在云环境中实施新的隔离架构之前，企业应优先确定现有云实施的当前状态或"基线"。应对驻留在云工作负载上的各应用程序进行配置审计和安全最佳实践验证。安全审计应确保每个工作负载得到明确标识，并根据解决方案的通信需求对工作负载应用有效的安全策略。对任何解决方案消费者的审计都要对其访问进行认证和识别，包括在输入工作负载之前验证其访问方法。云工作负载的审计应确保工作负载是以安全的方式正确配置的。目前的行业现状是，我们发现大多数云操作并不是以安全的方式来设置的，因此需要更好地理解和监控。

在对组织使用的云服务提供商（CSP）环境现状完成"基线"评估后，还需要在云环境中嵌入零信任策略。利用提供商部署的可用控制措施是基础，但不应成为最终或完整状态，因为企业需要保持统一的网络运营中心（NOC）和安全运营中心（SOC）中的不同网络隔离的可见性。已部署的通用零信任解决方案可确保降低分析师、操作员和安全事件响应人员的复杂性。企业需要使用策略协调解决方案，这些解决方案可连接到所有层级的解决方案，并跨越每个数据中心、隔离解决方案和云操作的边界，使企业能够更快地完成变更、合并和转型。

任何流向应用程序的流量中的身份事件和安全事件都应汇总到 SIEM 中并进行记录和分析。对底层虚拟服务器所做任何更改的审计都应使用更改检测解决方案（如文件完整性监控或数据库监控解决方案）以同等方式进行记录和分析。这些解决方案中的任何事件都应汇总并转发到 SIEM 或其他协调点。额外的云防御深度措施还包括添加虚拟设备，这些虚拟设备可检测到潜在的入侵或利用模式流向云基础设施内服务器或应用程序的流量，并发出警报。如图 3-9 所示。

3.2　总结

本章探讨了零信任参考架构的主要服务区域，通常包括园区、分支、核心网络、WAN（广域网）和云。我们讨论了每个区域的零信任架构原则，并介绍了智能楼宇场景中的示例。

该实用参考架构根据企业的应用服务、这些服务的后续数据访问和处理，以及这些应用和数据所支持的终端和用户，对飞地进行了隔离。根据相关的应用服务和终端，前面提到的每个服务区域都可能有独特的或共同的飞地。

最后，零信任参考架构必须包括前面讨论的五大支柱中所确定的保护和风险缓解控制能力要素。确定飞地隔离设计中使用的具体功能时，应考虑到风险和影响缓解、关键性、应用功能，以及可能存在于飞地内或在飞地内需要处理的数据的监管要求。

参考文献

- Jill Aitoro, "IRS Servers Within Their Data Center Unauthorized," *Nextgov*, September 4, 2008, /www.nextgov.com/technology-news/2008/09/irs-finds-unauthorized-web-servers-connected-to-its-networks/42369/.

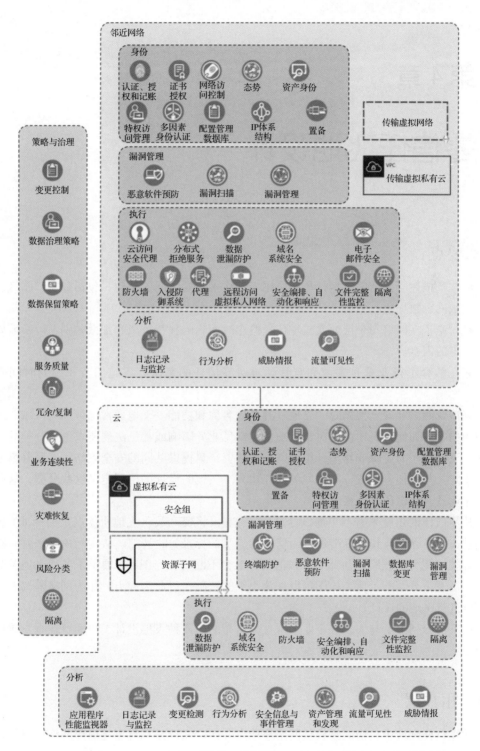

图 3-9　云拓扑

第 4 章

零信任飞地设计

本章要点：

- 本章描述了如何将零信任模型应用于网络不同层之间的架构，包括分支、园区、广域网、数据中心和云。
- 讨论了在网络每个层面实施零信任概念时面临的独特挑战和细微差别，以及需要考虑的因素。
- 还解释了行业垂直领域和监管要求对零信任的需求、实施细节和预期时间表的影响。

当涉及网络和安全架构时，飞地具有多种名称和功能。飞地通常也被称为区域。无论所使用的术语如何，飞地都是对常见功能、常见业务影响或常见法规要求进行分类的一种方式。飞地用于为逻辑或物理分组可以实现的资产集提供共同的安全策略。这种分组或分类用于定义与其他分组或分类之间的信任边界。飞地的设计围绕着定义这些分类，这些分类对企业具有常识和业务意义。

从零信任的角度来看，飞地设计是确定信任（将资产放入飞地所需满足的标准）和可信赖性（允许资产与其他资产进行通信所需满足的标准）的基础。从实际角度来看，随着流程和技术能力的发展，预计飞地和信任标准会不断变化。图 4-1 展示了各种飞地及其相关的高层逻辑分组的示例。该图可以作为组织的基础，以此为起点，作为网络隔离策略的一部分进行飞地的设计。

以下部分列出了与大多数企业中常见分类相关的几种飞地设计，以及行业垂直领域或企业中特定的功能性或监管性飞地。

4.1 用户层

在零信任领域中，访问授权从网络连接点开始。无论是私有还是内部网络，组织都要对其发出的网络内容承担法律责任。因此，在零信任架构中，授权和执行显得尤为关键。

组织需要一种可扩展的方法来识别终端会话，包括确认某用户已通过特定设备访问了网络。非用户设备的属性也同样重要。无论是远程、有线、无线或其他类型的连接，对所有访问者身份进行授权和执行都至关重要。

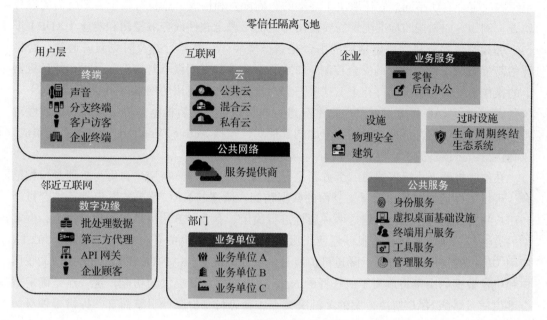

图 4-1　零信任飞地设计

4.1.1　公司工作站

公司工作站将是零信任架构的关键焦点。由于这些系统上执行的任务类型繁多，在传统架构中往往很难进行限制。更复杂的是，几乎每个角色都需要使用计算机（PC）。零信任可以通过上下文标识简化此问题。理想情况下，这些系统应有两个独立标识用于决策考虑：设备本身的机器标识和设置过程中分配的唯一定义设备的标识。可能还会考虑设备配置、操作系统、物理特性等属性，如 Microsoft Windows 桌面或 Apple Mac 笔记本电脑，并包括使用的业务线或部门等组织相关属性。如果机器指定给特定用户或部门，则该组织属性可能固定不变。对于拥有共享 PC 或信息亭 PC 的组织，在确认用户前，机器标识只能在某些场景下使用。无论何时，尤其当没有用户登录设备时，重点应放在最小必要访问权限上。

自助服务机器的常见配置是使用网络强制机制来限制设备的访问，只限于如 DNS、DHCP 和检索某些程序更新（如反恶意软件定期更新或与 Active Directory 同步）等基本要求。重要的是，不同组织的最低需求可能会有所不同，并且由于这些通用协议广泛使用，它们也经常成为攻击目标。如前所述，这些设备需要采取控制措施如反恶意软件等，并配备适当的终端防护系统来跟踪行为并发出警报。结合网络可视化和行为分析系统，可以缓解因开放常用端口和协议而产生的风险。

除了标识之外，检查设备的态势也很关键。对于什么才算合格的态势检查结果，各个组织的决定会有所不同。它还取决于终端的正确配置和构成，这将有助于告知所需的态势检查。例如，如果按照标准配置需要使用特定的反恶意软件或扩展检测和响应（XDR）平台，那么态势检查将会确定指定的平台是否已安装、正在运行并及时更新。通常，合格评估需要确认工作站设置的安全控制（如反恶意软件和反间谍软件）正在运行，并且机器上的操作系统和控制都已打补丁。这些态势检查往往与所使用的网络访问控制（NAC）系统紧密集成。NAC 将负责对工作站本身进行身份认证，然后根据态势结果和其他属性对工作站的网络访问进行授权。需要考虑的其他属性包括 Active Directory 或其他系统集成，以确认组织对设备的所有权。

在这些机器上，标识的第二个方面是登录工作站的用户。将用户身份与机器身份相结合，可以更好地控制基于上下文身份的数据访问。所选的 NAC 解决方案应具备结合机器和用户身份的能力，以便根据这两种属性进行决策。有多种方法可以实现这种决策，但常见的方法包括为无人监管的服务器使用服务账户、查询机器的登录用户以及通过 802.1X 使用"可扩展身份认证协议 - 隧道可扩展身份认证协议"（EAP-TEAP）。关于如何关联用户和机器数据的决策将取决于所选择的 NAC 解决方案和其提供的功能，这一点是确定适合零信任策略的 NAC 解决方案的关键决策点。就思科身份服务引擎而言，提供哪种身份由终端决定，而评估是对其所提供的身份组合进行的。

通过整合用户和工作站标识，可以做出更明智的判断，如确认工作站由组织所有并管理，且该用户被授权访问某等级数据。缺乏任何一个组成部分都会产生盲区，这可能会阻碍组织正确审查并限制数据访问权限。

4.1.2 访客

对于大部分组织，访客、用户和设备的网络接入是常态。不同组织对访客如何连接到网络的需求各异。以零售业为例，虽然访客可能并未直接要求网络接入，但这被视为一种便利服务。零售商可以通过收集浏览行为、位置信息和购物习惯等数据来优化销售策略。因此，在保证适当的访问门槛同时，也需要避免过度要求创建新账户或设备注册等操作影响顾客体验，否则会妨碍实现商业目标和提供优质服务。

反之，在能源领域，访客网络的好处对用户来说可能超过组织。尤其在蜂窝数据或信号弱的地方，用户更依赖访客网络，也更愿意接受复杂的加入流程。在这些情况下，审批和额外步骤被认为是必要且非烦琐之事。实施访客网络时应考虑环境、业务风险、权限及连接时间等因素，并注意周边住宅或企业是否有试图利用无线信号进入网络的情况。制定策略时应全面考虑这些因素，并根据不同位置和用户类型制定相应策略。

即使在传统网络架构中，访客网络通常也是已隔离网络的一部分。这些网络主要为了方便访客上网，并不需要接入企业资源。然而，员工可能拥有或管理的设备也会作为访客设备使用。组织通常通过连接访客网络来提供员工互联网接入，并使用企业凭证进行身份认证。这种情况下，用户无须访问企业资源，所以组织无须对设备进行管理。

对于非公司管理的访客用户设备，受限于技术和法律，无法使用基于代理的安全解决方案。评估访客设备的工具在进行某些类型态势评估时可能能力不足。通常情况下，这种能力仅保留给有书面协议（合同）的承包商或被动评估设备者使用。

无法检查典型访客用户其设备是否已安装或启动了安全控制。因此，从网络视角来看，保护和可见性变得越来越重要。应定期审计和监控访客网络的配置以便发现任何更改，并对未经授权的访问尝试进行渗透测试。这些尝试不仅包括数据访问，还应涵盖对路由器、交换机、防火墙、无线控制器及其他处理访客流量设备的访问和修改情况的审查。现行策略应确保恰当地限制了对内部资源的访问能力。与访客用户共享服务（如位于 DMZ中的 DHCP 或 DNS）也应实施类似策略。在很多组织中，这些共享服务仅供给访客使用。

确保攻击者无法在其他访客设备之间横向移动也非常重要。与企业终端的可见性需求类似，应在访客网络中使用如 NetFlow 和网络抓取设备等方法来评估访客区域内的访问。

4.1.3　BYOD：员工个人设备

如果用户愿意接受设备管理，建议使用管理平台向设备部署有效且可信的凭证，并评估设备的态势。一般来说是通过在设备上安装一个代理来完成的，该代理会定期连接到移动设备管理器（MDM）。这个移动设备管理器可以与网络访问控制服务器集成，以跟踪上下文身份并与其他集成点交换此信息。这种提供访问的方法称为"携带自己的设备"（BYOD），作为管理、身份和态势跟踪的补偿方案，允许员工在自己的个人设备上访问有限的企业资源。

4.1.4　物联网

物联网，也称为 IoT，是近期在企业网络中出现并迅速扩展的设备类型。虽然对这个术语的正式定义尚无广泛共识，但通常它指的是通过网络连接、利用互联网资源提供其所连接或监控系统数据的设备。一般来说，这些都是受管理且通过互联网进行控制的无头设备。

一个典型的例子是智能恒温器，它不仅可以控制暖气、通风和空调（HVAC）系统，还能提供当前的温度、湿度以及其他环境因素的详细信息。这些智能恒温器等设备将数据发送回云服务。云服务既可以用于由授权用户发出的命令或编程，也可用于存储报告或分析所需的数据，无论是为用户、制造商还是其他人。

在云服务中收集和储存数据，对组织来说是一项充满挑战的任务。由于收集方式和地点的差异，某些物联网系统可能会有意或无意地获取受监管或敏感信息。这些信息被储存在云端，但组织往往并不清楚具体收集了哪些数据，也不知道应该采取何种保护措施——

这就是问题所在。在某些情况下，组织甚至可能没有察觉到这些物联网设备的存在。例如，一家远程为医疗机构提供客户支持的组织，使用语音 IP（VOIP）电话或软电话以及专用工作站或虚拟桌面基础架构（VDI），以确保访问的数据得到适当保护，并有足够审计跟踪记录。如果此类用户属于保险部门，则需要与患者和保险公司交流，预先授权索赔事宜，并定期通过电话公开 HIPAA（《健康保险可携性和责任法案》）数据——这都是其工作职责的一部分。然而，如果该用户家中还有一个始终监听触发词的智能语音助手，组织是否已经考虑并解决了这个风险？对那些使用此类设备的人来说，他们很快就会发现这些设备并非完美无缺，有时候可能会在不适当的时机被误触。甚至有人怀疑某些语音助手可能一直在收集数据。如果还未解决此问题，那么所有拥有远程员工的组织都应将其视为重要事项，并制定策略培训员工以降低风险，比如建议他们在工作期间关闭语音助手的麦克风或断开设备连接。除了上述具体情况外，组织还应审查自身所拥有或控制的现存或新购物联网设备，并特别关注它们的物理位置、与可能含有或讨论敏感信息区域的接近程度以及可用传感器等因素。这些详细信息需要与供应商提供的以下内容相对应：设备何时、如何收集数据，数据在哪里储存，保存多久，以及采取了哪些网络安全原则来保护和处理数据。通过这种方式可以定义风险评级并确定每个设备适合采取的缓解措施。

这些设备由于通常是无头设备，没有用户登录，并可能缺乏定期修补漏洞，因此带来了特殊的挑战。另外，它们体积小巧、便携式设计可能限制了内置存储、错误处理和功能实现。运行反恶意软件或终端防护解决方案等基于代理的控制对其效果有限。由于供应商没有发布补丁或无法高效管理这些设备，这将使得 IoT 设备面临比工作站更大的被攻击风险。然而优点在于这些设备一般只需最少量的内部访问权限，仅用于与生态系统中其他设备以及互联网外部进行通信。因此，网络隔离和网络行为分析等基于网络的控制将成为保护这些设备的关键手段，确保能检测并迅速应对物联网设备遭受威胁情况。

针对物联网的已知攻击进行评估和预防的方法必须考虑到其局限性。可以使用 IPS 系统查找针对物联网系统的已知攻击，并阻止这些攻击从互联网进入。必须定期执行漏洞扫描以了解每个连接的物联网设备的风险级别。应谨慎使用 NMAP 等广泛扫描技术，它不仅错误处理能力有限，还可能会由于网络堆栈实施或编程不当而导致设备停止响应。与其他领域一样，定期审计至关重要，可以确保路径中的网络设备被适当隔离，以及这些物联网设备的互联网访问门户和控制得以适当配置。精细地分析设备以确保正确识别也是至关重要的，这样才能应用适当的风险评级和缓解措施。在可能的情况下，应使用多重身份认证和日志记录来配置控制门户，以记录对数据的访问和配置的更改。

4.1.5　协作

协作解决方案有多种形式或类型，我们在考虑零信任策略时也需要将其纳入考虑。如今，非传统的协作终端（例如数字标牌和音频／视频演示设备）连接到网络的情况越来越常见。这种普及带来了一个好处：商业化的协作解决方案迫使供应商提高了产品易用性。

然而，这种易用性也可能导致潜在安全漏洞，可能被利用以规避安全控制。因此，必须对设备访问和设备发起的访问进行管理。

协作解决方案可以分为托管和非托管。例如，虽然一些数字媒体播放器可能仅从专用源流式传输或接收视频，但它们也可能采用 IP 多播。这种订阅流的一对多的通信方式会带来新的访问控制挑战，这取决于终端必须始终访问的子网大小。敏感内容的数据平面加密也带来了其他挑战，限制了对可应用于来自或针对这些协作设备的通信安全控制。以下是在对协作设备实施访问控制策略时需要考虑的一些常见问题。

- 协作终端应对谁可用？对于传统电话和视频终端，任何进入房间的人都可能需要访问设备进行通话。数字标牌、AV 终端以及类似设备的控制节点或管理器应受保护，以防止未经授权的更改或访问。

- 谁能使用终端上的某些功能？传统协作终端可能允许用户登录并带入个性化设置。新技术如 RFID 和蓝牙也可通过数字标牌等协作设备实现身份认证和获取个性化信息。为避免滥用，需限制提供此服务所需公开的资源。

- 为了提供基本服务，协作终端需要什么访问权限？对于许多下一代协作终端，可以以安全的方式将终端的本地访问设置到同一子网中的文件服务器或附加到标牌上。在可能的情况下，应首选有限的流量穿越，以确保减小潜在滥用的影响。

- 设备是如何处理显示信息的，尤其是无线"屏幕投射"环境中？很多设备通过专有协议接收流媒体，并允许集成应用程序的移动设备展示信息。这项功能旨在最小化设备的占用空间并便于使用。然而，在无须通过身份认证就能显示所需信息的环境中，利用此功能的漏洞可能会引发更大问题。尽可能地，发送和接收无线流的设备应实施某种身份认证，如共享密钥，并确认显示所需信息的授权。

- 如何配置设备？无论我们采取何种防止未授权流媒体的措施，只要设备能够通过加载未经授权的操作系统或模式绕过这些保护，那么所有努力都将付诸东流。因此，我们应确保设备的基础操作系统或视频源不受未经授权的访问。

4.1.6 实验室和演示

在实施零信任规划时，实验室和演示环境是一个具有挑战性的场景。这些通常作为非生产网络，用于测试新设备、应用程序或使用案例，但往往缺乏生产环境中的许多安全功能。这可能是因为需要在实验室环境中测试并确定这些安全功能的影响。当工作负载或应用程序只能通过互联网在公共云上运行时，挑战更大。基于连接需求和应用程序行为的变化，一些组织开始在将工作负载迁移到云之前，在本地区域网络上进行测试，进一步模糊了生产与非生产环境之间的界限。然而无论位置如何变化，零信任的核心原则始终适用。

拥有集中式策略和执行机制对于确保非生产网络保持零信任合规至关重要。限制从环境输出的信息流以及进入环境的信息流是确保新技术可以在最小化风险的情况下进行测试的关键。限制这种流量的方式有很多，但通常会以实验室环境中多个测试段之间的防火墙来实现，每个测试的设备都要在一些权威机构注册。为了简化实验室用户体验，这种注册类似定期注册或登录门户的访客注册，其中必须定期通过身份认证。通过这种方法，访问权仍然基于策略的模型，该模型根据策略规定的条件管理资源访问。

4.2   邻近网络

图 4-2 所示的邻近网络是指大多数企业的"数字边缘"。通常情况下，企业会将 API 网关、第三方代理、外部可访问的实用程序和管理服务、视频网络以及具有内部和外部配置的软件即服务（SaaS）平台划分到这一区域。这些服务与安全接入服务边缘（SASE）解决方案提供的使用案例相融合，后者提供了云交付的安全功能，如防火墙、IPS/IDS、代理和其他功能。云中提供的代理功能进一步增强了为访问企业内部和 SaaS 资源的用户提供保护的能力，而无须依赖 VPN 和通过企业数据中心的流量回传。

让邻近网络工作负载和服务可用但不要分配到主要企业网段内，对整体设计具有保护作用。通过隔离这类工作负载和服务，网络隔离团队和组织领导层可以实施更强的监控、更严格的控制和更有力的策略。

个人区域网络

个人区域网络（PAN）及其相关技术在组织的网络中以日益隐蔽的方式交互。零信任策略需要注意这些潜在的攻击途径。PAN 通信一般只限于小范围内，这给检测和修复带来了挑战。PAN 内部节点使用的无线技术包括蓝牙、红外、低功耗无线电等可能尚未完全标准化的特殊通信方法，也包含其他有线通信形式。它们共同特点是短距离自主网络，可以访问敏感的网络或环境数据。

这些网络用于文件传输、媒体分享、环境监测、健康应用和自动化等场景。PAN 技术限制了一个目标上可以挂载的设备数量。同时一个设备可能也会限制它能配对或连接的其他设备的数量。这导致使用案例分割成更小单元。然而，这种特性反而造成了误导性安全感。一个问题是活动和目标可见度不足；另一个问题是 PAN 普遍缺乏安全标准化。此外，PAN 设计的总体自主性削弱了所涉及技术的感知限制。为防止恶意利用，在组织内部及周边对 PAN 进行检测和感知，这需要投入大量资源。

零信任假设任何未明确授权的行为都不受信任。IT 组织支持和控制的实施为提供所需的上下文创造了结构和规范。最终用户设备可能具有损害现有业务系统的完整性或机密性的能力。这种情况为未经授权的使用创造了一个途径。PAN 无声地使用了规避零信任架构实施的工具和能力。组织控制的设备也具有 PAN 级连接的能力，这使得这些连接的授权更加复杂。合规性检查和机器控制引入了授权设备连接和使用的方法。这些功能提供了限制访问蓝牙、USB、无线网络共享和其他 PAN 接口的工具。

PAN 技术的制造商和用户在使用 PAN 技术时，所使用的安全标准和策略缺乏零信任架构的严谨性。蓝牙设备就是一个典型例子，其安全功能（如输入 PIN 码）只能提供一种假象的安全感。为了用户体验和友好性，这些设备往往使用公开、固定且无法更改的序列。

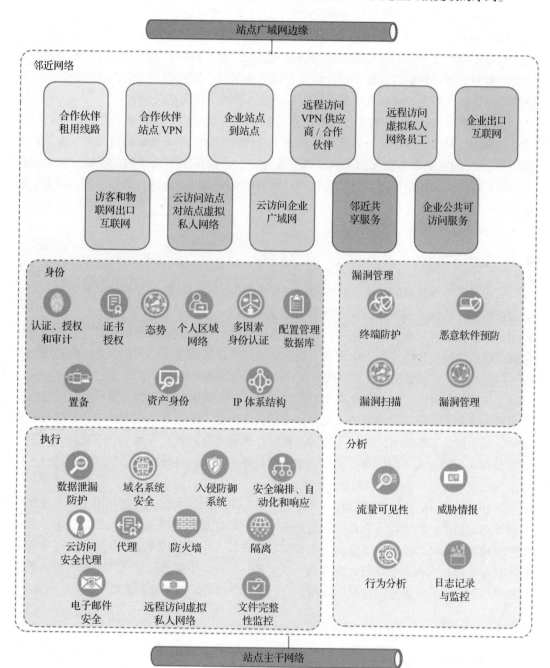

图 4-2　企业邻近服务

那些以低功耗为卖点的设备常常会忽视或禁用安全功能来提高效率。同时，对静态数据或传输数据缺乏加密也会带来其他问题。被授权用于通话或听音乐的蓝牙或 USB 耳机通常没有足够保护措施，无法防止潜在中间人攻击并拦截传输。

PAN 的自主性为实行零信任策略的组织带来了巨大的安全风险。PAN 及其技术更偏向于规避安全部署策略。无线边界通过墙壁或地板扩展，增加了攻击面，可能超出网络管理员的控制范围。物联网设备使这种情况变得更加复杂，特别是当它们连接到组织控制的资源或网络时。当这些网络完全脱离组织控制时，管理员也无法关闭它们。

管理员和架构师使用 PAN 技术和通信方法的零信任策略，是防止恶意网络制造风险的唯一方法。对这些服务的防御依赖于存在于可执行控制之外的威胁的可见性。有关设备和使用 PAN 的组织策略也有助于确定哪些是允许的，哪些是不允许的。零信任鼓励组织将策略、可见性和控制措施有效结合，以识别可能威胁组织安全的技术和网络，保证它们被正确使用。

4.3 云

云仍然是一种新兴的技术，旨在通过在传统数据中心内部和外部提供部署选项，为企业提供更多灵活性。通常，企业会拥有一个专用数据中心或一个主机托管中心——共享数据中心的预留部分。在主机代管中，购买设备的目的是部署运行工作负载以及为这些工作负载提供连接所需的网络和安全设备。而云计算则开辟了新途径，利用其他组织的资金不仅可以购买这些硬件设备，还能获取数据中心所需的位置和资源。

当正确使用时，云能让组织实现更高的敏捷性，无须大量资本投入就可以启动新的工作负载。这种方式提供了更强的灵活性，通过引入根据工作负载变化而动态调整规模的功能来满足系统需求的高可变性。人们对这种可扩展性价值的重视程度正在不断提升。为了寻找节省成本和重新分配资源以更有效地运行业务的方法，各种规模的组织都在进行不同程度的云迁移。

云计算、设计、工作负载管理和业务调整是一个宏大的主题，远远超出了本书所能涵盖的范围。然而，当组织不直接控制基础系统时，特别是在使用云提供商的情况下，其中的安全应该是关注的焦点。云作为一个相对较新的技术，其采用率正在提升，这意味着云技术在安全方面也在不断改进。重要的是要了解，虽然以下部分的示例不是在所有场景下都适用，但是提供了将零信任架构应用于云资源时必须考虑的基础要素。

4.3.1 公有云

在讨论云时，重要的是定义描述云架构基础的关键术语。第一个是通常所说的公有云。公有云仅在云提供商平台上运行工作负载或其他服务，它与内部数据中心或其他数据源不会有任何连接，因为应用程序都是在云提供商平台内部运行的。

在云计算中，提供的服务大致分为三种模式：软件即服务（SaaS）、平台即服务（PaaS）和基础设施即服务（IaaS）。每种模式都规定了云提供商和消费者之间的责任分工。在SaaS模式中，云提供商负责底层基础设施和应用程序的所有方面。有了SaaS，消费者可以使用运行中的应用程序，而不必担心打补丁、存储或其他维护任务。SaaS的缺点是无法控制这些维护任务何时发生，因此，企业可能需要为每个SaaS应用程序购买与该应用程序对企业运作能力的重要性相称的服务级别协议（SLA）。在某些情况下，云提供商可能无法提供所需的SLA，因此在选择使用SaaS解决方案而不是其他云模式或内部部署时，必须进行适当权衡。PaaS调整了分界点，消费者现在负责应用程序和数据，而云提供商则管理其余的基础设施和底层系统，如网络、存储和操作系统。在这种模式下，对应用程序修补或维护任务的控制权再次转回消费者手中。它还使运行更多定制或专有应用程序的能力得以实现，而SaaS产品可能无法提供这些功能，同时还消除了与内部部署相比的许多要求和成本支出。最后，IaaS再次调整了分界线。现在，消费者负责操作系统和虚拟化系统上运行的一切，包括任何中间件、运行时组件，以及支持它的应用程序和数据。当需要对操作系统或中间件等附加组件进行定制时，这种模式提供了更大的灵活性。图4-3说明了云服务模式之间的差异。

存储在公共云IaaS和PaaS中的数据应被视为未受保护的数据，需要企业将其安全控制和流程引入其所选择的平台，最常见的方法是将外部工具与云本地控制相结合。假定一个环境因为在"云"中就可以受到保护，或认为应用程序和数据被转移到"云"中后，环境就已经按照零信任策略进行了隔离，这些都是误解。这种观念在企业中广泛存在，供应商也正急于纠正这种误解。

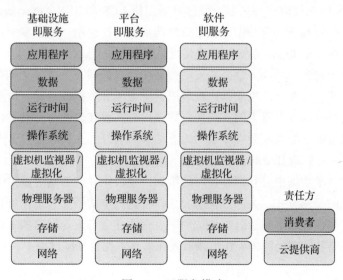

图4-3　云服务模式

数据是所有组织的命脉。在选择数据存储地点时，许多组织依赖第三方，即所谓的"云"。这个词只是别人的数据中心或网络的通俗说法。过去十年里，身份服务、文件共享、文档交换、电子邮件和密码存储等云服务越来越受欢迎。然而，组织不能假设公共云网络及其管理者会遵守相应的政策、法规定甚至法律。组织应该定期并持续审计在公共网络上存储的信息以及其可访问性和控制措施，而这将受到所选用云类型的影响。

4.3.2　私有云

私有云架构侧重于在传统数据中心或主机托管设施内使用私有硬件运行这些工作负载，来提供云的自动化和管理系统的功能。私有云平台的优势包括能够更轻松地扩展工作负载，更快、更简单地部署服务，以及更简便地提供服务冗余。私有云产品力求以一种利用专用私有硬件的方式来提供这些功能，因为某些组织可能会因监管因素，甚至是组织对风险管理的偏好而要求使用专用私有硬件。最常见的私有云产品之一是开源平台 OpenStack 以及 Azure Stack 和 AWS Outpost 等公共云提供商的产品。替代产品包括 VMware ESXi、VirtualBox 和 Linux KVM。

4.3.3　混合云

对于许多企业来说，关键是不要把鸡蛋放在一个篮子里。对于这些组织来说，通过混合云部署将工作负载和应用程序分散到不同的云中是首选。混合云，顾名思义，是两种架构的结合，其中公共云和私有云被放在一起管理。工作负载和数据通过某种安全的遍历方法协同跨越两种架构产品。Azure 通过其 Arc 产品提供这种服务，而谷歌云则将其服务称为 Anthos。AWS 仍在构建这一功能，但已开始提供 ECS 和 EKS Anywhere 等服务。这些系统本身并不提供云服务，而是作为管理和协调系统，让使用一个或多个公共云和私有云产品的企业能够在一个统一的系统内管理其所有资源和资产。

因此，混合云包含一个或多个公共云平台来托管服务和一个或多个私有云平台来提供服务，并能将这些平台整合或集成以达到组织管理服务和数据的目标。由于这种整合，混合云在管理和安全方面具有更大的复杂性。数据可能需要在公共与私有平台间传输，这可能是必要的，也可能是配置复杂性导致的无意结果。另外，大部分混合云产品都需要企业设置安全交换方式并管理其中的安全通道。

对于已经建立了数据中心和拥有资产的组织，或者正在向云端过渡的组织来说，混合云可能是最常见的架构方式。大部分企业会选择将低成本的资产和工作负载与公共云相结合。只有在维护和保养成本超过公有云费用时，企业才会考虑迁移这些工作负载。混合云需要假设组织策略和管理允许将工作负载放置在第三方托管基础设施中。

4.3.4　云安全

公有云平台通过提供多种本地工具，来实现平台上服务和数据的安全性和可视性。虽然每个平台的功能各不相同，但 Azure、AWS 和 GCP 等主要行业厂商都将具备类似的功能。这些功能包括身份识别、多因素身份认证、可视性和警报、密钥和证书管理、数据泄漏防护和加密功能等。

这些原生工具大多有助于实施零信任策略，尤其是在管理员几乎无法接触到的底层系统 SaaS 产品领域。然而，我们必须明白，在采用混合云策略时，这些工具主要是为了保障数据安全，而数据主要存储在供应商平台上。在某些情况下，混合云产品有可能提高可视性或一定程度的安全性。但一旦数据离开平台，其安全性将依赖于其他工具。此外，虽然供应商会竭力确保这些工具的稳健和可靠，但企业不能忘记深度防御策略的重要性。即使本地化工具运行正常也不能保证底层平台不出问题，从而导致组织面临更多威胁。已有众多案例显示，安全研究人员成功攻破系统，在正常服务范围之外获取了升级权限或访问权利，甚至可以切换身份成为云平台上的其他租户。因此需要增强可视性和控制手段以确保企业清楚自己数据的去向、谁正在访问这些数据以及如何使用它们。

无论选择混合、公共还是私有架构，企业都需打造强大的零信任架构，以应对并降低各种风险。为达到此目标，确保本地云控制与其功能区域与书中定义的必要功能相符是最佳之策。若发现本地控制功能存在瑕疵，则需寻找适当的外部控制来补足。网络隔离、可见性和基于身份的访问是所有云架构必备的关键元素，这需要将本地工具、第三方解决方案和协调功能融合，以无缝追踪数据访问。

4.3.5　云计算中的零信任

通过隔离来实施是零信任策略的关键方面，在考虑到云计算时也不例外。尽管公有云提供商在租户之间有隔离，或者换句话说，客户之间有隔离，但每个组织仍然需要对其在云中存储或传输的数据进行访问隔离。

从根本上说，云只是一个按需提供资源访问的托管数据中心。因此，数据安全的思考过程将与企业内部数据中心一样，即尽可能限制对数据的访问。这种数据访问必须通过与上下文相关的身份数据来控制。如果不知道数据消费者的身份，就无法正确验证他们访问数据的权利。因此，传统数据中心或园区的身份和控制必须扩展到云中。此外，还必须对用户身份进行持续评估，以确保在请求数据访问时，对上下文的任何重大变化（如访问位置、行为或授予的权限）都能够进行评估。最后，特权访问管理必须到位，以确保仅在必要时才授予用户进入云环境的高级权限，并对这种访问进行持续审计，以确保符合治理和监管要求，以便识别攻击或其他威胁。

4.4　企业

企业需通过客户互动和自动化流程完成既定任务，因此在当前社会中，网络安全已成为企业成功的关键。公司必须防止网络威胁对数据和资源的侵害，避免可能导致业务中断或敏感信息泄露的安全事件。利用零信任策略和技术，企业网络安全不仅要保护本地系统数据及其系统免受常规攻击，还应扩展到所有企业环境层面。确保整个企业环境的安全性也包括对其他途径（如 ERP 服务提供商、无线与云）获取的信息进行保护。

随着安全边界日益模糊且难以维护，公司需要明确定义并定期审查其安全边界和软件环境。这些定义有助于识别安全区域、飞地及网段，并据此设立合适的信息安全控制措施来管理风险、支持业务发展，并将这些控制手段制度化。以下是根据行业最佳实践和通用监管指南所列出的典型企业软件与服务环境。

4.5 企业服务

企业业务服务会根据公司的具体行业以及为客户、员工和合作伙伴提供支持和核心任务服务所需的后续应用程序而有所不同。通常情况下，企业内部总是可以定义和划分为以下环境。

- 开发：开发环境旨在防止应用程序出现故障和错误。在开发环境中，应用程序和数据库的开发人员会部署代码并测试新开发的服务或功能。在代码或系统变更中发现的功能错误会得到识别和修复，并通过重新部署进行进一步测试。生产环境和正式测试环境应受到保护，并与开发环境隔离。
- 测试：在测试环境中，开发人员验证应用或系统的改动，并将其部署到独立的测试环境。持续性测试直到部署成功。开发者和用户会访问这个服务器，以确保程序按设计运行。用户将执行用例功能和性能测试计划。制定这些计划是为了找出需要优化的应用或数据库功能，以达到预期效果。通过这些计划可以确定存在哪些功能缺陷（错误）或新需求，然后由开发人员解决。开发与测试过程反复进行，直至代码或流程满足质量保证（QA）要求。此外，该环境也可供非线上用户培训使用，并且可以用来对供应商提供的更新和补丁进行试验。
- 生产环境：在评估、测试和质量保证完成后，经过全面评估的代码部署、数据库更新、修补程序或系统更改将迁移到生产系统，供普通用户和客户访问。
- 面向客户和合作伙伴 / 业务内部：生产网络通常可以根据访问目的和来源进一步细分。

基本上，业务服务可分为两类：

- 面向外部客户或商业伙伴的服务。
- 对未经授权用户不可见且无法访问的服务。这类服务通常仅限公司内部或受信任的合作伙伴使用。

4.5.1 非军事区

非军事区（DMZ）是一种物理或逻辑边界网络，用于隔离局域网和不信任的网络。

DMZ 可以集中内部流量，简化流量监控和记录。DMZ 提供了一个网络隔离空间，用于控制数据通信，并将面向公众的服务与内部业务系统分开访问。常见的面向公众的服务包括以下几种。

- 远程访问：提供身份认证和授权、VPN 终端、虚拟桌面基础设施（VDI）虚拟机、跳转服务器和网络界面门户的系统，用于访问内部机密数据或系统。
- 展示环境：将经批准的受控内部业务服务和数据呈现给外部用户的系统。
- 工具 / 网关：向外部提供基于代理和中介的 IT 工具服务的系统。
- 云：可作为服务器、数据存储库和网络扩展进行管理的服务。从根本上讲，云系统和网络应采用与内部系统和网络相同的要求、原则和缓解措施。

4.5.2　通用服务

通用服务是关键的业务运营服务，与直接生产产品或提供服务无关，一般客户无法访问。这些服务可能部分或完全与其他业务网络隔离。常见服务可能包括以下几种。

- 网络 IT 服务：这些服务对业务网络的部署至关重要。包括网络基础设施建设、监控和响应、网络安全、优化和可靠性、服务器和工作站管理以及运营支持。
- 备份和恢复：这项服务通过存储业务系统、应用程序、配置以及客户和用户数据文件来保存信息。这些文件存储或备份后，可用于恢复损坏的系统或文件。虽然这种常见的业务服务对可靠运营至关重要，但应注意的是，这些存储库会成为所有公司数据的唯一来源，从而可能成为攻击者的目标。这种业务服务对于业务连续性和灾难恢复至关重要。
- 移动和远程网络服务：这些服务使员工和合作伙伴能够通过远程和移动设备访问企业的服务。提供接入服务的系统包括身份认证和授权系统、数据加解密系统、认证服务器、跳板服务，以及 VDI 和瘦客户端工作站等。攻击者常将这些支持系统视为目标，因配置错误而导致未经授权的访问是常见的攻击方式。
- 统一通信和管理：这项服务包括业务通信平台的集成软件、硬件和管理。通信平台包括 VoIP 视频会议、即时消息和电子邮件。
- 软件即服务：SaaS 支持所有按订阅付费的软件。这些软件可通过互联网访问，也可以选择下载并在企业的实体工作站上运行。一个典型的 SaaS 例子是 Office 365 和电子邮件。
- 云平台服务：这些服务将 IT 和业务服务扩展到虚拟云提供商平台，提供了动态灵活性并节约了在企业物理设施内构建相同平台所需的财务成本。

4.5.3　支付卡行业业务服务

支付卡行业数据安全标准（PCI-DSS）是由主要支付卡发卡机构——美国运通（American Express）、维萨（Visa）、万事达（Mastercard）、发现（Discover）和 JCB International 制定的

合规要求。这些标准由发卡机构强制执行，不符合这些标准可能会招致巨额罚款，甚至失去使用一个或多个发卡机构网络的权限。这种后果意味着组织必须保持警惕，确保达到标准，以防止组织遭受潜在损失。虽然零信任并不要求满足 PCI-DSS 标准，但零信任可以提供更强大的安全态势，这意味着在部署和维护零信任架构的过程中，将解决许多 PCI-DSS 的管控问题。此外，它还有助于确保随着时间的推移和威胁的增加，PCI-DSS 标准未来可能会出现更新。而这些更新要么已经被考虑到，要么更容易得到满足。目前，PCI-DSS 的许多要求都是通过不同的安全控制措施来实现的，而零信任架构将这些控制措施更清晰地整合在一起，以确保它们有效地协同工作。

4.5.4　设施服务

设施服务为企业提供支持楼宇自动化、物理安全和新兴物联网网络的服务。传统上，这些自动化网络和系统都是在孤立环境中部署的。然而，新创新和网络安全需求推动了数据融合和自动化控制集成的需求。对于保护这些系统来说，安全隔离至关重要，因为在最糟糕的情况下可能会导致人员伤害或环境事故。主要服务网络包括以下几种。

- 楼宇自动化系统（BAS）：这些服务可控制暖通空调、照明和人员输送（电梯、自动扶梯、自动人行道等）等楼宇功能。
- 实体安保与安全：这些服务提供实体安全，以保护人员、建筑物和资产。系统和服务包括楼宇门禁、视频监控、公共广播、物理入侵检测、人员陷阱、受限执法网络、应急响应网络、火灾检测和响应、内部无线电、房间正压或负压控制，以及环境危害检测。
- 物联网：物联网服务能够支持各种专业的业务需求，如园区交通、停车管理和智能楼宇等。简而言之，物联网是一个分布式事务处理系统，涵盖了监控输入、自动化控制以及状态信息输出。遗憾的是，并非所有接入商用网络的物联网系统都由 IT 部门来部署或管理。其治理和管理策略仍在不断完善中。鉴于物联网功能需求，网络安全重点主要放在互联网边缘上。从保护角度看，需要注意的是，由于物联网系统功能范围有限且内存和处理能力受限，因此对攻击的检测和防御能力也相应有限。所以我们需要通过隔离与微隔离来保护并监控这些系统，在实施隔离时还需特别考虑终端与管理平台间的通信需求，并根据通信需求进行设定。

4.5.5　大型主机服务

大型主机服务对于处理大企业的海量交易至关重要。全球 80% 的数据交易和 90% 的财务处理都依赖于大型主机。在实施"零信任"策略时，网络安全尤为重要，有几个关键要素可以确保系统服务的安全并降低风险。我们强烈建议采用以下要素。

- 隔离对于实际通信和网络安全都至关重要。大型主机协议通信网络隔离至少应包括 TCP/IP，包括为满足以下目的所需的 RDMA 支持：

基于 IP 的应用程序，包括使用 IPsec 加密的应用程序。

- 网络服务器连接。
- 互联网连接。
- 使用特定于 Unix 服务（如 rlogin、Unix telnet、rshd 服务器、SSH 和 TN3270）的管理控制台。
- SNA 协议[⊖]，需要支持：
  - 基于 SNA 的应用程序，包括使用 SNA 加密的应用程序。
  - CICS 中间件和大容量事务处理。
  - IMS 数据库和信息管理。
  - 大型机和相关系统之间的高级对等网络（APPN）通信。
- 特权访问管理（PAM）：在大型机环境中，控制本身就是至关重要的。这一要素通常包括记录特权用户会话，甚至记录这些用户会话的每个按键。
- 会话行为监控：也称为用户活动监控（UAM），该要素将监控和跟踪用户在系统和网络上的行为。该安全要素包括可监控系统使用和网络通信的工具，以查找异常活动，并对威胁事件发出警报或自动做出响应。
- 监控和响应（最好是自动的）：由于大型机可以处理大量事务，因此需要尽快识别安全威胁和事件。基于系统和网络的日志记录、日志汇总分析、监控、事件识别和报警以及自动响应都可用于满足这一安全要求。

4.5.6　遗留系统和基础设施服务

传统服务仍是业务服务的关键部分，特别在某些行业（如医疗保健、银行、石油和天然气）更为明显。从网络安全角度看，遗留系统和基础设施通常被视为能力有限，无法满足最新的安全控制需求。因此，需要采取补充性安全控制（例如网络隔离、入侵检测 / 预防系统和防火墙）来降低这些遗留系统的固有风险。当设备或操作系统不能打补丁、获得支持、加强或更新时，可能会遭遇系统限制。

4.6　总结

我们在本章中探讨了零信任架构的各个层面，包括分支机构、园区、广域网、数据中心和云。结合网络架构所支持的主要业务应用服务，我们讨论了用户案例需求。根据这些业务需求，我们可以确定何时何地应用零信任原则，并制定出相应的零信任飞地细分策略。

⊖　智能网络应用协议（Smart Network Application，SNA）是一种用于计算机网络通信的协议。它是由 IBM 在 1974 年开发的，旨在支持大型主机计算机系统之间的通信。SNA 提供了一种可靠的通信方式，可以在不同的硬件和操作系统之间进行数据传输和共享资源。

第 5 章

飞地探索与思考

本章要点：

- 网络威胁影响着所有行业和领域，因此，在整体安全基础设施中采用零信任技术将大有裨益。
- 探索了应用零信任理念的策略，并介绍了不同行业在其组织的零信任之旅中如何考虑这些特定因素。

在本书中，我们已经并将持续讨论实施零信任设计的模型；然而，每个组织都有其独特性，导致了各自架构的差异性。在本章，我们将分析一些所谓的难题或者组织和行业的独特属性，并提出了需要注意的事项。

5.1 解决业务问题

在实施"零信任隔离"时，首先需要关注的关键领域之一是业务运作所需的隔离。流程、法规、规则、法律和地理边界都会产生复杂的要求，并指导企业如何开展业务。这些要求基本上意味着企业网络和所有其他环境必须与所有其他解决方案完全分割和隔离。相对于满足应用程序和用户进行业务交互的需求，实施这种隔离通常被视为次要问题。然而，零信任策略更强调首先确保安全性，只有这样才能开展有效的业务。

在企业网络中，隔离通常是很好理解的。服务提供商清楚地知道高度细分客户群体、共享服务以及视频网络等各项需求，并且知道它们都受到访问控制列表（ACL）、虚拟路由转发表（VRF）、专用网络、软件定义广域网（SDWAN）、安全接入服务边缘（SASE）以及其他拓扑结构、技术手段和工艺流程等多元化保护机制的影响。服务提供商可以满足每条服务线的需求，并通过预设配置的产品为最终用户提供这种精细化服务。无论是从熟悉流程还是从服务划分实用性的角度来看，这种策略对于除服务提供商外的其他组织都非常有效。

为在服务提供商的业务领域实现零信任，我们需要一个健全的安全运营和网络运营中心。有时候，这些功能会被整合到一个专门的运营单元中，即"融合中心"。必须配备用于可视化解决方案的感应器，并且需要一支强大的威胁缓解团队来处理常见的分布式拒绝服务攻击。本书中描述的所有安全功能必须针对每个订阅客户实施，因为每个订阅客户的业务都是独立的。我们应制定一套标准化零信任控制措施（包括可视性、执行力、分析工具和流程），并为每个订购客户进行定制。这套控制措施可以以清单或流程图形式呈现。降低风险必须是这些零信任控制的优先考虑事项，需要将工作重点放在业务连续性计划实施和测试上。董事会或高层领导参与是服务提供商达成"零信任"的关键因素，因为很多大公司都是作为一个整体运作的。

服务提供商的核心业务单元包括企业为客户提供的服务，通常涵盖通信类服务。典型的例子包括：

- 视频传输服务。
- 视频回传服务。
- 商务通信服务。
- 微波通信服务。
- 卫星通信服务。
- 内容提供商。
- 网络内容提供商。
- 电信服务。
- 移动电话服务。
- 移动设备服务。
- 虚拟专用网络（VPN）服务。

一些服务提供商已经开始涉足基于云的服务。它们的业务模式可能已慢慢转向提供云服务，例如：

- 证书颁发服务。
- 云提供商服务。
  - 安全解决方案交付服务。
  - 基础设施交付服务。
  - 平台即服务。
  - 安全即服务。
  - 软件即服务。
  - 视频会议服务。
  - 后台服务即服务（以及对自己的服务）。

5.2　识别"皇冠上的宝石"

对于任何组织，确定关键业务功能是由哪些应用和服务所支持的至关重要，这可以保证其核心运营继续以最佳状态运行。这种理解有助于公司优化资源分配，最大限度提升整体性能和盈利能力。同时也使得公司可以预计可能影响其核心功能的潜在干扰或突发事件。

通过了解支持这些功能的流程和系统，公司可以采取积极措施来降低风险并制定应急计划。此外，了解最关键的业务功能可以帮助公司确定可以提高效率、降低成本和加强安全的领域。

这些"皇冠上的宝石"很可能是组织"零信任"之旅的最初聚焦点。请注意，在识别过程中，它们背后所依赖的优先级和驱动力可能会变化。新服务、技术、威胁及人员都会产生显著影响。例如，在能源行业我们就可以看到优先级如何改变。

信息技术（IT）与运营技术（OT）系统的合并为能源行业带来了新机遇，并在商业运作与操作问题（如发电、输电及配电）之间架设了桥梁。然而这也给 IT 和 OT 系统及实践的安全性带来了挑战。传统方法只能分别保护 IT 或 OT 系统，却无法有效地为 IT 与 OT 之间的连接提供价值和保护。

政府也在紧急行动推动零信任策略。提出了多因素身份认证（MFA）、数据加密以及消除隐式信任等具体防护措施，要求持续重新评估显式信任关系、监控并遏制威胁，同时实施其他网络安全弹性方法。在欧盟，NIS2 指令也要求进行类似的网络和信息安全改进。网络和信息安全（NIS）框架提供了针对交通、能源、健康和金融等关键领域的指导。

政府和监管机构已明确将能源部门的安全焦点转向零信任策略。这一举措会引导战略性立法和监管行动，目标是实现关键基础设施和公共事业的零信任保护。能源部门领导需要制定有效策略以满足这些需求。网络安全管理员和运营团队应提供支持，并避免各自为政或小组工作方式。本节将介绍在制定策略及执行保护措施时需要注意的要点。

能源部门可以根据发电类型来确定关注的系统优先级。保护能源发电并不仅依赖于特定的发电方式。组织必须考虑许多因素（如组织性质、地理位置、政治环境和监管要求等）来确定实施策略的优先级。以发电量作为初始指标可能是个好方法。美国能源信息管理局（EIA）在 2021 年的报告中记录了美国的发电量，如表 5-1 所示。

表 5-1 2021 年美国各发电类型发电量

发电类型	百分比	10^9kWh
化石燃料	60.8%	2504
可再生能源	20.1%	826
核电	18.9%	778

来源：美国能源信息管理局。

发电组合因组织而异，同时也是策略制定和执行中的压力所在。由于现有设施与集团成熟度的不同，监管难题使得这一过程更加复杂。因为对"零信任"策略准备不足，陈旧的控制手段导致了现代化需求优先级的提升。发电类型的增多使确定优先级过程更为复杂。减少对化石能源依赖的计划、可再生能源对环境的影响、核电厂的关闭以及每个发电行业的创新都将推动各个组织实施现代化控制的意愿和决心。

网络运营商和安全专家将缩小攻击面与提高网络资源可用性之间的平衡视为重要任务。引入新技术到敏感环境中往往会给生产网络带来挑战。随着保护信息系统免受网络攻击的压力不断增加，领导层将这些敏感环境视为优先事项。成功攻击或利用敏感和高价值目标会给企业带来巨大风险，并为攻击者提供有声望或有利可图的目标。政治、公共和安全环境都会使"零信任"决策变得复杂，在规划能源行业零信任策略时，必须考虑这些因素。

在制定架构策略时，框架和监管机构提供了丰富的有价值的信息资源。美国国家标准与技术研究院（NIST）的 800-53 号文件（"安全和隐私控制"）、800-161 号文件（"供应链风险管理"）、800-171 号文件（"保护受控未分类信息"）、800-213A 号文件（"物联网安全"），以及联邦能源监管委员会（FERC）和北美电力可靠性公司（NERC）提供的特定规定，都为美国能源部门提供了包括网络安全在内的指导和规定。每个国家或地区都有自己的一套规定，如欧盟和欧盟网络安全局（ENISA）。电网安全关系到全球范围内的社会稳定性和安全性。对于公司、政府和消费者来说，这其中的利害关系十分重大。

5.3　识别和保护共享飞地

在大多数情况下，商业服务严重依赖于多个飞地。有许多时候，服务甚至是在不同实体间共享的。我们需要谨慎处理这些飞地以维护与合作伙伴的关系。在一个组织视为优先事项在另一组织中可能并非是首要考虑。"零信任"原则也适用于与其他组织共享的飞地。当服务或飞地被共享时，政府机构和私营企业之间交集的复杂性才真正展现出来。

公共部门包括全部或部分由市、县、教区、州或国家政府资助，并与政府控制项目或服务相关联的实体和行业。美国公共部门通常可分为以下三类。

- 核心政府机构和部门：包括国家、州或地方各级的行政、立法和司法部门。
- 提供公共项目、商品和服务的机构：主要包括国防、执法、公共工程、交通、应急服务、公共教育、退伍军人事务和社会供应。
- 公共企业和非营利组织：包括独立于政府的商品和服务机构，政府是这些机构的主要股东，但可能有其他收入和资金来源。例如美国邮政局。

在所有这些实体和机构中，各类信息包括公共、私有、个人、受限制、管控及保密数据，以及支撑公共服务的应用程序和系统。无论是故意还是无意间，只要这些公共部门的服务减少或中断甚至丢失，都会直接导致公共服务的损失。根据这些服务的重要性，此类损失可能影响到健康、安全、社会计划和生活水平。

在数据安全方面，公共部门被赋予了保护所有基础服务关键数据的责任。所需的防护措施、分类和限制可能与企业策略不符甚至相反。在共享飞地内采取这样的措施更像是一种必须而非选择。而在非共享飞地中满足这些要求，会比从零开始具有优势。

对于公共部门来说，攻击者最终可能攻击非政府系统。他们发起攻击造成的附带伤害也将影响每个飞地使用的管理手段。新出现的攻击方式和途径必然会影响组织内部提供的服务和交互过程。包括政府实体在内的组织需要确保自身免受这些攻击者侵害。其中一些具体示例如下。

- 网络罪犯：相较于其他，网络罪犯往往更有组织性、更大胆地攻击公共部门实体。由于可能会面临政府层面的识别、追查和起诉等事件，这对网络罪犯来说风险更大。这些网络罪犯通常出于金钱利益而窃取数据。
- 网络激进分子：也称黑客行动主义者，通常指那些得到社会或政治支持而进行攻击的团伙。某些行业或特定公司都可能成为他们的攻击目标。他们攻击的常用手段是窃取或曝光保密数据 / 信息。

随着这些威胁者的能力和恶意意图日益增强并组织化，零信任原则在保护关键信息以及最小化未经授权访问的影响方面发挥了重要作用。今天的非传统访问模式——包括由云计算、灵活工作方式、新兴边缘环境导致的攻击面扩大——使得聚焦于安全的隔离成为首要任务。推动这个隔离优先级的重点在于整个公共部门攻击面的可视性和基于身份的访问管理。

国际公共部门实体、代理机构和组织及其服务可能各异，因此监管和网络安全需求也不同。举例来说，只需对比一下一个国家的政府结构与联邦政府的结构，就能看出其中的差异。有些国家政府将所有公共服务集中提供，而不像美国联邦政府那样与州或市等下级实体共担责任。每个国家都可能有自己定义的类似规定，并且这些规定可能更加严格或宽松。

此外，一些公共部门实体需要进行跨国运营。在这种情况下，某个国家会将部分防务或经济管理责任转交给跨国中央机构。欧洲联盟（EU）、北大西洋公约组织（NATO）和国际刑警组织（INTERPOL）就是这样的例子。因此，对其公共服务信息也有相应的规定要求。

- 北约全面网络防御策略：北约全面网络防御策略定义了基于国际法和成员能力的集体网络防御。
- 一般数据保护条例（GDPR）合规：GDPR 主要关注欧盟公民的信息和隐私保护。

在前面提到的所有公共部门类别中，有许多实体、代理机构、组织和行业可以应用零信任保护方法和技术。在这种情况下，同样的目标、要求和规定适用于前面提到的所有公共部门实体类别。

5.3.1　隔离策略制定

一旦设计集成了潜在的执行工具，收集了身份和漏洞数据，最重要的工作就是绘制代表唯一连接的流量图，并定义终端组与传统实体中的结构如何交互，这将是最大的开销。尽管单个工具可以通过支持互操作性来完成此任务，但企业可能会使用各种解决方案（例如 Cisco Secure Network Analytics）对来自不同来源的 NetFlow 数据进行分组，以便将对象标记到适当的网络隔离中，并启动策略执行。

建议组织采用一种解决方案，能够自动化并协调企业内部和云环境中的网络安全策略管理。无论是身份管理系统、数据中心、云服务提供商、园区、远程办公室、子公司还是服务提供商，在所有不同执行点上管理和协调政策都能对组织和团队产生巨大影响，因为它可以简化管理并统一支持任何组织所需解决方案之间的政策。

除了用于分类对象到网络隔离和统一执行策略外，如果开发人员能够构建处理来自不同来源数据的解决方案，也有助于了解实施时可能需要哪些执行机制。将收集到的各个角度信息关联起来的能力极其重要。

建立这种细分策略的最有效的逻辑如下。

- 利用网络访问控制系统消耗数据并在流量日志中识别已知身份：如前所述，利用身份来确定实体如何交互是网络访问控制设备为数据收集提供的最大优势。动态分配地址可能会跨越介质且寿命短暂，而身份识别则有助于了解实体如何穿越网络。
- 利用域名系统（DNS）查询潜在身份，包括本地 DNS 服务器和公开可访问的 DNS 服务器：通常情况下，与内部或外部资源交互的实体都已注册在域名系统中。因此我们可以轻松获取和提供身份信息，并且无须记住终端地址。如果满足这种情况并能纳入数据，则可以获得额外背景信息以理解与之交互内容，尤其是防火墙日志和外部网络。
- 对于无法明确分配身份的实体，类似 IP 地址管理系统等方案可帮助确认是否为设备分配了静态地址。假定设备未运行向网络提供身份以获取访问权限的客户端，则可能需要根据历史信息或组织内部知识甚至单一业务部门的知识来识别设备。虽然在零信任过程中需要额外流程来满足这种需求，如联系所有者进行验证并补充信息以更好地识别实体，但这将有助于减少未知设备数量（基于组织内已有信息）。
- 创建一个已知终端的数据库，该数据库能够随新终端群体的发现而实时更新。可以利用自动化发现方案来建立这个已知终端数据库，并通过配置管理数据库、IPAM、资产管理数据库或 IP 分类模式将信息关联到已有数据中。尽管这并非最优雅的解决办法，但许多组织仍会在选定工具内创建此类数据库，作为与 IP 地址管理系统相似的资源，并持续更新以记录确认和疑似的终端。另外，该系统还可储存详尽的终端信息，如 IP 地址、静态或动态分配方式、MAC 地址、VRF 表成员身份、详述网络接口及协议需求、位置、所有者以及网络接入设备属性（例如网络设备名称、地址、接口和物理介质）。

处理每个来源信息的目的是建立一个终极的信息源：利用自动和可重复的流程建立一个已知终端的数据库。这个已知终端及其通信数据库包括每个实体的身份信息，然后根据定义的策略执行模型，将实体划分为逻辑分组。

在"零信任"过程中需要注意的是，用于创建此执行策略的数据应通过 NAC、态势、

XDR 和其他行为系统提供的持续信任更新来不断增强。这些系统会持续监控用户、资产和流量模式，以了解正常数据模式并识别异常。当检测到异常情况时，可利用集成功能将结果从一个系统传递到另一个系统，从而应用策略来发出警报、对特定用户或资产执行缓解和强制措施，或者在更极端的情况下，限制许多用户访问数据，以缓解更大的威胁。

所有这些数据都将为执行策略中的具体配置详情提供信息，并通过分析支柱进行持续分析和反馈。NetFlow 和基线行为数据与记录在案的组织策略相结合，构成了执行隔离策略的基础。允许数据访问的条件应包括身份的当前方面，还应包括基于各种发现机制所收集的用户或资产数据。结合这两方面，可以确保只有符合新强制性隔离策略要求且需要访问数据的人才能获得权限。重要的是，由于新的安全控制会持续监测和评估身份支柱（包括用户、资产和数据流），任何被视为不适宜或风险过高的变动都将触发对授予访问级别的修改。这种调整可能微小到只需要额外一个身份认证因素，也可能极端到完全隔离网络，并且每个组织和数据类型可能有不同的处理方式。

5.3.2 隔离策略的建模与测试

一旦制定了执行策略，就必须进行实际测试，确保没有遗漏任何细节，并且所有的访问和由于信任状态变化而产生的限制都能被检测并适当处理。如果有测试环境，建议在此环境中进行建模和测试。然而，在很多情况下，由于零信任隔离解决方案的规模和复杂性，可能需要通过生产环境（使用强制隔离解决方案构建）来路由测试数据，甚至将生产数据和工作负载纳入测试过程中。在这种情况下，选择合适的测试用例显得尤为重要。为此，我们需要评估选定工作负载、数据集及身份对结果的影响，并全面理解业务所面临的风险。

关键是要明白如何控制进出强制隔离控制区域的数据，以确保只影响测试用例的必需组件，并最大程度地减少无法访问或丢失数据的风险。在构造测试用例时，请从一开始就确定并包括所有利益相关者：应用程序所有者、数据所有者、用户、支持团队、工程团队以及主要领导层等。在这个过程中，领导层需要扮演主持人的角色，倾听所有问题和风险，帮助推动对话，并最终批准测试用例或决定使用其他应用程序或数据集进行测试。

选择了应用程序或数据集后，我们需要根据制定的策略记录预期结果，并设计方法来针对每种情况进行测试。这个步骤包括正常访问预期结果以及可能影响用户或资产信任度的行为、身份认证状态和其他变量的变化等，以确保各种控制措施都能检测到这些变化并做出适当反应。例如，在一个测试场景中，用户已经通过身份认证并获得访问数据库的权限，但关键流程却意外停止。在这种情况下，情报系统应该能够在规定时间内检测到此类事件，并通知 NAC 解决方案以降低风险或撤销对数据的访问权限。虽然不可能对每一种情形都进行测试，但结果是最重要的，在这一阶段需要回答的问题是，状态改变是否被正确识别为信任级别的改变？整体解决方案是否执行了必要的响应操作？

5.4　让模糊的边界重新聚焦

定义飞地，以及功能、设备和服务之间的界限，这些初期都有明确的规定。然而随着发现和上线工作的持续进行，这些清晰的边界将逐步变得模糊。一旦出现不确定性因素，必须立即解决。医疗保健行业中的"飞地"尤其多变。医疗服务提供方式、记录存储方式、设备互联方式以及其他医疗领域内的改变都会对已有定义构成挑战。

随着时间的推移，物联网设备在所有医疗器械中所占比例日益增大。这些设备对于医疗保健行业至关重要，但也是该行业最大漏洞之一。例如输液泵存在众多已知漏洞，包括允许攻击者远程控制设备等。由于各类操作人员需要访问医疗设备和终端，这给安全防护带来了巨大挑战。很多情况下需快速且无误地访问医疗环境才能有效运作。当使用徽章或智能卡等实体令牌作为凭证或采用共享身份认证方法时就可能会产生问题。

医院拥有这些关键的医疗设备以及由其产生的大量数据。医保系统是个人健康信息和身份数据的重要存储库。对访问数据用户进行适当认证和授权远超出了简单的用户名和密码，还需根据请求的数据及其访问方式来验证用户身份。全面实施零信任策略必须考虑到交易中涉及的各类数据、设备、用户、应用程序以及位置等因素。网络访问控制、特征分析、多因素身份认证以及身份识别构成了实现零信任所需的基础框架。

上述每种情况都包含一个或多个原本界限分明的飞地之间的过渡。当这些界限变得过于模糊时，就需要重新定义、划分、合并或消除"飞地"。在最初创建和审查"飞地"以及在组织内部提供服务时，应采用持续改进的做法。零信任不仅需要网络隔离，还需要在隔离后重建网络。这种重建还包括跨实体业务的顺利运行。

保护患者及其数据的工作不仅仅局限于医院和医生办公室。在与患者直接交流时，临床角色是首要关注点。临床职责涉及病人的治疗和护理。临床角色包括医生、护士、技师、治疗师、药剂师等。零信任策略应包括这些提供者之间的互动，并只提供与之相关的数据访问。安全与患者护理之间的互动在这里显得尤为突出，但这并不是医疗保健中唯一需要考虑的地方。

策略必须遵守相关法律法规，如美国 HIPAA 和欧盟 GDPR。这些法律适用于临床环境以及医疗系统中非临床互动场景。非临床互动包括计费、管理、营销等。医药代表的例子说明了非临床关系如何影响临床决策。医药代表可以获取与患者数据相关的处方模式和反馈信息，这给行业和患者护理带来了正负两方面的影响。服务提供者和组织的策略必须考虑内部政策和公共法规如何监管患者数据在临床及非临床场景中的使用。

企业无法了解网络中的每个设备。同样，也无法全知所有数据记录和存储库。"零信任"方法在策略上看重功能而非身份，在执行时将利用身份来确定功能作为一种战术行动。如果要求架构师在策略规划初期就全知每个设备及其用途，则该任务难以完成。将环境的宏观隔离情况与功能和策略方向相结合，可以阐明政策和设计的层次结构。与最初设计相关的偏差要么属于某个已定义分支，要么需创建新分支。进行功能定义时，管理员应考虑将环境划分为五到七个环境段。有了功能定义后，便能根据映射结果制定数据处理策略。基于各种因素（包括身份、用例、策略等）的组合形成层次结构，并随时间推移在更广泛隔离中创建子隔离。

5.4.1　监测网络隔离定义

如果在测试环境中完成了测试，那么需要在测试成功后将配置迁移到生产环境，并进行监控，以确保其操作与测试环境一致。即使已经运行于生产环境，也建议花费一些时间监控最初的几个用例。即使所有利益相关者都参与其中，现代业务系统也可能仍有未被理解或知晓的使用案例。这可能是用户以意想不到方式交互、团队间存在信息孤岛，或工作负载规模和复杂性导致了某团队无法全面理解系统功能和复杂性。所以建议延长运行时间以收集更多数据，确保用户在执行业务功能时不受负面影响。

此期间，运营和支持人员需意识到用户的问题可能与隔离方案测试有关，并向相关团队报告进行调查和处理。然而，完全删除或绕过实体连接端口或会话执行可能是运营团队采取的最糟糕方案之一。虽然这种方法可以使用户或应用程序快速恢复网络访问权，在很多情况下被视为一种变通办法，但它不能主动排除故障并确定哪些执行策略阻碍了实体访问。

重要的是要确定一个明确的监控期，在此监控期结束后，接受解决方案并进行下一个测试案例。对于实施零信任隔离这样的重大变革，强烈建议评估不同环境中的多个系统。投入更多时间在测试阶段，生产时的结果就会更好。测试和评估阶段提供了灵活性，因为其影响可以被限制并快速消除。测试应至少包括每个网段的一个应用程序，越多越好。只有完成了测试且达到可接受程度后，企业才能考虑在生产中部署解决方案。

5.4.2　减少安全漏洞以克服运营挑战

当业务转折点对组织产生影响时，我们需要重新审视和调整流程与策略，这在架构、程序和操作上都是一项挑战。任何对流程的迭代改进都应触发对其的再评估，以汲取并应用经验教训。通过反复反馈并参考零信任架构中其他支柱的成果，可以确保策略持续适应环境变化。反馈过程依赖于组织能够识别并要求受影响方提供相关经验教训。在优化流程反馈时，应避免采取可能限制组织灵活性的一刀切或过于严格的措施。

以下是对现有策略进行反馈和改进的例子：

- 通过漏洞管理和流量发现过程确定的丢失或未使用的通信渠道。
- 策略和组织权力动态干扰了策略与治理支柱所规定策略的正常运作。
- 在执行支柱中应用的新的或修改过的控制措施或功能可能对业务正常运作产生负面影响。
- 通过分析和漏洞管理支柱进行操作和策略测试，发现攻击面。
- 策略与治理支柱的供应和上线策略存在缺陷。

5.5　纳入新的服务和飞地

如前所述，模糊或不断变化的飞地会带来诸多挑战。当需要使用整个网络段、飞地、网络或新服务时，可能会出现什么情况？在组织发展过程中，这些问题以各种形式显现。许多组织常对新网段进行全面改造，但这种做法往往被证明是轻率且不实际的。金融服务行业就是一个典型例子。

金融服务行业面临着众多特有的零信任挑战。大部分金融机构都会定期进行合并和收购活动，导致在推出新服务和快速响应商机方面存在差异性。传统结构阻碍了现代方法的采用，因为担心会损害核心业务功能。因此，金融服务领域的关键重点是为新业务制定完善的流程，并在"新"业务部门完成全面评估（包括笔试和威胁检测）之前将相关流量隔离。

除了金融服务机构本身繁重的监管任务外，每个独立的业务线（LOB）也提出了额外监管要求。将这些业务线流量分开可以减少攻击和威胁面。在合并或业务转型期间，关注这一要求将有助于提升安全防护水平。前面阐述的金融服务行业的策略可以调整，以适应更广泛的上线和分析工具。

5.5.1　入网：合并活动的挑战

在现今社会，企业并购活动日益频繁。这个过程中，企业需要面对由此带来的各种挑战，如法律、组织结构、财务、技术和伦理等问题。每一项挑战都需在并购前后进行尽职调查。安全问题的复杂性威胁着整个流程及所有参与者。特别是在并购期间，设备、用户、网络、应用程序等几乎所有方面都要纳入新组织，并且难度和复杂性呈指数级增长，而解决方案并不容易找到。然而，并购为企业提供了评估和修改当前隔离策略的机会，以满足原有和被收购企业的需求。即使已经实施零信任策略，也可能需要从基线重新开始设置，因为新身份需要处理大量的数据。但通过设计功能以优化数据收集的方式可以缓解合并带来的潜在风险。如果能有效地分布式保护网络中所有可能访问数据实体的位置，则可针对被收购公司访问数据的领域采取额外措施，同时仍允许适当范围内的访问，以降低风险。

并购活动涉及组织架构的重塑，这会带来三大风险。首先，参与方可能会失去团队关键成员；其次，并购后的环境将推动新的创新和经营方式，从而产生未知的流程、部门和策略；最后，在重组之外还有自然人员流失浪潮。考虑到这些风险及威胁，保护企业各个层面以及相关利益方显得尤为重要。

当组织的流程和文化滞后于各专业领域快速变化的形势时，组织债务就会积累更多。随着这种差距不断扩大，效率低下问题也会越来越严重，最终可能演变为风险和威胁，对组织产生深远影响。并购行为将所有相关组织的债务集中在一起，在此过程中必然需要做出某些牺牲以实现业务目标，而这些牺牲往往会加剧组织债务，并进一步增加潜在风险。

因此网络安全团队必须做好充分准备，在这个充满不确定性的时代保护组织，并制定相应策略以尽可能减少运营债务。

如果并购企业在"零信任"道路上走得比被收购企业更远，则它有责任利用其可用的分析工具和功能评估合并行为如何影响现有的组织债务。传统网络设备、用户设备、连接终端、应用程序及数据等方面存在的问题都将对并购后的公司造成影响，并使其面临超出原先预期的风险。因此，无论是收购方还是被收购方都需要对解决组织债务和尽可能降低风险的时间表进行讨论并达成共识。

随着网络、应用程序、系统和流程不断合并、出现或消失，IT 团队所面临的技术债务也在增加。当任务速度的优先级超过了任务质量时，就会积累更多技术债务。遗憾的是，"零信任"的策略与治理支柱无法阻止这种情况发生，因为有些组织文化允许项目提前结束或"快速推进"，以满足特定日期而非质量指标。我们建议组织应花费必要时间来完成每个支柱，并达到规定的能力衡量标准，而不仅仅关注最后期限。零信任之旅中一个重要环节就是制定里程碑地图，明确每个支柱目标，在地点和业务其他方面相互参照并显示随着时间推移而获得的小胜利，并持续取得成功而非一蹴而就。这种方法同样适用于并购行为。虽然整体合并至收购公司很重要，但通过设立小里程碑展示零信任历程将如何实施，可以赢得关键发起人的支持，并向领导层展示零信任计划的成功。

当企业在探索零信任模式时，预计 IT 部门会出现新的技能缺口，而且如果不加以关注，现有技能差距也会扩大。尽管这些企业对网络中的终端和实体有深入理解，但对新加入的运营人员来说，在已识别和确认的实体上执行零信任策略无疑是一项挑战。利用本章中所述的功能设计来描述实体接入网络流程，不仅为具备相应技能的组织进行故障排查提供了起点，同时也为组织学习新技术提供了指南。并购活动带来的技术及组织负债需要以某种方式偿还。随着业务面临的威胁和风险逐渐显露，技术负债成本也开始增长。减少科技负债需要领导力，并可能需要高额预算投入。如果不削减技术负债，则企业将很容易受到攻击并付出代价。无论损失以数据泄漏、声誉下滑、监管强化，还是合规成本的形式呈现，都将反映在资产负债表上。

没有任何资料能全面罗列出所有并购活动的风险。因此，每个支柱之间必须相互分享反馈，以尽可能降低风险，并揭示各项需求。除了进行尽职调查外，合理利用每个支柱是识别和应对威胁及攻击的最佳方法。在整个并购过程中，组织需要考虑以下几点。

- 组织是否有明确策略且了解其使用场景？或者只是形式上执行身份发现、漏洞管理和实施？
- 两家公司是否都遵守自己政策与治理体系中的规定？或者是依赖监管政策来弥补未遵守批准政策的情况？
- 根据系统和技术支持内容以及监管要求，可以采取哪些强制性措施？
- 两家公司网络安全设备是否相同？政策和执行机制能否同时适用于这两套设备？
- 在流程最后阶段，存在哪些与政策、实体发现和访问权限相关的供应商要求？

- 近期内这两家公司是否都经历过安全事件?
- 竞争性质的策略、流程和程序是否会导致无法解决的冲突?
- 继续运营是否需要现有和新的认证? 这些认证是否符合当前政策和执行机制?
- 数据在跨设施迁移时如何保护?

5.5.2　入网: 独立采购决策的挑战

零信任计划的成功与否取决于组织通过"策略与治理"这一支柱来制定和执行策略的能力。保护组织策略不变的基础源于识别、分类和优化新设备的能力,并确保它们在接入网络时符合公司政策。这些政策包括在已知设备部署到网络之前进行配置、检测并修复未知终端、以自动化或最小成本方式运行网络设备,以及对违反已有和既定政策的网络元素进行识别和调查。引入新设备的决定可以集中也可以分散。覆盖这些操作的流程和程序需要规划独立采购决策。

作为"策略与治理"支柱中的一部分,采购决策应重视终端和网络元件的集中采购,以确保遵循既定模式。独立采购为接入和配置团队创建了两种场景。第一种场景虽然无趣但仍属于策略范围内。"零信任"方法下,难以发现或被归类为"影子 IT"操作流程的设备会阻碍了解网络上存在哪些终端及其潜在漏洞。预算应该与业务部门保持一致,支持高级连接案例,减轻网络负担,并确保所有业务部门都能得到符合其特殊需求和预算的支持。

第二种场景涉及技术和政治问题。组织必须对大量订单时可能出现的情况做好准备:组织关心的是何时而非网络是否能为这些订单做好准备。不幸的是,如果流程过多影响盈利导致无法运营,则流程将会改变。这通常是消极的。甚至可能在设备购买并部署后才发现问题。需要制定明确策略来购买设备,确保从单一平台或应用中采购,并按照组织标准上线启用。这样可以使设备与网络上其他设备一致,并便于识别管理。无论额外采购带来多少预算压力,灵活采购方式至少可以最小化调整所需设备的成本,以确定身份和评估漏洞。

5.5.3　规划新设备入网

随着新设备接入网络,获得一致且合理的设备访问流程是确保能够维护零信任架构的关键。第一步是识别独立采购的设备,在其接入网络前获得批准,以确保设备在预定安全级别下运行。这些级别由组织的零信任策略定义。如果有偏离全局策略所规定的安全级别,则需进行架构审查。同时,采购过程中确定的可见性和执行机制也应符合组织标准。对于缺失的控制和功能,需要在后续步骤之前修复。

第二步是获取与采购清单匹配的配置和构建设备。此阶段需要获取所有材料清单以确定测试内容,并记录技能差距、功能差距、交互方式或新设备引起的当前标准的变化等信息。测试计划旨在记录评估的设备运行模式及行为以创建适当策略,并包括团队评估新设备所需的全部内容。缺少任何确定的先决条件则视为失败。

最后一步是创建并应用策略,该程序定义了每条策略存放位置及决策时使用的测试或文档属性。只有解决了可见性、身份、上下文和执行等问题,策略才能被接受。在最终签署前,还需在预生产和生产环境中进行操作测试。确定的策略应包括任何预配置内容。

5.6   在飞地中使用自动化

企业关注自动化以降低复杂性并提升生产力。通过为常见问题提供无接触式解决方案,自动化可以减轻行政人员和终端用户的负担。零信任的自动化和集成有助于降低成本。零信任架构会不断评估信任度,而非一次性或默认信任,这增强了安全性,并降低了因更新、更复杂攻击带来的风险。例如中间人硬件攻击及旨在绕过网络访问控制系统的攻击等,在零售环境中尤其常见。这些攻击类型曾出现过且难以确定原因和范围。由于零信任架构重视可见性,因此通过使用网络行为分析等手段可以缩短识别和解决此类攻击所需的时间。最重要的是,自动化可以帮助企业检测网络行为平台,并对其他安全控制进行自动调整,如修改防火墙规则防止数据泄露或更新 DNS 安全设置阻止已识别的可疑域名解析。

为成功实施零信任架构并满足分散组织的需求,需要建立并持续优化策略与文档体系。这些策略和文档是组织证明其符合各项标准和法规的重要依据,如 PCI-DSS 的 "合规报告"(ROC),需每年编制并提交以保持良好状态。对大型企业而言,发现和记录 ROC 可能需要数百名员工投入数千小时劳动来完成。而拥有高精度数据可以减轻此负担并降低报告成本。同时,通过缓解违规风险、缩短处理违规事件时间也能节约预期成本。

5.7   关于飞地实体的考虑因素

联网设备的快速增长和系统服务的数字化为各行业 IT 部门带来了新挑战。组织对用户和设备访问的控制营造了一种虚假安全感,而移动化和数字化则改变了控制重点。业务目标推动了客户要求随时随地获取数据和服务。这些需求引发的不断变化的安全问题给实施零信任策略及框架的团队带来了巨大压力,而这些策略与框架正是应对此类挑战所需。

物流行业在物理和数字领域都面临独特的安全挑战。供应链仍是攻击者最易利用以获得最大收益的目标。可视性是从物理到数字的角度保证供应链安全的关键因素。能够检测并防止未经授权的访问的是物流系统安全能力的体现。保护供应链的可见性可通过物理监控、数字追踪、运输规划等实现,但这也是把双刃剑,可见性也为攻击者提供了相关信息。最小权限原则有效地描述了确保对这种可见性安全访问的最佳方法。

在供应链中有多种工具可以使用。例如无人机可勘察物流中心或运送包裹;冲击 / 振动传感器提供可视性,确定商品处理方式,并防止不当操作;装运跟踪通知使消费者对包裹交付充满信心，并可以在第三方接手前取回包裹；只有经过授权人员才能访问系统，这也是保护供应链的一种方式。以上只是实体安全和服务实体性在"飞地"中发挥作用的几个例子。设施、楼宇自动化系统、安全系统和物理访问控制可能需要有自己的飞地，或被整合到其他功能中。

5.8　总结

无论哪个行业，都应遵循零信任的五大核心支柱，以降低安全威胁。网络威胁影响着所有行业和领域，因此在整体安全设施中实施"零信任"将带来巨大益处。本章我们介绍了如何策略性地运用零信任概念，并探索了不同行业如何在其组织的零信任之旅中应用这些特定考量因素。

参考文献

- The White House, "Executive Order on Improving the Nation's Cybersecurity," May 12, 2021, www.whitehouse.gov/briefing-room/presidential-actions/2021/05/12/executive-order-on-improving-the-nations-cybersecurity/

第 6 章

隔 离

本章要点：

- OSI 模型通常用于描述网络堆栈内发现和执行机制的应用。本章提供了 OSI 模型的简要概述。
- 隔离可以采取多种形式，通常是一个分层执行模型。无论是上层隔离模型还是以网络为中心的隔离模型，都有助于实现组织的隔离目标。
- 隔离可以采用"南北"或"东西"方式进行。确定哪种方式最适合一个组织，取决于与该组织或业务部门在隔离过程中需要回答的三个关键问题。
- 隔离可应用于整个网络功能，并应以分层的方式开展，以便可以广泛地防止各种攻击手段。
- 本章还将简要介绍在理想情况下的操作方法。

隔离是围绕上下文身份定义并实施边界的过程，通常由用户、设备和数据共同构成。这些边界可能在建立时具有物理性或逻辑性，并通过不同手段达到限制流量目标，且只允许必要流量通过。随着勒索软件及其他恶意软件增加，近十年来安全市场对隔离越来越重视。虽然传统网络已经在一定程度上实现了隔离（如 VLAN、交换机碰撞域隔离等），但这些解决方案并未有效地防止威胁传播。本章将探讨成熟环境中常见的隔离形式、为何改变困难，以及重新考虑隔离设计和应用的优点。

6.1 OSI 模型的简要概述

在本书中，我们将通过引用开放系统互联（OSI）模型来阐述不同的隔离模型和各自的需求。对于不熟悉 OSI 模型的读者，我们提供了简洁的解释；但是，你可以在思科认证网络助理（CCNA）官方课程中找到对网络概念和基础主题更深入的探讨。

OSI 模型是一种标准化方法，描述了设备间如何经过一系列层或步骤进行通信。人们常利用 OSI 模型各层来描绘网络概念，如地址、端口、协议、应用和媒介等。这已扩展至涉及组织挑战——实现特定结果所需的政治与资金问题，在 OSI 模型中被视为第 8 层和第 9 层扩展。严格说来，OSI 模型有七个层次（如图 6-1 所示），描述了设备间的交互，交互方式可从上至下或从下至上，具体取决于通信方向是指向设备还是源自设备。在接下来描述该模型的示例中，我们专注于自上而下的方式，并在讲解隔离技术时使用该模型底部的各层。

图 6-1　OSI 模型

在从特定终端传输数据时，首先需要某个应用程序来触发这一传输。该应用程序位于 OSI 模型的最顶层，即应用层（第七层），并且需要向另一个终端发送请求流量。网络浏览器等应用程序会根据功能需求定期执行此操作。

必须有一种应用程序可以理解的标准格式。超文本传输协议（HTTP）是一种基于标签、人类可读的语言模型，运行在 OSI 模型的第六层——表现层上。HTTP 旨在创建一种标准化的图形、文本和模型展示方式，不仅可以由网络浏览器解析，也可以在任何能读取和显示 HTTP 页面的应用程序之间进行交换，并能以相同的方式呈现。

为了交换 HTTP 信息，必须有一个标准方法来确保目标机器能接收并解析源站发送的信息。首先要建立会话，在交换数据前达成共识，并确认对方已经开始并完成了数据发送或接收过程。所有这些都发生在第五层——会话层。

在设备间通信时，如源端口和目标端口等通信属性的协议或集合都包含在第四层，即传输层。可以把端口视为通向办公室的门，而这些办公室就是应用程序。应用程序可能会从多个来源接收消息，并允许同时发送多条消息到各自的应用程序中，此处门作为访问办公室（即应用程序资源）的通道。因此，这些端口成了一个潜在点，在那里可以执行措施以确保只有特定源端口或同一走廊内的门被允许与应用进行交流。

　　要实现终端间通信，需要有标识属性来精确表示源想要通信的目标地点。在第三层或网络层中，IP 地址等属性能够识别设备，并允许在整个网络中两个终端之间进行通信时普遍使用。走廊中充满了需要相互通信的应用程序，并且可能分布在不同楼层。IP 地址不仅能确定哪一楼有你要找寻的门，还能确定具体建筑物和园区的位置。这就是 OSI 模型中数据包路由存在的地方，其中 IP 地址作为一种识别机制，通过网关和路径选择机制在网络中找到目的地。

　　然而，在本地网络中，几乎不需要使用 IP 地址，因为 IP 的主要作用是在跨网络的广域网内进行通信，并保持身份标识。数据链路层既是本地标识，有时也被划分为虚拟局域网（VLAN），并通过媒体访问控制（MAC）地址进行标识。这些 MAC 地址用于 VLAN 内部通信，就像走廊里的人都知道 1296 号办公室是 Betty 的办公室一样。数据链路层还决定了两个终端如何跨物理介质进行通信，类似前面示例中的"道路规则"，即应始终靠右行驶以防止碰撞。第二层实现了同一路由域内设备间的互联，并无须穿越网关或路径选择设备即可到达目的地。

　　最后，物理层或第一层指设备之间通过电缆、线路和无线媒介进行交互。这就好比走廊本身；在网络世界中，则对应以太网、光纤或无线媒介等方式发送电子信号来传输二进制形式的数据。

　　更多关于 OSI 模型各层及其相互作用信息，请参阅 Wendell Odom 的《CCNA 200-301 官方认证指南》，可通过思科出版社获取。

6.2　上层隔离模型

　　应用的隔离通常是为了满足组织的需求，但从网络角度来看更多地是在模型的不同层级运行隔离。这个功能可以理解为在不同的层级限制或执行通信，通过某种方式阻断通信，以实现隔离目标。尽管本章主要讨论网络隔离方法，但也认识到在 OSI 模型的每一层都需要进行隔离。例如，在国防和制造业等领域，常通过使用不同物理电缆和电缆颜色来划分区域，避免设备间互动。虽然本节重点是第二、三和四层的隔离，但后面会提供与 OSI 模型对齐的全面隔离模型的概述。

　　在单台机器上进行应用程序隔离能够防止应用之间的相互通信或仅在特定情况下允许其通信。一个例子是使用容器（如 Docker）将应用程序功能和数据处理独立出来，并非依赖公共资源库。尽管大部分应用需要获取它们所运行主机上的库和资源（如内存、存储），但其依赖的数据处理可划分为独立且无交集的功能。我们需要明确定义与其他容器或程序进行访问、处理及交互时的功能和行为。这种依赖性使应用层对其他层有所依赖，每一层都有自己的隔离设计需求，但需要明确，任何可能伤害或阻止其他程序正常运行的功能都应被避免。

　　与应用层隔离类似，表示层隔离保证了通用模型（即应用程序消费和交互）与可能注入或改变其交互方式及最终用户数据呈现方式的资源分开。在一篇相关文献中，Patrick Lloyd 描述了 IP 语音系统中"中间人"攻击类型：通过篡改通信属性，在会话启动时嵌入信息，并在目标地点和接收者之间传递。此类修改也可以阻止通信或改变应用程序消费信息交换的方式，从而偏离了常规的交换信息的解释方式（见本章末参考文献）。为防止该层受到攻击，组织可以使用校验码验证整个消息供应用程序消费，或利用专门加密通道进行安全数据交换。

同样，会话层保证源端和目标端数据以结构化形式进行交换——包括段顺序、重传机制及控制通道等。因此相关隔离机制将确保存在一个专门控制通道供应用程序在交互时使用，并可通过某种身份认证方式进行确认，以保证数据发送者和发送顺序与已知模式、协议或方法论相符。这种隔离机制需要在应用程序或传输机制的源代码中实施，确保应用间通信是预期的、被记录的，并在其通信方法论中得到验证。

6.3　常见的以网络为中心的隔离模型

无论是云、有线、无线还是 VPN，第四层隔离都非常普遍，并且在网络历史中一直与第三层隔离方法并用。OSI 模型的传输层主要关注交换方式。这里的典型例子就是所使用的协议——通常为 Internet 协议（IP）、用户数据报协议（UDP）、传输控制协议（TCP）或大部分企业网络采用的 Internet 控制消息协议（ICMP）。对于大多数执行机制和模型，包括防火墙隔离、访问控制列表（ACL）、云安全组甚至安全组标签模型，可以引用协议或第四层传输机制本身作为控制手段。将访问控制列表、云安全组和防火墙组合起来，因为它们都可以视为具备额外处理功能的访问控制列表，其主要目标是根据协议允许或拒绝从源到目标的流量。例如基于 IP 或基于身份的 ACL，见示例 6-1。

示例 6-1　各种访问控制列表

```
! Standard Layer 3/4 Access Control List
access-list 100 permit tcp 192.168.1.0 0.0.0.255 host 10.10.64.1 eq 23

! Security Group Tag Layer 2/3/4 Access Control List
cts role-based access-list rbacl1
  permit udp src eq 1312
cts role-based access-list rbacl2
  deny ip log
cts role-based sgt 10 dgt 20 access-list rbacl1
cts role-based sgt 20 dgt 10
```

在示例 6-1 中列举了两种格式的 ACL，显示了 OSI 模型的第二层到第四层包含的属性。对于标准的访问控制列表 100，使用了第四层的 TCP 协议，从第三层（IP）源子网 192.168.1.0/24 到主机 IP 地址 10.10.64.1。这种通信只允许在第四层的 TCP 端口 23 上进行。

在示例 6-1 的底部示例中,一个已被分配了第二层源安全组标签 10 的主机,无论是静态还是来自思科 ISE,都应该能够与分配了目标安全组标签(DGT)20 的另一个主机进行通信,该主机应该能够通过第四层 UDP 协议进行通信,但只能从第四层源端口 UDP 1312 进行。同样,从分配了第二层源安全组标签(SGT)20 的主机到分配了安全组标签 10 的目标主机的任何基于第四层 IP 的通信都应该被拒绝并记录。

该示例显示了当涉及隔离时,OSI 的第二、三和第四层之间紧密关联。根据所应用的隔离机制,无论是通过交换机、路由器、防火墙或云安全组上的第三 / 四层访问控制列表,还是通过交换机上的第二层和第四层,都可以通过某种方式实现隔离。确定最佳方法的关键取决于隔离的业务需求、架构和所需的隔离级别。

6.4   南北方向隔离

对于追求各类架构认证的专业人士,如 ISC² 信息系统安全专家、思科设计专家或网络设计学位持有者,隔离一直是网络设计的核心主题。许多架构讨论从 IP 地址分配需求开始。这些地址需要有序且连续地分配,并在分支或园区内预留足够使用空间,通常还要具有在边缘汇总日分配子网的能力。接着,这些 IP 地址会进一步划分以符合 VLAN 结构,并根据子网内现有或未来客户数量进行子网划分。这种 VLAN 对齐方式导致路由设备必须为跨越子网的数据包做出路径决策。在此设计中,两个终端只能通过一个网关穿越 VLAN 进行通信。图 6-2 展示了一个示例架构图,描绘了在拥有两个大型和两个小型站点的网络中可能出现的子网和 VLAN 划分情况。

在网络设计中,从南北方向隔离的概念很常见,这种隔离通常通过防火墙实现。追踪此类隔离下的通信流时,源和目标通常位于不同的网络结构或安全"区域",并通过中间设备进行交互。这样的通信一般在 OSI 模型第三层进行路由,因为设备通常根据其所处位置存在于不同子网内。因此,与之相关的隔离模型基于通信所需的路由机制来限制某些流量传输。当通信经过交换机、路由器、防火墙或云传输机制时,将应用第三 / 四层访问控制列表以限制该通信。这种控制方式指定了第四层协议、源端口和地址以及目标端口和地址来允许或拒绝信息交换。

对南北方向隔离而言,设备存在于独立或路由分割的网络中使得隔离成为可能,并需穿越中间设备才能达到目标地点。需要执行第三层操作(即路由)的设备提供了轻松应用策略的能力:确定哪些可以在源和目标地点之间穿越中间设备进行路由,哪些不能。然而,这需要一个默认策略或详尽列表来确定哪些可以以及哪些不能通过设备进行通信。以防火墙为例,它将安全区域隔离开,并常用"拒绝所有流量"的默认策略,任何从一个区域穿越到另一区域的例外情况都必须通过第三 / 四层访问控制列表填充。在第 7 章中讨论了使用此模式进行隔离的常见问题。

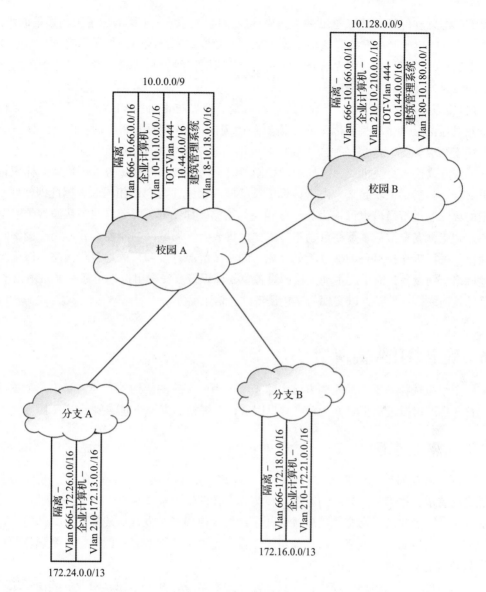

图 6-2 VLAN 到子网映射

6.5 东西方向隔离

针对前面所述的恶意软件等现代攻击手段，我们需要更深层次的隔离模型来防止其传播，并在客户端遭受攻击时限制网络"爆炸区"或影响范围。与 20 世纪 90 年代和 21 世纪初出现的蠕虫病毒相似，恶意软件已经具备了在 OSI 模型第四层寻找开放端口和协议的能力，并通过 OSI 模型第三层和第二层的 IP 地址和 MAC 地址与主机通信。往往在这些情况下，恶意软件流量并未超出网络路由或安全网段范围，这就增加了限制通信的难度，因为设备可能位于同一虚拟局域网（VLAN）、路由段或安全区内。如果没有进行路径选择和路由选择的中间设备，则无法执行应用第三 / 四层访问控制列表。这就是所谓东西方向隔离的原因。

在东西方向隔离模型中，需要实施一种隔离策略以防止同一 VLAN 内两台设备互相通信。此类通信最具挑战性，因为它不需要路径选择且不能使用 IP 地址。面对此种情况可以采用安全组标签，这是一种嵌入通信帧或第二层结构中的 16 位标识符。当设备通过有线或无线方式接入交换机或无线局域网控制器时，网络接入控制服务器可以将此标识符与上下文身份和会话关联起来。由于该标识符已嵌入帧中并与会话相关联，因此即使在 OSI 模型的第二层进行通信也可视为与设备相关的策略。如图 6-2 所示，在帧从源端传输至目标端过程中，安全组标签策略可动态写入交换机或无线局域网控制器，并应用于设备间流量通信。执行工作在离目的地最近处完成，同时了解源身份和目的地身份策略，以确保目的地网络访问设备只需了解主动连接的设备及其标识符。安全组标签可通过 RADIUS 转发至目的地网络接入设备，以实现与连接设备的通信策略。

6.6 确定最佳隔离模型

一个组织选择采用哪种隔离方法，除了考虑当前实施的架构外，还需基于几个关键标准。这些标准可以进一步划分为多个常见因素，在规划隔离策略时需要予以考虑。

6.6.1 隔离的章程

首先，需要明确为何要从一开始就实施隔离。由于多项总统行政命令已经提出了网络隔离的需求，许多与国防部门有合同或与其合作的组织被要求在网络设备间进行一定程度的隔离。这种需求通常会在汲取教训并制定技术使用指导方针后传播到公共部门，在非受限环境下可以最大化效率。对其他组织而言，无论是数据泄露后的保护还是预防数据泄露，都是实施隔离的常见原因。

然而，单一用例驱动的隔离往往只关注该用例本身，并未考虑其对业务其他领域可能带来的影响。在深入研究用例或询问各部门的组织结构和依赖资源之前，应向组织提出三个初始问题。

1. 不进行网络隔离会产生什么影响

毕竟，网络现在正常运行，维持着业务的流量传输。当组织在网络上增加限制和工具来阻止流量流动时，就需要进行更多的发现、故障排除、规划以及新用户、设备和应用程序的接入工作。然而，这些额外努力可能会带来更多政府合同、扩大市场影响力、提升股东信心、提高品牌声誉或吸引关注优先事项的人才。如果公司因缺乏隔离机制而被攻击或利用，则可能会在这些方面产生负面影响，并可能损害业务甚至失去对市场竞争极其重要的数据。

2. 是否有一个策略允许我们强制执行网络隔离

在制定和实施任何隔离策略前，组织需评估执行能力，确保无法正常进行业务运营的用户不会获得对网络的全面访问权限。通常，某些人称之为"高层瞎指挥"的行为，地位较高或晋升至关键位置的员工可能会以完成工作需要额外访问权限为由，迫使服务台技术人员解除网络访问设备的限制。这种行为在很多组织中都有出现，其中一些高层希望能够在未经审批的情况下使用新设备上网，导致负责网络安全防护的人员无法仅凭职务级别来阻止此类行为。避免此类访问的唯一途径就是制定严格政策，明确规定设备接入网络前必须完成的步骤。关于此案例的更多信息，请参见 7.9 节。

3. 在保持正常业务运行的同时，我们需要将网络隔离到什么程度

许多组织为防止恶意软件传播，认为有必要对所有 PC 机进行分类和隔离。但这种策略未考虑到业务成功所需的点对点通信用例。各行业都开发了自定义程序和应用，以便设备间的信息交换，从而满足不同业务需求。例如，财务报告生成前后的交换、物联网设备配置识别管理站的交换以及关键设备故障时的临时备份等都很常见。任何一个环节出现问题都可能给企业或客户带来损失。因此，应根据企业运营方式选择适当的隔离级别，并让利益相关者参与其中。

除正常业务需求外，很多行业还需要对访问数据人员的上下文身份进行归因。这些要求推动了隔离需求及可能的模型选择。对于强制阻止相同逻辑网络或第二层网络设备相互通信的组织而言有两个选项：一是将设备分解成独立逻辑段并阻止与无中介（第三层）设备进行通信，二是使用第二层执行机制限制访问。

6.6.2 成功的架构模型

如到目前为止所阐述的，存在多种隔离模型，应该采用哪种取决于隔离网络中观察到的架构和流量传输模式。近年来，主要有两种设计方法。第一种是第二层接入（见图 6-3）。在此模式下，VLAN 有一个交换机虚拟接口（SVI），含有唯一 IP 地址用于路径选择，并仅用于交换域外通信。SVI IP 地址通常只存在于分发层或核心网络设备上，因此需要从接入层交换机向上遍历至具有此 IP 地址的交换机才能进行 VLAN 间传输。这种架构产生了更大的第二层域，在该域内无须路径选择，MAC 地址作为终端识别的主要手段。此外，也可实现分配层交换机配置有 SVI 和各自 IP 地址、与多个接入层交换机相连且不分配任何 IP 地址的模式。在第二层平面网络中必须使用第二层隔离机制来防止恶意软件在多个交换器上传播。

另一种是第三层接入（见图 6-4）。与第二层不同，在此模式下单个交换机被划分为多个 VLAN，SVI 位于接入级别而非更高级别。对于现代交换机，甚至可以在接入层启用路

由功能，实现不同 VLAN 终端间的数据包交换而无须离开接入层。在这种情况下，可以将标准 RADIUS 应用的可下载访问控制列表应用于单个会话以实现差异化访问和隔离。

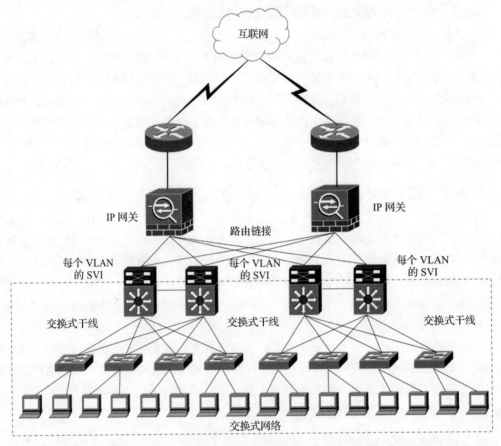

图 6-3 访问层交换设计

　　在评估网络隔离的最佳模型时，组织应考虑已实施的架构模型。作为当前实施模型的副产品，还需思考是否需要根据隔离目标对该架构进行修改或重塑。第二层隔离方法能有效阻止通信，且无须改变大规模、平面化的网络结构。这些方法可配合不更改站内 IP 地址使用，在制造或医疗环境中尤其常见，因为更改旧设备或不友好设备上的 IP 设置需要第三方技术员。

　　对于雇用管理服务提供商或内部员工的企业来说，如果不能或不愿增加第二层隔离方法，则可考虑只使用第三层隔离方法进行重新设计。一些企业发现，重塑网络提供了一个机会可以优化由于网络增长、业务需求变动和新设备接入导致的未知情况的影响。这种调整通常会产生一个效率更高的网络，并同时采用第二层和第三层隔离方法，以满足企业当前的具体需求。

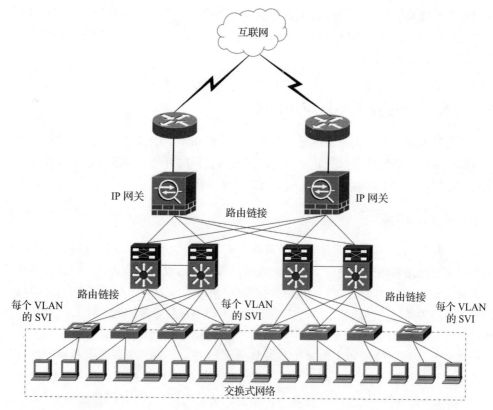

图 6-4　路由访问

6.6.3　组织是否理解设备行为

第三个标准是需要组织投入最多时间和精力的地方，但常被视为非关键需求而忽略。大多数组织的主要目标是实现网络隔离，同时希望这种隔离及其执行对用户完全透明。需要阻止用户访问未授权资源。确保实现这一目标的唯一有效方法是尽可能多地收集与网络流量相关的信息，然后分析数据、制定策略，并反复执行这些步骤。因此，主要考虑的问题是在哪里、如何以及需要多久能完成信息收集以了解流量情况。对于过去使用防火墙进行网络隔离的组织来说，这并不新奇。新加入网络的设备需要根据信息源特性确认是否允许访问应用程序。然而也必须考虑设备通信方式和所需时间来分析设备功能周期内正在做什么事情。当一个组织在整个接入层实施隔离模型时，理解设备通信比保证信息通过边缘防火墙更重要。

对于无法专注于设备遍历且需要花费时间理解所有设备通信方式的组织来说，更广泛地应用隔离往往更好。广泛应用隔离通常从简单的"允许所有流量"或"拒绝所有流量"开始，然后在获取更多与设备行为相关信息后变得更严格。这种方法通常需要较长时间逐步实施由各种隔离方式组成的解决方案以深入了解设备。完善此过程可能需要数年时间。许多组织常犯的错误之一是假定已经理解了流量情况，并阻止大批用户访问关键资源。第 7 章将详述更多常见错误。

6.7 在整个网络功能中应用隔离

为了更好地理解隔离在理想情况下的应用，我们在本节中将更深入地探讨每种执行机制的应用、成功所需的要求以及它可以为隔离策略提供的好处。如前所述，推荐使用分层的执行机制，以应对不同的用例和应用中可能出现的漏洞。

6.7.1 VLAN 隔离

VLAN 是网络架构中常用且有效的隔离方式，它将大型网络划分为独立、小型的区域，以便管理终端和相应的通信。这些区域间需通过路由设备进行连接。然而，在零信任时代，过度依赖 VLAN 已显现出问题：网络被切割得越来越小，影响了 VLAN 的可用性并限制了遍历策略。这种看似过度的依赖使组织不得不重新思考"到底什么样的 VLAN 数量才算多？"虽然答案因组织而异，但可以通过以下几点进行思考。

- 组织是否能明确阐述为何某设备被划分至特定 VLAN，这与该设备对网络可能构成的风险是否有关？换言之，当一个设备和类似的设备被划入同一 VLAN 作为其逻辑段时，应不仅考虑设备类型，还需评估它对同一段内外其他设备所带来的风险。如果此设备遭到攻击，并且威胁在 VLAN 内传播，那么所有在该 VLAN 内的设备是否得到了充分保护？相较于未分配至该段的设备，它们是否具有相近的风险属性？
- 逻辑隔离细分对操作员有实质意义吗？若只根据风险将设备归入特定 VLAN 而忽视其他可行保护措施，则可能导致大量功能重复、数量庞大的 VLAN 中包含了多种类别的设备。这样会减少每个 VLAN 中类型相同的设备数量。问题又回到了当一个地理区域内存在多个重叠 VLAN 时，组织如何决定将哪些设备放入哪个 VLAN。
- 关于 VLAN 的划分，如何在它们之间进行遍历？以及规模如何？虽然可以使用路由器或防火墙来实现 VLAN 之间的遍历，但在不允许所有 VLAN 相互通信的环境下，需要制定相关遍历策略。设备需要能够处理所有正在使用的 VLAN 数量，并应对与 VLAN 数量成指数关系增长的策略数量。

当以 VLAN 作为主要隔离手段时，最后一点引发了另一个问题："多少个防火墙才算多？"将用户分配至各自的 VLAN 可减轻管理员操作和设计负担，因为用户共享逻辑段。然而，网络设计整洁度确实要求 VLAN 存在于每个用户可连接的接入交换机上，并且允许该设备遍历到应用策略的默认网关基础设施。默认网关通常是一道防火墙，用于允许跨段传输。当使用防火墙作为 VLAN 之间的遍历网关时，作为 VLAN 隔离模型的延伸时还需考虑其他方面。

- 防火墙在 VLAN 隔离网络中的位置会影响能通过的 VLAN 数量，这个数量可能达到上限值。如同任何其他网络设备一样，防火墙也有支持子接口形式下的最大 VLAN 数量限制。尽管可以将防火墙局部化以降低所需防火墙数量，但这种局部化会给防火墙和规则管理带来额外负担。
- 必须以一种可在隔离模型内扩展和规划的方式进行防火墙管理。基于传统网络中存在的管理所有防火墙的挑战，集中式防火墙管理系统正变得越来越普遍。然而，在分布式模型中需要指明哪些规则与特定位置相关的属性需要在管理过程中维护并使用。当 VLAN 可能仅限于一个站点或甚至网络段时，这些信息需要被管理平台知悉，以确保专门应用于该 VLAN 和段的规则只部署到其遍历范围内的防火墙。
- 规则的维护，包括记录规则或策略的存在原因、适用设备和设备所有者，必须在防火墙规则或相关知识库中进行。随着组织网络中防火墙数量的增加，常见问题是各种原因导致的规则文档未能得到适当的维护和扩展。当需要审核规则时，缺乏相关信息会使保留或清理规则变得极具挑战性。

使用动态 VLAN 可能是一种减轻操作负担和降低成本的方法。动态 VLAN 不会影响防火墙的吞吐量和遍历，但动态 VLAN 根据上下文身份分配终端可以减少操作团队对静态分配 VLAN 的需求。考虑到动态 VLAN 也可以基于名称而非数字来应用，我们可以根据地理位置对不同的 VLAN 使用不同的数字，从而最小化对已包含在 VLAN 内设备的影响。

6.7.2　访问控制列表隔离

对大多数组织和网络团队来说，标准或扩展的访问控制列表（ACL）用于允许或阻止资源访问是常见且熟悉的。ACL 通常应用于逻辑段之间，并用于防火墙以允许或拒绝在 OSI 模型的第三层和第四层进行遍历。作为 VLAN 隔离方法之上的分层控制机制，ACL 主要用于这些 VLAN 之间的流量遍历，并在上游防火墙上进行配置，该防火墙在 VLAN 隔离模型中聚合流量。其优点在于，当在防火墙上配置时，流量遍历具有状态，并可以对多个 OSI 层的遍历应用一系列限制。

然而，在常见情况下，除非使用外部管理源，否则 ACL 存在以下三个主要缺陷。

- 错误检查仅限于 ACL 配置语法，并未涵盖数据包遍历功能。当地址重叠可能影响数据包是否应被遍历时，几乎没有错误检查能验证高优先级规则不会覆盖低优先级规则。
- 设备软件内跟踪 ACL 是罕见现象。因此，ACL 生命周期、所有者、管理员和责任人等信息通常放置在前面的注释中，或者根本没有。这使得评估 ACL 可能产生的影响变得极其困难，并可能导致数据包遍历出现意外后果。
- ACL 只能控制路由流量，即第三层流量。同一 VLAN 内设备使用 MAC 地址进行通信，不受已应用的 ACL 的影响。

当结合 VLAN 隔离使用时，ACL 可以构成更稳健的隔离模型。通过思科身份服务引擎，可以在集中引擎中编写 ACL，并以普遍方式动态应用于有线、无线和 VPN 媒体的上下文身份。

6.7.3　TrustSec 隔离

无论何种方式将终端分配至各自的 VLAN，或者动态应用 ACL，点对点流量通信仍然存在。由于只使用第二层身份，所以几乎不能阻止 VLAN 内部的通信。如果无法阻止同一 VLAN 内设备间的通信，威胁依然可以在逻辑段内以点对点的形式传播。

网络中具有物联网和固有风险设备已成为许多组织必须面临的现实。这些设备在各行业中都有应用案例，包括但不限于以下几个方面。

- **用于物理安全的 IP 摄像头**：在许多使用网络管理站或网络视频录像机的行业中，物理安全摄像头很常见，无论是在本地网络、远程数据中心还是云端。然而，大部分 IP 摄像头需要通过广播或多播方式进行设备间通信以确定管理站位置。这样做主要是为了允许 IP 摄像头的零接触配置，但可能需要共享视频流、元数据或备份。阻止此类流量会影响零接触功能和设备间连续性，因为它们会向其他设备报告其视野内的移动或其他触发事件。

- **用于设备柜的温度和湿度传感器**：智能传感器被引入数据中心来分析设备柜和开放式机架的温度和湿度，在油气行业管道操作中也有类似应用。这些设备通常安装在没有可靠电源或监控能力的区域，并形成网状网络，以最小化单个传感器所需存储或传输的电量和数据量。通过定期与邻居交换更新信息，传感器可以发送更少数据以节省电池、运行时间及存储需求，从而延长寿命。

- **停车场传感器**：停车场传感器主要应用于零售环境，追踪停车库空位的情况，帮助购物者快速找到停车位从而增加他们在零售店内的停留时间。这些设备使用接近传感器来确定汽车相对于停车位的位置，并通过传感器间通信指示该停车位是否被占用，而不需要持续向集中管理站发送信息。存储这些信息的集中节点可以代表其他传感器与管理站进行通信，在广告牌上显示当前容量。

- **门锁和传感器**：在紧急情况下，楼宇居住者的安全是首要考虑因素。在许多制造环境中，用户在进出建筑物时需要刷卡，以保护知识产权并防止数据丢失。对于此类环境，在发生灾难时如果控制器失灵可能会对人身安全造成灾难性影响。在这些情况下，需要通过门锁和分布式控制机制之间的点对点通信来克服管理站点信息丢失的问题，以便在未经授权的情况下允许访问。一个表示管理站点已关闭的信号会在设备之间发送。

对于这些用例及其相关组织，必须实施隔离策略，以确保同一 VLAN 或逻辑段内的设备之间能够安全交互，并通过应用限制来最小化潜在威胁。

TrustSec 是为解决由于其他协议（如 ARP）允许设备无阻碍通信而产生的 VLAN 或子网内精细隔离需求而设计的。在 ARP 过程中，设备首先确认它想要通信的目标是否存在于其广播域内。如果不存在，则使用 IP 地址进行通信。当目标设备位于同一广播域时，则通过一系列消息将目标 IP 地址映射到 MAC 地址，并使用该 MAC 地址进行通信。这个"谁是"的消息会在 VLAN 或子网内发送，如果目标设备存在，则会回复其 MAC 地址以允许通信。

防止此类通信的方法有限——只能为其中一个设备分配新的 VLAN 或根据两个 MAC 地址创建访问控制列表。然而，维护这种访问控制列表的开销过高，特别是考虑到可能需要为单台交换机上每个可能存在的终端创建潜在矩阵。因此，我们需要动态地根据网络设备应用策略以降低复杂性。

TrustSec 的运行依赖于帧头中的一个字段，这个字段在 RFC 中被称为 Cisco Meta Data（CMD）字段，长度为 16 位。这 16 位可以动态应用一个覆盖分组，不仅用于网络分类（如 VLAN），还可对设备进行分类，并将其与具有类似上下文身份的其他设备组合在一起。例如，无论 PC 属于哪个 IP 空间或 VLAN，在网络中都能动态地以同一策略进行分组。通过声明财务部门用户和 HR 用户使用的 PC 属于同一类别，也可以进一步细化并优化策略。当标识符由网络访问控制设备（如思科身份服务引擎）分配时，借助此覆盖标识符更易实现分类。然后创建 TrustSec 矩阵中的策略，并推送到网络访问设备。根据已记录直接连接设备所分配的标签，只安装必要策略。该矩阵提供了每对源和目标标签之间的控制策略。这些政策可以像指定允许某些端口和协议流量之间的标签那样精细化，也可以像简单地允许或拒绝所有访问那样宽泛化。例如，在同一 VLAN 内两台相邻且被赋予相同或不同标签的设备，都可以阻止它们之间的通信。与使用 ACL 方法相比，TrustSec 的执行是在目标终端前的网络出口点进行的。网络访问设备根据已下载的 TrustSec 矩阵规则做出决策。

由于 TrustSec 依赖帧和帧内嵌入信息来运行，因此需要考虑两个方面。首先，如果配置错误，将隔离应用于第二层设备可能会阻止其与大部分网络资源进行通信，包括 IP 网关。对第二层设备应用隔离需要了解所有设备在网络中的路径和所需策略以避免因缺乏通信能力而导致的服务中断。

其次要注意的是理解并分类飞地中的设备，并避免过度精细化而失去相应的价值。如我们在第 7 章阐述的那样，在理解了与 TrustSec 相关流量路径后，组织面临的一个挑战就是过度复杂化其标签结构会使其过于细化。这种标签应用模式会阻碍操作团队的工作，在很多情况下这些策略有着相同规则或结果，这使得故障排除变得复杂。

6.7.4 分层隔离功能

分层安全机制允许网络流量使用与终端需求最相关的隔离方法。对于相同上下文身份，结合使用 VLAN、防火墙、ACL 和 TrustSec 标签有助于分层实施安全机制，并降低将其应用到超出初始设计范围或重新设计架构的可能性。总体来说，可基于前面讨论的优点和考虑因素，使用以下指导原则。

- VLAN 隔离是网络内在属性，适用于将设备广泛分类至逻辑段。
- 防火墙应与 VLAN 隔离配合使用，以规定跨 VLAN 的遍历或确定需要额外配置的防火墙隔离位置。
- 动态应用 ACL 来卸载位于第三层和第四层的防火墙允许和拒绝声明，并将这些执行声明本地化到终端连接的网络接入设备上。
- 当使用单一子网或者需要将上下文身份与终端第二层属性关联时，应使用 TrustSec 标签来限制 VLAN 内的访问。TrustSec 标签常见用法是区分同一 VLAN 内的不同身份，以便基于安全组标签标识符应用上游防火墙策略。

6.7.5   分支或园区外

本节主要讨论的是分支或园区环境中的隔离问题，这可能会使一些读者感到困扰。虽然数据中心和云在很多方面都有所进步，但许多还都是以相同的机制在运作，只不过用于隔离的方式略有差异。

数据中心面临的一个主要挑战是在超管理器中使用虚拟机。这种超管理器通常配备了一个虚拟交换机以便在各个虚拟机之间传输数据，尽管它并未支持 TrustSec 协议，但其功能类似。像 VLAN 或 VPC 这样具有端口组终端的情况，在超管理器中非常普遍，并能在成员之间施加与 TrustSec 在园区提供 L2 限制类似的约束。当来自分支或园区的源设备与包含在某个虚拟服务器、VPC 或端口组内的目标地点进行通信时，采用此种通过使用超管理器实现隔离的方法开始显得力不从心。同时还存在更深入理解服务器上下文身份需求以及无法连接到可进行身份认证和配置的设备等问题。像 Cisco Secure Workload 或 Secure Endpoint 客户端这样产品可以用作安装在虚拟机上的客户端代理，以确定上下文身份并从集中策略引擎接收策略，并根据发现的通信模式需求阻止或允许通信。这些代理可以基于流量通信发现提供基于软件定义、粒度化的隔离能力。这些客户端依赖于面向服务器操作系统的通用 IP 表功能或内置防火墙，并可根据预期通信模式编写策略。通过使用 IP 表或本地防火墙，这些解决方案成功克服了在分支和园区中使用 RADIUS 协议的局限性，因此也可作为 RADIUS 无法应用于网络访问设备的替代方案。

6.8   如何操作：理想世界中用于隔离的方法和注意事项

对于很多组织，将隔离应用于零信任可能会显得复杂且令人困惑。面对广泛而各异的潜在威胁，团队需要采取"一步一个脚印"的策略专注于隔离设计和实施。基于零信任的五大核心支柱——策略与治理、身份、执行、漏洞管理和分析，组织可以分层应用执行机制。

6.8.1　基线：理想世界

问题可以归纳为"在理想情况下，哪种隔离方式最有效？"简而言之，所有的方式都有效。在网络中应分层实施隔离，并通过多种手段保护资源免受各类潜在威胁的侵害。

- 当设备接入网络时，需要进行身份认证和授权，其中授权包括用于将设备划分到网络的某个逻辑区域中的一个 VLAN。VLAN 的规划应允许其内部设备以过去五年的平均增长率（即 20%，取较大值）进扩展。这个 VLAN 在上游第三层设备上聚合，在此设备上可根据需求过滤 VLAN 间流量。
- 除了 VLAN 外，还应给设备分配一个安全组标签，该标签将其划入逻辑区域内的特定子集。如第 4 章所述，这些子集应与网络中设备业务目标和信任边界对齐，并且要将其细化成足够小的群组以防范潜在攻击。
- 相比只使用防火墙作为策略执行点，在整个网络中采用分布式执行机制更优秀，在此方案下可下载 ACL 应成为授权策略的一部分，并在数据传输到达第三层路由点前限制内部网络区域间的访问。对特定会话的应用可以尽可能减少设备本地需要执行的限制数量，从而最大程度上缩短路由器或防火墙中上游 ACL 的长度。
- 如前所述，在隔离架构中仍然需要防火墙，主要因为其具有可在隔离拓扑结构中实现和使用的高级功能。高级恶意软件检测、入侵预防、TCP 规范化、VPN 终止以及其他众多存在于防火墙上的功能使其成为隔离架构中不可或缺的一环，并且通过将执行分布到更靠近终端的其他设备上来降低其负载。

我们将在接下来部分讨论完成这些指导原则所需任务的重点领域和实践方法，如图 6-5 所示。

6.8.2　了解上下文身份

对于任何开始实施隔离策略的组织，我们始终关注"上下文身份"的概念。这个概念或问题是隔离策略的基础。

- 谁在操作设备？
- 使用的是什么类型的设备？
- 设备位于哪里？
- 何时将设备连接到网络？
- 设备通过何种方式连接？
- 这台设备可能会给网络带来哪些安全漏洞？

这一基础是通过内部知识和网络访问设备发送到思科身份服务引擎（ISE）的 RADIUS 的结合实现的。RADIUS 可以判断出设备是否支持身份认证，以及该设备是否被配置为提供用户、计算机或两者都有的凭证，因为如果请求者已启用凭证，则应始终使用凭证进行回应。这些凭据用于验证设备身份，但 ISE 也可以利用其固有功能更深入地了解该设备。例如，拦截 DHCP 和 HTTP 头信息，并根据已知模式和预期内容确定其类型。

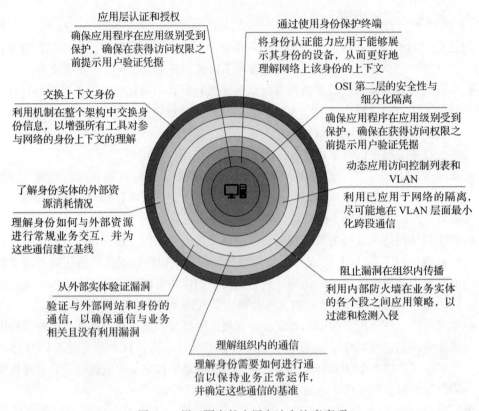

应用层认证和授权
确保应用程序在应用级别受到保护，确保在获得访问权限之前提示用户验证凭据

通过使用身份保护终端
将身份认证能力应用于能够展示其身份的设备，从而更好地理解网络上该身份的上下文

交换上下文身份
利用机制在整个架构中交换身份信息，以增强所有工具对参与网络的身份上下文的理解

OSI 第二层的安全性与细分化隔离
确保应用程序在应用级别受到保护，确保在获得访问权限之前提示用户验证凭据

了解身份实体的外部资源消耗情况
理解身份如何与外部资源进行常规业务交互，并为这些通信建立基线

动态应用访问控制列表和VLAN
利用已应用于网络的隔离，尽可能地在 VLAN 层面最小化跨段通信

从外部实体验证漏洞
验证与外部网站和身份的通信，以确保通信与业务相关且没有利用漏洞

阻止漏洞在组织内传播
利用内部防火墙在业务实体的各个段之间应用策略，以过滤和检测入侵

理解组织内的通信
理解身份需要如何进行通信以保持业务正常运作，并确定这些通信的基准

图 6-5　用于隔离的应用方法和注意事项

6.8.3　了解设备的外部资源消耗

一旦组织了解了上下文身份，就可以满足两个目标。第一个是了解身份如何在网络上呈现。例如，这些设备是否能够识别自己，或者是否需要大量的历史知识来识别这些设备？定义隔离团队用于了解环境的方法，可以为如何对设备进行分类以使其与隔离策略保持一致提供有价值的信息，例如，对于无法主动向网络进行身份认证只能通过内置 MAC 地址来表明身份的资源，阻止其访问。第二个是充当网络当前布局方式的映射，更具体地说，通过网络接入设备上的静态配置来确认哪些上下文身份当前是哪个 VLAN 的成员。组织如果有兴趣将 VLAN 动态部署到设备然后在网关处进行过滤，或者组织有兴趣将平面网络分解为与业务一致的隔离，这种标识是该能力的基石。身份的上下文标识将满足下一节中描述的内部消费。

接下来，需要优先对与终端通信的资源进行分类。通过上下文获得的身份可以帮助团队了解特定身份如何与网络的其余部分交互。更具体地说，这是通过平台交换网格[⊖]

⊖　pxGrid 是思科公司开发的一种网络安全架构。它是一种用于实现网络和安全设备之间的集成框架，可以实现不同厂商设备之间的互操作性。

（pxGrid）协议或类似功能将身份交换到流量收集机制中来完成的，从而将此信息与所选的流量收集平台集成。从思科技术的角度来描述就是，在园区和分支机构的设备接入层使用身份服务引擎，将通过 RADIUS 找到的身份交换到安全网络分析中，以便注入 NetFlow 中。此 NetFlow 收集可以在园区或分支机构的边缘设备的入口处完成，以避免错误对话进入设备并传播到同一设备的外部接口。此外，在园区或分支机构存在防火墙的情况下，可以通过将身份信息插入防火墙日志或其他数据中心日志记录中来完成收集。思科安全工作负载解决方案既是收集又是执行机制（使用终端代理时），通过启用操作系统级软件定义的隔离控制，简化了上下文身份、日志信息与 CMDB 信息的关联。

这些方法都是创建更严格策略的关键，以确保终端在其基线内运行。正如零信任的漏洞管理支柱中所涵盖的，该基线不仅提供了对设备所需行为的理解，还提供了其预期行为，当设备偏离该基线时，可以对其进行监控并发出警报。网站以某种方式向制造商无意中使用的设备提供数据或恶意软件的情况并不罕见，有多个示例可以说明这一点。例如，基于 Android 操作系统的微型计算机等流媒体设备具有内置的网络浏览器、独特的应用程序商店，甚至还有种子下载功能。对于使用这些微型计算机进行流传输的组织来说，基线流量分析可以帮助发现对组织的威胁，并在被恶意利用之前将其阻止。尽管有些人可能认为威胁通常会被防火墙阻止，但分层安全仍应确保威胁在每个威胁域中被阻止。

6.8.4　验证外部站点的漏洞

理解网络设备给组织带来的风险的关键在于分析流向外部站点的数据流。通过结合网络身份，组织可以在所有防火墙上使用入侵防御系统（IPS），并利用第七层安全机制如 TCP 拦截、TCP 随机化、应用程序识别和映射、数据包头反恶意软件分析等功能来评估漏洞。实现这一目标的一个方法是使用第七层防火墙，例如思科安全防火墙，它能根据观察到的数据流发现相应的应用程序。然后，可以通过其他手段将策略应用到尽可能接近终端的位置，并在组织内部阻止特定端口以最大限度减少已知漏洞。作为警报机制的 IPS、终端态势代理或漏洞扫描器都能基于身份信息报告观察到的与预期行为不符的情况。

6.8.5　了解组织内的沟通

通过类似的方法收集和识别网络外部及组织内部的常见通信模式，有助于组织理解业务所需的点对点通信。这对于不限制内部网络流量传输的组织来说，是一个全新的补充。幸运的是，用于发现外部通信的工具（如通过思科安全网络分析进行的 NetFlow 收集）可以确定这些流量通信。然而，尽管 DNS 可在映射流量时解析外部身份，但组织内部流量依赖上下文身份，因此需要将其整合到流量收集工具中。对于拥有跨段防火墙用于内部通信、并已使用虚拟路由和转发（VRF）实例隔离网络的组织来说，上下文身份同样重要。

该防火墙负责控制 VRF 间数据，也可以作为安全频谱中的第二层，在所需的最细粒度方式下仅允许已知源自特定 VRF 的流量进入网络。面向外界防火墙也可作为警报机制。

使用以 VRF 为核心的防火墙还能减轻边缘防火墙的许多处理负载。与在 VRF 和 VLAN 之间使用可下载 ACL 相似，内部防火墙会过滤掉企业内部的数据包，而非依赖单一的"全能"防火墙。

6.8.6 验证组织内的漏洞

由于潜在的恶意软件或类似漏洞威胁，入侵防御系统通常侧重于外部流量。但是，在组织内部，应该使用针对跨 VRF 流量的 IPS 防火墙，这可以增强业务部门间的控制力度。这种入侵扫描和检测能力能够帮助理解业务部门间的交互方式，还可以根据各个业务部门的特定安全策略来避免恶意软件的传播。对于有大量并购或剥离公司的大型组织而言，不同业务部门或被并购/剥离公司之间可能存在差异化的安全策略。这些公司加入或退出时期相对风险较高，因为单一管理员可能难以判断网络中存在哪些漏洞。另外，传统企业更倾向于关注网络连通性，其大规模平面网络可能会面临更高的攻击风险。在此背景下，收集上下文身份信息、分析流量及了解潜在漏洞是确保业务安全的重要环节。

6.8.7 了解广播域或 VLAN 内的通信

理解隔离方法中具有挑战性的方面，如广播域或 VLAN 内的通信是关键。正如本章所述，这种方法面临的主要挑战在于缺乏文档和对设备在网络上交互方式的理解。了解这些通信需要已经在终端部署了上下文身份。只有当我们理解了上下文身份，并知道 VLAN 或广播域内身份之间的流动情况，才能尽可能接近终端实施强制措施。同时，还必须了解如何识别无法提供主动身份信息的设备。收集这些关于通信模式的信息不仅依赖于收集上下文身份工具，也依赖于历史知识。此过程应从观察网络内容及其可能匹配的上下文身份开始，并根据收集到的信息以及被动查询和数据收集来精炼并缩小范围。

拥有以上信息后，就可以更轻松地将策略按需应用到终端。许多组织常使用基于允许或拒绝的原则来设计策略：阻止潜在影响巨大、相互作用较少的设备，允许必须相互交互的设备。然后再进一步优化这些策略，以满足通信所需的端口和协议。组织不仅需要基于终端设计，还要基于终端进行操作，并建议对此进行评估。许多组织在开始时就过度设计了基于上下文身份的隔离段，试图用 TrustSec 标签替换像 Active Directory 这样的身份认证机制。为了更好地识别设备，可以使用更强大的身份机制如采用可验证用户角色的多个组，并将其添加到使用单一标签的群集中。关于大型网络隔离挑战的更多信息，请参阅第 7 章。

6.9　限制点对点或跳转点

隔离计划成功的关键在于防止跳点和潜在攻击，同时保持业务正常运行。我们应通过收集和分析必要的通信流量来确定内部、跨网络及外部策略，以确保业务顺利进行。这是因为大多数攻击都会寻找一个弱设备作为入口点，然后逐步转移到其他设备直到达到目标。因此，组织需要考虑当前连接网络的设备的风险、它们的通信目标以及可以施加何种级别的限制。在许多情况下，对设备实施其他安全限制可最大程度地减少严格限制通信的需要或允许随时间的推移增加限制。建议将分析和执行限制视为一个长期目标并需要一段时间来完成，并非"一蹴而就"的隔离方案。

随着时间推进，在过程中创建一个"终端隔离计划"，以从业务角度解释网络中存在哪些类型的设备。将设备分类至各自业务单元或隔离区域，有助于组织规划何处、何时以及如何逐步应用限制。该隔离计划通常包括设备身份认证方式、授权时机以及不同业务部门或设备类型间应该应用何种限制。这个终端隔离计划也可称为飞地计划，如图 6-6 所示为终端隔离计划的示例。

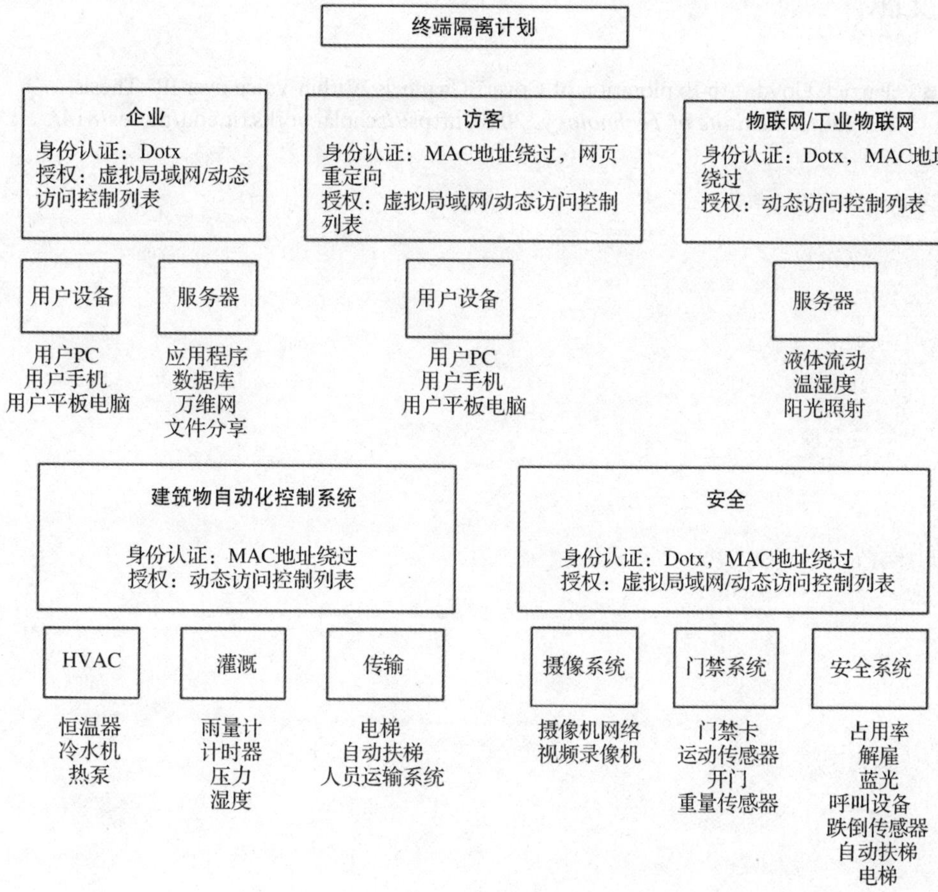

图 6-6   终端隔离计划

6.10 总结

隔离是零信任执行原则的核心。但由于该业务依赖于未知流量模式下的设备通信，这也是实施零信任最具挑战性的部分。在本章中，我们深入探讨了设备间如何互动以及与外部资源交互的方式。理解了流量传输模式后，就能根据业务或单个业务部门的特定风险需求采用分层的方式执行机制。这些层面包括 VLAN 的动态分配、安全组标签应用、可下载ACL 应用、防火墙和 DNS 策略实施等。我们知道很多组织在只注重连接性的旧环境中应用的执行机制有限，因此，在第 7 章中我们将介绍在数据收集、分析和执行过程中遇到的常见挑战和解决方案。

参考文献

- Patrick Lloyd, "An Exploration of Covert Channels Within Voice over IP," Thesis, *Rochester Institute of Technology*, 2010, https://scholarworks.rit.edu/theses/814/.

第 7 章

零信任的常见挑战

本章要点：

- 以隔离为目标的组织在数据收集中会遭遇诸多挑战，这些组织主要关注上下文身份识别和流量遍历。
- 传统网络思维方式对网络连通性的重视给零信任架构带来了一系列问题。但只要坚持零信任原则，并通过充分关注和适当探索，就能应对这些挑战。
- 确认并理解设备身份，并利用此身份确定内外预期行为，是保证整个网络设备安全的关键。
- 许多看似无关但实际影响零信任隔离的流程也需要注意。如统一入网流程、确定组织是否需微观或宏观隔离、选择最佳执行机制等，都能使组织的零信任之旅更轻松。

在所有行业中，终端与网络连接的模式都发生了重大变化。在 5～10 年前的设计中，其重点是将终端连接到网络，而不是确保终端的连接安全。但随着恶意软件、勒索软件带来的挑战，以及由于只关注连接性的思维而导致不受限制访问所带来的潜在危害，需要对实体进行身份认证和授权，以限制其所能访问的资源。根据 NIST 的"零信任"原则，终端在被证实之前应被视为不可信任和已被攻击的。具体来说，NIST 指出："在允许访问之前，所有资源的验证和授权都必须是动态的和严格执行的。"本书模型的执行核心原则与此密切相关。

然而，许多严格采用基于安全思维模式的组织发现，问题似乎还是难以解决，尤其是对于有线网络。基于安全的思维方式，架构师和设计师从一开始就会重点关注无线网络，并被认为是理所当然的。此外，有线网络通常被认为是"安全"的——不仅是因为它们接近管理员，还因为它们是安全无线网络的备用选项。要解决这种假设的"安全"意味着要解决数年甚至数十年来一直存在的问题。也就是说，这些挑战与五大核心支柱相吻合，首先需要了解终端上下文身份，了解它们的行为以管理潜在漏洞，然后才能实施有效执行机制，在提供所需访问的同时确保连接安全。

要解决这些过时的旧有做法，就意味着要改变策略、改变流程，并需要克服与这两方面相关的一些挑战。本章将会讨论这些挑战。

7.1 挑战：获取未知（终端）的可见性

追溯那些构建和开创网络的前辈们的遗产并不是一件容易的事。很多组织在解决这个问题时首先遇到的障碍就是缺乏文档。还有些组织发现，应用程序和架构的所有者认为这侵犯了它们的领域而产生抵制。创始人和领导层可能会觉得这些工作没必要，从而会阻碍实施进度。负责此项任务的团队可能会因任务超出预期范围而感到压力过大，从而产生消极反应。

当团队用简单的术语描述当前组织的情况时，这些障碍和阻碍就开始消失了。如果完成了之前提到的研讨会等活动，那么部分答案已经握在手中。完成研讨会或类似活动能够直接减轻任务负担。如果组织内部有优秀文档和严谨工作的团队，则可以降低任务难度。可以从那些愿意展示自己成果的团队入手。

无论通过何种方式访问网络，在引入新设备时都应立即启动一个流程来理解该设备是什么以及其预期行为。遗憾的是，大多数组织内部分散的购买权——允许内部人员随意购买新设备并连接——使得理解设备上下文身份变得极其困难。

我们必须采取一定的策略和治理手段，确保所有接入网络的设备都经过适当审查、接入和配置，以便根据其上下文身份进行访问。这就需要对所有接入网络的设备进行身份认证和授权。

7.2 克服挑战：使用上下文身份

回顾第 1 章中对零信任概念的概述，我们考虑了上下文身份识别中的"谁""什么""在哪里"和"如何"，并引入了其他因素，例如设备如何与网络互动。这种上下文身份识别试图将设备识别从 IP 地址转移到更多的上下文信息，以证明设备在网络中的必要性。

- 谁：需要知道谁是设备的所有者、使用者或管理员。可以通过多种方式获取使用设备用户的唯一身份信息。最常见的方法是利用目录服务集成将设备加入域；但有许多情况无法将设备加入域，在这些情况下，确定谁拥有、使用或管理该设备是最大的挑战之一。对于不能加入目录服务集成系统的设备来说，缺乏身份信息本就是一个重要线索。此时可通过资产管理数据库追踪并关联其所有者、用户或管理员。

追踪用户的第二大挑战是为没有用户信息的这些设备制定统一而有效的执行流程。很多组织购买新硬件时，默认它们能够顺利接入网络，却发现现有流程需要服务票据、测试、批准或额外开销才能连接。在这种情况下，管理层必须严格执行设备接入策略。对于许多组织来说，由于随机选择的时间期限或用户的强烈投诉，通常会创建一次性的流程来绕过正常流程。即使出发点是好的，但这样做几乎注定了这些设备永远不会通过正常的部署流程，并且设备的所有者、用户或管理员也可能永远无法被指定。

- 什么：除了要知道谁试图使用网络上的设备进行业务操作外，还需要了解该设备是什么。物联网设备价格低廉、功能齐全、易用，普通消费者在市场上便可以购买到这些产品，因此更有必要确定其运行是否与实际业务相关。越来越多自称具有合法商业用途的设备实际上是伪装了自身的身份，在网络中采取未授权行动。确定设备是什么本身就是一个挑战。幸运的是，像身份认证一样，作为接入策略部分，可以通过许多主动和被动方式来识别设备。

在隔离区域内主动检测、测试并评估设备及其在网络中的行为是确认设备身份的最好方法之一。接入流程应评估设备需求、品牌和识别特征（如 MAC 地址、组织唯一标识符 OUI、序列号、部件号或其他唯一识别特征），然后将其录入资产管理数据库并与用户关联。

对于使用这些设备的机构，最大的问题是缺乏网络接入策略或运营人员，无法定期将大量新设备接入网络。在此情况下，常见做法是通过主动和被动方式识别设备身份。主动解析技术可以通过与设备交互并收集数据来获取设备信息。通过辅助系统查询数据进行解析并非属于主动解析；而向辅助系统发起请求直接从设备收集数据的过程确实构成了主动解析技术。执行主动解析时需谨慎小心，因为在某些具体案例中，设备可能无法与该技术进行特定交互。例如，在使用密集的 NMAP 扫描对低级网络连接的印制电路板（PCB）或楼宇控制系统进行主动解析时就可能出现问题：由于印制电路板的网络堆栈和处理能力有限，在 NMAP 扫描过程中，设备可能会崩溃或停止响应。因此，在开始执行主动剖析前至少要确认部分设备身份。本章后面将详细介绍常用的主动剖析方法。

7.2.1　NMAP

NMAP 最初是开源且免费的工具，用于网络探索和安全审计。它常被内置在网络访问控制产品中，因其能够触发并定位特定设备或 IP 地址，并检查是否有开放端口。这些开放端口信息会反馈给 NMAP 扫描器，包含了对端口使用状况的描述，从而显示设备上服务的配置情况。此种识别技术解决了由于 OUI 过于通用或完全不通用导致的无法识别未知设备的问题。某些操作系统可能会打开特定组合的端口，或者对某些操作系统查询时返回显示这些端口使用情况的响应，因此仅通过设备运行的操作系统便能准确地识别设备类型。例如当 NMAP 检测到苹果设备时，该设备通常会回复一个包含"Apple iOS"的字符串；Windows 设备则一般回复"Windows"及其版本号，如"Windows NT 11""Windows 10""Windows XP"或"Windows Vista"。

然而，NMAP 受限于扫描能力有限的设备（如传统医疗设备和制造设备）。这类设备的网络堆栈和错误检测功能有限，在其上执行扫描可能会导致它们崩溃。因此，在利用 NMAP 进行设备识别时需谨慎。

7.2.2　操作系统检测

操作系统（OS）检测扫描会使用多个 TCP 和 UDP 数据包，并根据设备对这些数据包的响应和指纹识别技术确定设备的操作系统。

- 主机发现：这种扫描利用 ICMP、TCP、UDP 和其他探测器来确定网络上是否有存活主机。
- SNMP（简单网络管理协议）扫描：该扫描会探测 SNMP 端口是否打开，并在设备接受 SNMP 探测的情况下尝试查询有关设备的数据。

7.2.3　漏洞管理集成系统

漏洞管理系统可根据扫描结果和监控系统获取数据并返回信息。系统分析利用主动监控，通过请求主动扫描漏洞管理或清单信息来识别系统及其状态。如果一个设备存在漏洞或者给环境引入了更大的攻击面，那么可以更改上下文身份。将漏洞管理系统集成到识别过程中的优势在于，允许管理员对设备进行补救，以恢复其最初指定的身份。

7.2.4　Sneakernet

Sneakernet 是一种低效、不一致但久经考验的设备识别方法。如果网络无法识别设备，则可能需要人工干预。Sneakernet 要求人员亲自前往设备所在位置，通过感官和经验对设备进行物理识别。有多种原因需要亲自验证设备，如设备可能出现故障、其他自动和手动识别系统的结果可能不尽如人意、非法设备会绕过入网程序连接到网络，因此需要进行人工验证。这种方法应该是最后的手段，因为它会耗费大量时间和成本。

7.2.5　剖析

剖析（Profiling）是一种将设备类型、操作系统信息与策略和治理控制关联起来，以对资产进行操作的方法。实际上，剖析是通过检查在网络上进行通信的数据包来实现的。通过检查网络流量，可以将策略应用于特定资产类别或控制资产的特性或功能。

当大多数组织开始朝着零信任的方向发展时，身份认证是这些组织面临的一个普遍的挑战，即当设备无法通过主动手段进行身份认证时该怎么处理。物联网制造商可以采用控制措施，例如使用说明书（MUD）或将传统功能内置到身份认证方法中，以使识别变得更加容易。然而，在这些情况下，需要采用其他方法来识别设备并确定其唯一身份。

被动识别是一种不太可取的备用方法，它使用设备提供的唯一标识符，如 MAC 地址或嵌入式序列号。另一个要考虑的因素是，如果以明文或简单形式进行加密交换，则这些识别设备的方法可能很容易被欺骗或破解。当使用明文身份认证时，组织应该通过被动方法对设备提供的明文身份信息进行额外验证，以确保该设备确实如其所称。

剖析是观察设备行为的能力，而不影响设备本身。通过观察来确定行为，并验证设备的身份，然后利用这个身份来识别潜在漏洞对网络造成的风险。这种被动观察和收集关于设备行为信息的方法有很多种形式，但通常会考虑到大多数设备与网络进行交互以实现其业务目标的自然需求。使用 DHCP、CDP、LLDP、DNS、HTTP 等协议的头部和已知格式模式，以及对终端执行主动 NMAP 扫描，可以提供额外的因素和考虑，以评估终端是否是假冒身份。

例如，企业 PC 应该运行带有 Firefox 浏览器标准配置的 Windows 10 操作系统。PC 在启动时应该通过 DHCP 请求获取 IP 地址，并且至少有四个方面需要进行检查。

- 终端应该动态请求 IP 地址，而不是使用用户配置的静态分配地址。
- 请求地址时，DHCP 选项应符合 Windows 10 设备的标准选项或公司强制使用的任何自定义选项。
- HTTP 报头中的 IP 用户代理选项将设备标识为使用 Firefox 浏览器的 Windows NT 10 操作系统。
- 对设备进行 NMAP 扫描，则会显示端口 445（SMB）、135（域服务）、3268（全局目录）、3269（全局目录）和 53（DNS）都处于开放状态。通过查询这些端口，可以获取潜在的操作系统信息，而不仅仅是了解它们是否开放。

在剖析过程中，需要确定启用的 SMB（Samba 文件共享服务）版本是 V1 还是 V2。强烈建议避免使用 SMBV1，以降低潜在风险。

- RADIUS 在 RADIUS 探测器中，可以使用 MAC 地址、OUI、原始认证设备、设备端口、用户名或主机名以及 IP 地址等信息来确定设备的身份。由于 OUI 被注册，并且被硬编码或 "刻录" 到网络接口卡上，因此可以轻松识别终端的特征，并与中央注册数据库进行比对。尽管 MAC 地址被视为硬编码，但一些现有的软件工具会强制设备的网络接口卡显示自定义标识符。这个过程称为 MAC 欺骗。虽然可以通过主动识别方法（如当面检测设备）来克服 MAC 欺骗，但仍然可以通过将此类设备连接到特定的网络接入设备和端口来增强被动剖析机制，从而增加其上下文身份信息。RADIUS 的性质有助于更好地了解设备的特性，但仅限于网络接入设备遵守开放标准时可以发送的属性。
- SNMP：简单网络管理协议（SNMP）可用于查询或接收来自网络接入设备的非请求信息。为了克服无法看到设备何时连接或断开网络的问题，非请求信息（称为陷阱）可以指示新设备的存在。这些指示有助于确定何时查询设备的上下文身份。为了进一步丰富上下文身份，可以通过从连接端口向终端发起的电信号触发 SNMP 来提供各种属性信息，如设备的 MAC 地址、所属 VLAN、思科发现协议（CDP）或链路层发现协议（LLDP）信息（如平台或功能）、配置在网络接入设备上的接口描述，甚至可以触发网络映射器扫描。基于交换机上的 SNMP 管理信息库（MIB）表，还可以查询其他方面的信息。这些信息可在网络接入控制产品（如 Cisco ISE）中进行自定义配置，以便根据 MIB 表和预期提供的网络接入设备信息进行查询。

- DHCP：设备需要通过动态主机配置协议（Dynamic Host Configuration Protocol，DHCP）来获取 IP 或 IPv6 地址。在请求地址的过程中，数据包中还会包含一些信息，这些信息有助于解决设备识别方面的困难。DHCP 请求可以包含设备的主机名、发起绑定请求的 MAC 地址、设备类别、供应商属性或管理员自定义的属性等各种选项。这些信息可以复制到网络访问控制服务器，并作为终端加入网络时的唯一标识。这些信息可单独使用，也可与其他探测信息进行组合和比较使用。

DHCP 与设备操作系统集成在一起，是较难更改的协议之一。例如，DHCP 数据包中的 MAC 地址也可以在 RADIUS 探测器中找到，因此可以在两个协议之间进行比较。这种验证可以为终端加入请求添加第二层安全保护。对于更多的网络访问控制系统来说，在被动识别设备时会使用确定性系数或权重。因此，应将 DHCP 等协议的权重提高（高于容易被欺骗的属性，如 MAC 地址等），并相应地对两者内容匹配的组合进行加权。

- HTTP：HTTP 不仅用于浏览网页，还可作为识别过程的一部分，克服在确定设备时遇到的挑战。标准 HTTP 报头中包括终端使用的用户代理，它可以显示浏览器、操作系统的类型和版本，以帮助识别设备。在 HTTP 规范中，这些属性用于正确渲染页面，使接收浏览器能够正确呈现给用户。然而，这些属性也可用于验证设备身份，并向网络访问控制服务器提供信息，以被动地识别设备。

- MUD：制造商使用说明（MUD）是物联网供应商引入产品的一种相对较新的属性，用于以开放格式展示设备在网络上的通信和运行方式，从而进行管理验证。对于刚开始了解设备行为或引入现代物联网设备的企业来说，如果设备支持 MUD，则可以使用预期端口和协议。MUD 的工作原理是发送一个 URL，网络访问控制服务器或 MUD 管理器可检索该 URL 的信息，并利用该信息指示设备在网络上的预期行为。网络访问控制设备（如思科 ISE）可以从设备中查询 MUD 使用信息，并根据标识验证设备类型。

- DNS：DNS 服务器包含设备和用户的完整域名（FQDN）映射。网络服务、应用程序和其他网络设备需要准确的 DNS 信息以保证正常运行。此外，这些信息还提供了有价值的上下文身份数据。收集 DNS 信息可采取以下方式。
  - 通过 DNS 请求或应用程序接口查询组织 DNS 服务器。
  - 利用 SNMP 查询网络设备收集的数据。
  - 向 DNS 服务器查询维护和更新 DNS 信息的服务。

- CDP 和 LLDP：提供在第二层协议栈的发现数据。CDP 是思科的专有协议，提供了关于思科设备的丰富信息。这些协议允许设备广播对该设备运行至关重要的属性，例如向请求电源级别的设备发送电源需求。语音设备通常使用 LLDP 或 CDP 来实现网络高效运行。可以通过接入交换机从网络中获取 CDP/LLDP 信息。CDP/LLDP 还可用于验证电话身份以提供 QoS 或 PoE 功能。

7.2.6　系统集成

执行基于身份操作的系统应在必要时进行通信。系统获得的信息越多，确定文本身份的准确性就越高。剖析工作通过多个代理进程在网络上进行。随着需要欺骗的系统数量增加，攻击者冒充他人的难度也会增加。跨系统集成、自动化、协调和验证提高了将策略准确应用于设备的能力。制定零信任实施计划时，应记录所有可能的系统集成。架构师选择平台时，也应考虑可用的集成方式。

- 位置：在组织的庞大已知资产集合中，如果知道设备连接的位置，通常可以减少对设备识别的挑战。这个位置，对使用健全的资产管理数据库的组织来说也极具价值，特别是当与设备和人员特征结合使用时。许多组织拥有集中式采购系统，因此拥有一致的设备类型、品牌和型号，但只在有限的站点或地理位置部署了这些特定终端。了解这些地理位置意味着可以根据该位置缩小设备范围。有了这些信息，可以在网络访问控制服务器内创建策略来帮助识别和执行此类设备所需的策略，而这些策略在其他位置可能并不需要。

- 时间：对于许多组织而言，挑战在于如何确定设备是否在一天的特定时间内被用于合法目的。虽然工作与生活平衡是许多组织努力追求的目标，但通常可以从平均工作日中总结出规律，即使是全天运营的情况也不例外。对于大多数员工来说，在典型的上午 8:00 到下午 5:00 这个时间段内使用网络是正常的，因此偏离这个标准应该引起关注。如果设备或设备组在深夜或清晨以新建会话进入网络，则可能表明该设备已受到威胁或被远程控制。在这些情况下，我们需要制定策略来确定在标准工作时间之外为设备提供多少访问权限，尤其是在具有关键数据访问权限的高度敏感环境中。

- 方式：结合上下文身份的其他方面，设备接入网络的方式可以提供有价值的洞察力，用于确定请求是否有效或伪造设备类型。例如，在大多数情况下，苹果 iPad 很少通过有线网络连接。如果发现设备是通过有线端口接入网络，则可进行额外审查，并调查设备是如何以及为何接入网络，并确认其与所展示的身份相符，以确保设备接入网络的媒介与其身份一致。

利用设备的上下文身份可以解决网络中普遍存在的可见性问题。通过结合"谁""什么""位置""时间"和"方式"，以及使用被动探针，能够相对准确地识别设备，并帮助理解其行为特征。接下来，我们将讨论如何收集预期行为数据，并利用上下文身份认证该行为并进行额外的漏洞评估。

除了关注上下文身份之外，还有一些技术可以降低这项任务的复杂性。

- 将网络分解为功能要素。
- 使用敏捷方法，展示"零信任"工作的内部和外部工作的一致性和及时性价值。
- 创建或重复使用通用的文档和映射系统以提升控制和能力。

- 说服架构团队使用直接适用的功能并更新系统的逻辑文档，使其直接受益。
- 邀请集成商、承包商、顾问、应用程序所有者和供应商对其依赖性和设计进行评估。
- 启动对配置管理数据库（CMDB）和其他基于综合资产管理计划的真实来源的审查。
- 通过宣传参与这些工作的内在价值，甚至是零信任之外的内在价值，争取领导者的支持和赞助。

定义网络地图的一个功能区域足以帮助克服这个挑战。敏捷方法使工作流程更加顺畅。组织应该期望收到的关于网络及其内部运作的地图是不完整和正在进行中的。当团队过于追求完美时，延误就会发生。这里将不完美和不完整的数据转化为实施计划中可用的元素。最小可行产品通过加速实施计划来提供价值。绘制现有网络地图从这些微小信息开始。此过程利用这些数据来找到更深层次的含义，并得到将现有网络转变为零信任实施的下一步骤。

7.3　挑战：了解终端的预期行为

在上一节中，我们尚未定义的部分上下文身份是设备对网络的潜在威胁或风险。根据漏洞管理的核心理念，了解设备在组织网络如何交互，可以作为判断设备真实性的依据。通过一系列与预期终端行为相关的模块，我们能够降低这种风险并应对挑战。

7.4　克服挑战：聚焦终端

设备定义了网络的最小构建单元，并且构成了交付给实施团队的初始数据集的大部分子集。创建现有网络整体视图的下一步是为设备分配上下文，这个上下文为这些设备赋予了新的含义。零信任框架处理网络流量时依赖于设备及其使用者的身份。将定义这种上下文身份的因素结合起来，可以形成应对网络活动的功能映射。在任何两个组织之间并不存在可重复使用的备忘单魔法组合因素。实施团队有责任定义这些功能特性。正如之前提到的，利用研讨会来定义适合组织的框架对于将上下文身份映射到设备是必要的。上下文身份决策树提供了一个框架，在过程中根据发现可以进行调整。

创建这个决策树允许对网络上的任何设备基于现有网络控制进行概要分析。这是一个手动策略决策过程，应该由所有利益相关者共同参与。随着这个过程变得更加精细并有文档记录，可以在后续周期中使用自动化。控制措施回答了关于设备的问题，并将设备分配到对应的功能分组中。图 7-1 展示了一个基于顶层组织功能的身份映射示例，提供了基于顶层组织功能的身份分组。这些顶层分组不应超过两个层级。手机就是一个可能存在于树形结构多个分支中的设备示例。通过使用"谁""什么""位置""时间"以及"方式"来确定手机的上下文身份是可能的。此示例将用来展示对这些问题不同的回答如何导致不同的上下文身份。

- 谁在使用该设备？
  - 没有特定用户与电话关联，并且身份是访客电话。该电话属于客户服务部。
  - 通过一个服务账户将 VoIP 线路注册到对讲设备。该电话（线路）属于设施部门。
  - 网络工程师在办公桌上使用注册在他名下的硬件电话。该电话属于园区 / 分支。
- 手机是什么类型？
  - 该电话是桌面软件电话，用于客户支持。该电话属于商业服务部门。
  - 电话集成到用于远程会议的系统中。该电话属于园区 / 分支。
  - 该电话是大堂中供客人使用的无显示硬件电话。该电话属于客户服务部。
- 什么时候使用手机？
  - 在下班后使用无显示硬件电话。该电话属于设施部门。
  - 一位主管在工作时间使用家里的硬件电话。该电话属于用户服务部。
  - 一位主管在下班后使用家中的硬件电话。该电话也属于用户服务部。

确定这些身份是否看起来很随意？每个场景都有不同的答案吗？这两个问题的答案是相同的：是的。这个例子说明了为什么所有关于上下文身份的问题都需要在决策树中得到回答，如图 7-1 所示。真正的上下文身份不仅仅限于"电话""打印机""笔记本电脑"或"相机"。主管在家中使用硬件电话重要吗？电话与业务相关联吗？主管朋友使用手机会有影响吗？此示例展示了复杂的上下文身份如何有助于零信任环境中的决策。请记住，网络上每一笔交易都必须明确允许并加以考虑。由于这是一个持续过程，因此持续重新评估是必要的，包括当事件或事故表明设备或身份受到威胁时。

在允许每笔交易发生之前，需要重点关注的其他领域如下。

- 终端操作系统或固件上的保护机制：幸运的是，现在越来越少有设备在提供底层操作系统访问权限之前要求用户进行身份认证。虽然很多设备使用标准的用户名和密码，只需简单搜索就能轻松找到，但基于身份认证的访问机制比开放访问更可靠。我们不建议使用默认凭据来维护设备安全，但作为一种防范初级的网络扫描方法，这样做总比开放访问要好。

对于在网络中传输数据包的设备，带有签名的软件映像也越来越普遍。可以通过查询设备是否具有签名映像、尝试使用默认凭据登录设备以及要求管理员提供配置信息相结合来评估设备的操作系统或固件。此外，通过使用系统账户或配置的凭据访问底层操作系统或固件，可以帮助指示终端在网络上的预期行为。例如，在 Linux 设备上，预期连接应该存在并已记录，并且可通过 netstat 命令或 ps 命令查看相关进程。此外，一些操作系统会自动跟踪已配置的操作，并指示何时升级了凭据权限。应该调查操作系统的这些方面，以了解与设备操作相关但未知的进程、行为或连接情况。

- 终端操作系统上的保护机制以软件形式安装：除了用于保护操作系统免受未经授权访问或修改的机制外，通常还会使用反恶意软件、反间谍软件或反病毒（anti-X）

形式的软件来防止设备上已安装的软件偏离其预期行为。这些软件不仅作为一种保护机制来应对与网络交互相关的潜在风险，也可以作为评估终端对网络构成风险的考虑因素。集中管理这些软件代理有助于确定终端的软件、文件或行为是否符合未感染基线。思科等安全终端软件能够根据观察到的恶意软件行为数据对病毒感染和恶意软件进行检测。

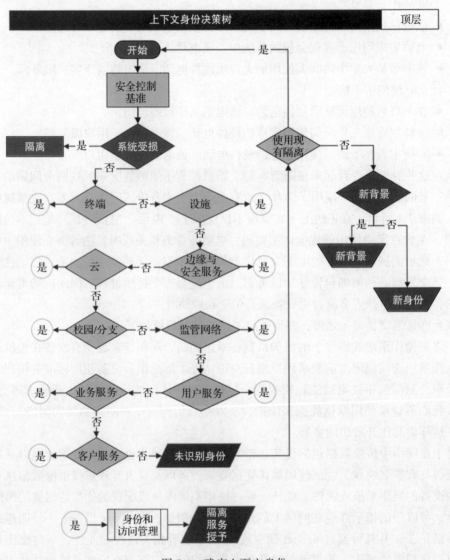

图 7-1 确定上下文身份

- 态势评估代理和验证软件：就终端上的软件而言（如前所述），评估已安装在终端上的应用程序、服务、密钥和定义被称为对终端"态势"的评估。此外，即使操作系统安装了反 X 软件，但如果该软件过时数月甚至数年，其提供的保护将显著降低，并且会增加终端对网络造成的风险。第三方代理可以评估终端上软件的存在情况，并提供诸如应用最后一个策略定义的时间等详细信息。可以将此信息与供应商提供的某个时间点或最新定义版本进行比较，然后在不满足这些条件时触发补救措施。

- 理解终端在网络中的通信需求：设备在实现其目标时可能需要不同复杂性的资源集合，但我们应该建立一个基线来了解访问网络内部目标所需的端口和协议。如果没有这个基线，那么判断设备是否按预期行为将变得困难。思科安全网络分析工具利用 NetFlow、sFlow 和 OpenFlow 来捕获设备间通信并总结观察到的通信情况。该信息可以与上下文身份集成，以更好地映射身份到身份的通信，而不是价值较低的 IP 地址。

例如，许多 IP 摄像头需要与集中式网络视频录像机（NVR）进行通信，以定期或实时流媒体方式发送视频。然而，这些摄像头通常需要管理员手动配置每个摄像头的地址到 NVR 上，或者查询对等设备以获取该地址。在很多情况下，这种逐个配置被证明在管理上是复杂且耗时的。因此，许多 IP 摄像头采用点对点通信来自动确定 NVR 在网络中的位置并进行动态配置。在某些环境下，这种通信可能被视为潜在的僵尸网络或蠕虫行为，其中一个设备的配置信息被传递给另一个设备，并可能发生多次传递。尽管这简化了设备管理过程，但不了解设备之间的通信模式、不知道其是否符合软件制造商记录的预期行为，以及不了解同类设备之间通信所使用端口带来的风险都是相当大的问题。

- 理解终端在网络外部为履行其操作需求而进行的预期通信：使用云控制器、管理控制台或数据库来扩展物联网（IoT）设备导致了一种独特的操作挑战，即管理员可能不了解终端依赖的升级时间表、流程或目标。虽然通常期望设备能够为软件中存在的大多数与安全相关的漏洞进行修补和补救，但很少知道这些设备在哪里进行通信，以及在哪里接收这些修补程序。冗余的地理分布点增加了必须克服的挑战难度。最后，云资源的性质以及它们根据软件提供商的规模快速、动态地创建或删除的能力，增加了组织面临的显著风险，除非采用某种机制跟踪这些信息。由于许多这些设备可能通过更改其固件来从集中管理中"越狱"，因此管理员更需要了解这些类型设备的预期行为模式。这一挑战将在下一节中进一步探讨。

- 了解预期基线行为的变化：在市场上，相对低成本且功能比较好的设备变得越来越重要。了解设备连接到网络后能做什么以及目前正在做什么是至关重要的。定制化设备应该记录下它们在网络上执行的有限职责，并定义当前使用哪些功能以及支持这些功能所需的端口和协议。此外，还应该记录终端潜在的功能和能力，以及给定设备可以使用的所有端口和协议的完整列表。这些信息可以来自设备文档或通过详细测试获得。在漏洞管理评估中，组织应确保有一个可供查阅的存储库，以更好地利用已经存在于网络中的设备，并满足新业务需求。通过这样做，可以节省成本并更好地维护设备一致性和可预测性行为，从而提高安全性水平。

7.5 挑战：了解外部访问要求

网络安全管理员在终端面临的最大挑战是确定终端应该在何时联系外部资源，以及设备更新或研究查询所需的资源。在使用物联网设备（例如智能助手、房间调度面板、温度传感器、湿度传感器和人体安全设备）的行业中，这些设备的利用率不断提高，因此需要了解这些设备实际上正在消耗哪些资源，以评估其给网络带来的风险。组织中的设备的智能化程度越来越高，在办公室配备智能扬声器有很多便利，如通过语音查询自动执行任务、利用数据分析向用户提供相关答案。即使是曾经与远程工作环境相关的任务，例如播放音乐以集中注意力、在多任务处理时快速回答询问，或者允许在家中进行通信而无须中断其他工作流程，现在也在工作场所中找到了共性。例如对于本书作者来说，如果没有智能助手播放音乐来帮助集中注意力，本章就不可能完成。

7.6 克服挑战：了解外部通信要求

便捷性，与任何零信任的事物一样，必须与这类终端所涵盖的"即服务"相平衡。了解终端与外部站点和服务的通信要求无疑是一项艰巨的任务。在各种行业组织中使用的企业级、工业级和消费级设备的混合，使得依赖产品供应商提供网络交互文档成为一种令人失望的做法。此外，由于设备制造商的性质，物联网（IoT）供应商通常使用基于云的弹性基础设施，这与其选择的云中的动态更新的 DNS 名称相关联。因此，或者允许这些服务访问其各自供应商域内的任何内容，或者花费时间跟踪这些设备通常如何使用以及以何种方式使用，这个极具挑战性的决策进一步加大了验证这些使用模式的难度，从而对零信任或以安全为重点的架构提出了新的挑战。

在实际实现这类设备时，克服这些挑战的唯一方法是投入时间和精力，使用网络中常见的工具来建模经常访问的外部资源模式。大多数组织通常使用位于网络边缘的防火墙或互联网代理来映射进出网络的所有通信，这是一种常见的控制手段，并提供了与连接相关的丰富数据。了解这些连接的最有价值之处在于将 IP 地址管理（IPAM）系统或上下文身份集成到流日志本身中。通过使用上下文，当能够以人类可读的方式建模通信模式时，便实现了其价值。这种人类可读的格式是描述上下文身份信息的方式：用户在设备上、位于某个位置、在特定时间通过某种媒介与另一个身份进行通信。然后可以利用此通信模式创建基准来评估观察到的设备通信情况。

与了解网络内部通信方式类似，正如在 7.5 节中所讨论的，还可以使用其他工具来观察源、目标、端口、协议和报头信息，以克服这一挑战。NetFlow 连接和处理工具（如思科安全网络分析）、位于网络内部的组织防火墙以及终端网络分析代理（如思科安全终端的网络流量分析模块）可以用于制定比较分析的基准，并应在可能的情况下包括机器学习能力，以减少管理开销。在离终端更远的地方，互联网代理、边缘防火墙和入侵防御系统

可以用于标识身份，并找到所有内部来源终端的集中遍历点。最后，可以使用集中管理的
DNS 服务，如思科 Umbrella，通过分析命名系统来建模相似设备在网络外部的通信位置。
对于大多数云服务提供商，人们期望用于运营业务和促进终端功能的资源将比恶意软件感
染的资源更长寿、更常被访问，后者将需要定期更改服务器、托管提供商或云服务以避免
被检测到。

　　这个例子没有考虑的是，当工业物联网设备、湿度传感器或智能扬声器没有请求者或
交互式识别能力时，实际上它并不是所呈现的样子，而是一个欺骗目标设备在网络中呈现
方式的设备。如果只使用 IP 地址作为唯一识别机制，并且不存在基线（通常在注重连接性
的架构中会出现这种情况），那么设备可以与大量资源进行交互而不被检测到。在建立连
接之前，应该明确该设备的通信基线（与其上下文身份相关），并将其作为零信任架构中跟
踪行为的一部分。此示例旨在展示了解终端外部访问要求的必要性（已经成为一种常见做
法），同时强调了在漏洞管理过程中需要监测与上下文身份相关的行为。这个概念比零信
任概念存在得更久，并特别强调了理解流量以允许访问。随着零信任和网络上物联网设备
越来越普及，这种漏洞管理技术变得更加重要。

　　行为追踪很大程度上仍需要大量投入。回顾以连接为中心的网络架构转向以安全为
中心的网络架构的概念，即使连接是主要目标，资源也必须通过基于区域的安全保护机制
（通常是防火墙）才能被允许访问公共互联网。在许多情况下，仅当存在已经建立的出站连
接时防火墙才允许入站的流量。这样的出站规则是显式配置的。然而，这些规则的生命周
期很少包括审查或废弃，甚至不会评估是否存在重叠的规则。除了跟踪此行为并了解设备
的流量基线之外，还必须利用变更管理系统来确定请求者、所有者、设备和规则的生命周
期。在规则从未经过审核的环境中，通常会存在数十万条规则，其中很大一部分在地址和
目的上是重叠的。现在，失效的规则也普遍存在，并且永远不会被删除，因为删除它们可
能会影响正常业务。这是与规则管理直接相关的风险。所以需要跟踪规则的这些方面，以
克服过时的规则集带来的挑战，如允许意外的通信模式，或阻止为实现零信任而必须做的
规则更改。

　　零信任技术的发展方向是，根据终端的上下文身份应用策略，对于外部设备的执行也
尽可能接近终端。有了上下文身份，就可以允许该身份进行特定通信，并在其进入网络的
入口处进行分配。通常可以通过使用思科身份服务引擎等 NAC 产品，并结合第 6 章中的
多种保护机制来实现这一点。

　　总之，要克服外部访问要求的挑战，最好的办法是首先了解终端的上下文身份，然后
创建所需的通信基线。这种通信大部分需要在连接外部的防火墙上进行。如果维护得当，
防火墙可能已经包含了大量与设备外部通信需求相关的信息。对于大多数组织而言，防火
墙爆炸式的增长对这项工作的帮助不大，从头开始进行设备通信的映射可能会更省力。可
以利用多种工具发现这些通信，防火墙仍然是其中之一。假设网络的大多数出口点都有防
火墙作为保护机制，那么防火墙日志就可以集成到穿越防火墙的终端身份中，利用设备的

上下文身份与之前包含在防火墙规则中的已知 IP 地址进行匹配。然后，可以通过终端会话的相关策略、访问控制列表或靠近网络入口点的其他控制，来推动执行。这种方法不仅可以将策略分发到最接近终端的接入层，还可以清理管理不善的防火墙规则。

下面将进一步介绍映射外部通信的潜在方法。

7.6.1 网络抓取设备

网络抓取设备（Tap）通常部署在组织的边界，但在单一网段内则较少见。这些设备能提供 1∶1 的网络流量视图，由于其复杂性，无法直接以原始形式使用。通过将这些流量汇集到安全设备中，我们可以深入洞察流量信息而无须直接干预。网络抓取设备不仅用于数据中心内部，也广泛应用于跨数据中心作为故障排查和网络可视化工具。

7.6.2 NetFlow

NetFlow 根据收集数据的源设备提供不同级别的详细信息。例如，来自客户端（如思科 AnyConnect 客户端中的网络可视性模块）的 NetFlow 报告，不仅提供了详细的 NetFlow 数据，还通过安全信息和事件管理（SIEM）仪表板（例如 Splunk）增强了网络的可视性。需要注意的是，某些 NetFlow 源仅发送采样数据的 NetFlow 数据，这通常说明该设备配备了具有处理高数据能力的内部通信系统（即高吞吐量背板）。因此，组织在实施过程中可能需要考虑流量收集设备的特性，如思科的安全网络分析流量收集器，以更好地监控和理解这些方面的网络活动。NetFlow 和由 NetFlow 数据支持的分析工具为段间和段内流量提供了极好的可视性。

7.6.3 封装远程交换机端口分析器

交换机端口分析器（SPAN）和封装远程 SPAN（ERSPAN）将设备的流量副本通过备用接口发送到类似 Tap 的设备。Tap 依赖于专门为该任务设计的硬件，并且可能并非在所有情况下都可行。SPAN 配置会增加现有网络基础设施和运营团队的负载。SPAN 还可以收集线路上的数据，这些数据可能有助于故障排除。流量较大的聚合网络可能会受益于 SPAN 会话，但还应考虑实施所需的规划、配置和资源。

7.6.4 代理数据

网络上分布式节点提供的数据是聚合数据。这些数据使团队能够洞察单一节点看不到的信息。如同思科安全工作负载（Cisco Secure Workloads）一样，这些控制提供了对流量和行为的映射，这对零信任和微观隔离至关重要。规划团队使用这些工具还可以扩展到识别要迁移到云端的工作负载。从这些系统中解读的有价值数据直接用于实施规划的策略制定。这一领域的工具在网络中以不同形式和区域存在，但为网络内外部通信提供了最有价值和详细的数据。

7.6.5　事实来源

团队在探索上下文身份、流量、业务需求和策略时会遇到包含多个来源数据的系统。这些系统可能源自业务的各个领域，但并非单一的事实来源。组织应努力创建并维护单一的事实来源。维持各个事实来源的准确性存在很多困难。实施团队需要强调更新或创建文档的重要性，以提高这些系统的存在性和准确性。

7.6.6　配置管理数据库

配置管理数据库提供了 IT 资产及其相关数据的清单，这些资产被记录为配置项（CI），包含了构建身份的重要信息。该数据库不仅能够帮助实施团队识别网络中活跃的设备，也可以用来检查已报废设备是否处于非活动状态。正确的 CI 所有权将有助于实施团队识别在零信任阶段使用的环境组件。此外，这些数据还优化了审计和报告功能，确保在应用程序或团队所有权变更时，能够准确地分配并记录指定资产。

7.6.7　应用程序性能管理

应用程序性能管理（APM）解决方案有助于组织追踪应用程序的运行状况及其影响。APM 可以准确记录应用程序的价值与其目标之间的对应关系。通过比较具有相似功能的应用程序，可以节省内部成本。从零信任视角来看，APM 为保护和衡量实施价值提供了大量机会，将每个应用程序视为一个细分领域进行防护。零信任模式通过仅在需要时允许通信来保护应用程序免受攻击面的影响，并促进优化。例如，可以通过限制不必要的资源使用来实现云端启动，这是一种有效的节约方式。

7.7　挑战：网络的宏观隔离与微观隔离

将策略分发到终端连接的会话或端口，确实引出了一个问题："组织需要多大程度的网络隔离？"尽管许多组织声称已经通过防火墙进行了网络划分，但也有一些组织认为只要任何两台设备能够无限制地通信，那么网络划分就永远不够。对于某些组织来说，这包括同一交换机、同一 VLAN 上相邻的端口以及连续的交换机端口。

传统网络设计通常把"可以通过路由和策略应用进行隔离的独特网络区域"定义为网络隔离，以防止未授权的部门间通信。也就是说，这个定义意味着将网络划分成基于 VLAN、IP 子网或虚拟路由和转发（VRF）实例的逻辑结构，并通过防火墙或类似设备集中管理。然后，在这些逻辑区域之间或可能与外界之间设置穿越策略的防火墙规则，规定在跨过安全边界时如何进行通信。然而，这确实考虑了安全边界存在于多个跃点之外，但没有考虑到在给定逻辑区域内可能存在多个终端设备。

除非每个终端都被放入自己的逻辑结构中，并且为每一对终端组合设置策略，否则这些终端将能够无限制地通信。当使用更常见的逻辑划分方式，如 VLAN 时，这意味着在一个由多个交换机通过防火墙集成的扁平网络中，最多可以使用 4094 个基于多跨树（Multiple Spanning Tree）的段。进一步来说，如果每个终端都被放入自己的段以创建策略并阻止点对点通信，则任何网络都不能超过 4094 个终端设备。相比现代网络需求，这显然是远远不够的。

7.8　克服挑战：决定哪种隔离方法适合组织

组织必须思考在网络受到威胁时，应该设定何种"冲击区域"（即受影响的网络范围）。换言之，控制点（应用控制机制所在地，连接设备的位置）内能容纳多少设备？更重要的是，什么样的上下文身份标识可以存在以满足可接受风险容忍度？正如挑战中所描述的，使用 VLAN 手动隔离设备会带来大量操作成本，并减少了一个地理区域可能拥有的终端数量。因此需要一个动态引擎，无论介质如何都能确定性地将终端分配到各个段中。同时，正如挑战中提出的，VLAN 在扩展性方面存在限制，并且必须依赖其他上游设备进行强制执行。鉴于这一限制，组织开始依赖于上游硬件并根据其处理能力进行升级。

尽管防火墙和其他安全聚合器对于层次化执行模型和整体网络划分仍然具有价值，但它们在实现终端隔离方面已被证明不如分布式划分模型有效。组织已经意识到，允许终端根据其上下文身份确定其访问权限的机制，可以降低开销并为终端近处应用提供所需访问权限。对于有用户存在的终端，通过像 LDAP 或微软活动目录（Microsoft Active Directory）这样的机制分析用户群组，为确定该用户对网络或其他用户构成的风险等级提供了额外手段。使用执行机制——例如 Cisco TrustSec 来确定 VLAN 或本地段内的访问权限、动态 VLAN 分配以指定本地段，并利用可下载的访问控制列表来控制段外访问以及防火墙从而控制外部访问——创建了一个由多种执行机制的组合，这些机制共同构成了层次化划分模型。

分布式策略应用程序带来了一个普遍问题："粒度细致程度是多少才算合适？"这需要考虑许多因素，通常包括：

- 减小与"爆炸区域"内设备相关的风险。
- 收集数据，展示上下文身份如何在给定细分内部、之间和外部进行互动。
- 实施隔离所需的运营成本。
- 接入设备对隔离机制规模的支持能力。

大多数情况下，组织开始时提出的网络隔离级别要么过于详尽，要么过于宽泛。那些一开始就做得太详尽的组织，它们主要是想把爆炸区域缩小到最小，并没有评估流量模式中真正存在的风险。这些组织往往只关注每个上下文身份及其特有的端口和协议通信，并未考虑该上下文身份是否会响应发送至控制策略中未涵盖的端口攻击。例如，如果一个设备在 80、443 和 10666 端口运行但永不确认发送至 10669 端口的数据包，则阻止此无响应端口可能并无价值。将其他在 80、443 和 10669 端口通信的设备纳入此爆炸区域，风险微乎其微甚至无风险，同时还能扩大规模并减少额外策略分配的运营成本。

在其他情况下，有些组织会忽视设备被利用的风险，将具有重复端口和协议的设备归为一类。如果把关键任务服务器或三层结构网络、应用程序和数据库放在一起，其中任何一个出现问题都可能导致灾难性后果，使多个终端瘫痪并严重影响正常业务。

7.9　挑战：新终端接入

通常，组织会将主要关注点放在当前网络的隔离以及已经可以访问的内容上。毕竟，最常参与网络隔离的团队也是日常管理网络的团队，如网络团队、网络安全团队、运营团队和应用管理员等。然而，很多组织发现面临的最大挑战在于"次日"隔离操作，因为业务不断发展需要对新购或引入的设备在隔离模型中的位置进行决策。在实施隔离前，尤其是防火墙管理员经常会收到来自内部部门工单或电话请求授权 IP 范围以访问外部资源（可能是域名或 IP 地址），这些请求可能附带也可能未附带对访问资源的内容或原因的说明。当转向需验证上下文身份和遍历模式的安全架构时，必须制定新的流程，以便通过本章所述的分布式执行机制来识别新设备并提供访问权限。

7.10　克服挑战：一致的入网流程

在企业环境中，"X 即服务"的使用越来越普遍。制造商和其业务合作伙伴会为组织定制开发，并安装到相关设备上，然后直接交付给用户。这种方式可以节省企业设备的时间，并缓解组织在隔离策略中面临的主要问题——企业终端。另一个需要克服的挑战是网络上物联网和非标准成像设备的使用。这些设备通常直接送至组织或购买者处。为了方便访问，应实施一项策略：新购置并将在网络上使用的设备应被送至网络设备的集中接收区域。当然，此策略需考虑到设备所有者、购买者及管理员身份识别才能成功执行。当设备运达集中接收区域时，网络团队首先对其进行拆箱检查并连接到网络。

连接后，注册该设备以创建上下文身份并评估其对网络可能产生的风险。常见做法是，在接收位置设置一个安全性较高但访问控制较宽松的本地网络访问设备，该设备可使得新添加的设备获得完全授权同时保证自身安全性（通常通过自有防火墙）。某些环境下，会有独立的直接互联网接入线路，以防止设备可能对公司网络产生威胁。连接到网络访问器件的终端配置有 NetFlow 数据收集功能，并且会记录终端 IP 地址、外部访问的内容以及尝试内部访问的内容。为了成功注册，应提供对架构的理解。创建上下文身份、从本地网络访问设备收集流量、收集上游防火墙日志和观察设备行为等步骤不仅保证了设备连接的安全性，也便于在入网时记录关于设备及其架构的信息。这些控制组合可以大幅简化故障排查和问题解决时间。

形成上下文身份并完成流量收集后，应记录设备功能是否包括使用 802.1x 进行网络认证，在适用的情况下评估设备态势并加入管理系统，以及与具有类似功能的其他设备分组。这些分组通常是静态的，在网络访问控制服务器中被指定给某个固定群体。该群体将生成一个授权结果，赋予设备所需的权限；这些权限由控制器统一管理并分发给各个网络访问设备。

7.11　挑战：应用于边缘网络的策略

受全球大事件影响，2020 年成为了推动员工在家办公的一年，也开启了在家工作的新趋势。对众多人而言，持续的全程远程工作环境带来了新挑战。用户需要在离中心网络较远的地方接入网络，并保持标准安全操作，这变得至关重要。此外，许多人认为 VPN 连接会明显降低应用程序和工作负载的速度。这导致了无 VPN 架构的出现，包含身份网关，设备可通过此网关进行连接并验证其欲使用的网络资源识别会话。该识别会话仍然利用上下文身份作为安全机制。尽管很多人可能会觉得使用 VPN 客户端有些麻烦，但它提供了不少价值，如协同操作系统钩子协助辨识终端等功能。VPN 在整个网络及作为远程边缘网络的关键部分上都受到了额外的审查。

对管理员来说，则面临着一个新的挑战：如何将与办公室内联网用户的相同限制应用于远程访问会话？许多技术只专注于某一方面的连接问题——或者园区有线、无线连接，或者远程访问连接。

7.12　克服挑战：无处不在的策略应用

在精心设计的零信任网络中，用户连接位置对其访问权限的影响微乎其微。身份认证方式保持不变，唯一例外的是终端连接位置：从网络访问设备转为远程网络。这种上下文身份认证可根据终端风险评估制定策略，尤其适用于广泛授权远程访问设备的情况。在此类情况下，应根据公司监视范围之外访问的资源风险来施加额外限制。

VPN 有多种类型。客户端 VPN，即将数据封装并通过非安全媒介传送到安全网关进行解封装和路由至目标地点的软件，在企业边缘远程访问网络中最常见。这种基于软件的 VPN 成本低廉，并能提供操作系统等信息，甚至可以与其他产品集成。例如，它可以确保客户端使用统一 DNS 服务器或将数据包重定向到漏洞检查或数据包分析机制，并可能引导用户验证设备状态。相比所带来好处而言，要求用户通过 VPN 连接产生的额外负担很小。

无客户端 VPN 是软件 VPN 的一个替代方案。该方案通过形成一个加密隧道将特定应用程序流量路由至隧道终止点，作为已建立加密会话的一部分。这种 VPN 面临的挑战是，只有在形成隧道的特定应用程序（通常是 Web 浏览器）中打开的流量才能通过隧道重定向并在当前会话中加密。虽然此替代方案提供了较低建立隧道时间开销，同时确保数据包经过加密并通过集中终止点发送，但最小开销可能导致其在现代设备上的使用场景受限，因为许多业务操作需求超出了网页浏览器的范围。

当客户端和无客户端的 VPN 无法满足保护流量访问的需求，或组织希望实现真正的办公体验时，一种选择是采用分布式 VPN 架构。这种架构通常最符合零信任原则。分布式 VPN 架构也称为"盒式分支"，它可以在员工家中部署小型路由器，与企业标准路由器相比，其可用端口更多。然后该路由器与 VPN 头部建立连接，并利用 DMVPN、GETVPN或 IPsec VPN 确保公网隧道的安全。这样用户不仅可以接入个人计算机，还可以使用硬件电话、视频设备、测试设备等。

另一选择是基于身份网关的平台，如 Cisco Duo Access Gateway，在此设置下允许用户连接到通常基于 Web 的应用程序。用户请求会重定向至应用程序网关并查询设备上安装的用户代理以审查机器是否得到适当管理以及满足定义要求。满足条件后，用户将获得对应用程序的访问权限或收到错误消息说明拒绝原因。

在零信任架构中，硬件 VPN 允许员工家中更多设备连接到网络，并且通过将办公室内交换机和硬件配置（只需少量修改）应用至家中部署的硬件，使得策略一致性更易实现。与在中心总部处理大量会话并整理所有终端产生的日志不同，可以将额外的上下文身份信息纳入硬件的日志和信息中，包括设备主机名等。通过硬件连接的设备无须建立网络连接或使用 VPN 应用程序，而是直接连接至硬件，并允许其使用任何提供的身份信息进行认证和授权。这些设备更易于管理漏洞，因为此时可基于设备连接企业的覆盖网络来扫描设备，并构建路由以与之通信，而非必须允许流量返回至终端所在位置并进行加密连接。尽管硬件 VPN 客户端成本高于软件 VPN 客户端，但如果完全采用且优先于基于软件的实现，这种解决方案在长期可能更节省资金。

无论何种连接模型，都应通过集中管理工具从网络访问控制服务器获取并执行策略。对于基于客户端的 VPN 连接，这包括配置隧道组，即终端接入网络设备并动态授权的方式。使用无客户端或身份网关时，也需从网络访问控制系统获取上下文身份，并执行集中配置的标准化授权结果。尽管上下文身份可能因位置变化而改变，但其他四个方面的集中策略仍应保持有效。

回顾前述内容，在策略实施过程中需要克服管理开销问题。其中一个考虑因素是远程访问客户端或适用终端配置的设置。零信任配置在可见性、漏洞管理和执行方面相对直观且易操作，但将其应用到终端可能较困难。例如，为获得上下文身份，VPN 终止点可以指向策略服务器，并一致地将政策应用到会话结束点。这种政策依赖于会话并且对该终止点是唯一的；然而，它要求用户使用软件客户端进行连接，需要协助用户建立连接并提供部署机制以明确如何成功设置客户端。一种常见做法是利用软件配置工具，如 Meraki Systems Manager。用户只需下载客户端，输入注册码，并使用授权凭证登录网络以配置管理代理。这种设置甚至可以包括双因素身份认证。

对于基于硬件的实现，例如思科的 Virtual Office 产品套装，提供带有内置防火墙和无线功能的路由器以及基于硬件的电话。为了顺利进行设置和配置，最有效的方法通常是在办公室或由技术人员预先配置硬件。对于无客户端实施方案，可能需要将浏览器隔离设置推送到终端设备上，这可以通过集中管理控制台完成。对于任何一种解决方案，目标应始终是最小化用户选择并配置解决方案后获取连接所需采取的步骤数。

7.13　挑战：组织相信防火墙就足够了

正如我们在本章中讨论的，防火墙多年来一直是大部分组织的首要防线，作为外界与内部网络间的安全门户。很多组织认为防火墙能满足对安全性的需求并保护其网络。这些组织通常更注重连接性或已经拥有大量防火墙设备。如前所述，通过强制所有网段路由经过防火墙，并明确规定网段交互方式，可以保护正确划分的网络。然而，"仅依赖防火墙"的隔离方法面临着一个挑战：需要根据数据吞吐量和防火墙数量进行调整。这意味着当用户或吞吐量需求增长时，不仅需要增加接入层连接能力，还需要增加防火墙数量，尤其是链路速度或网段数量增加时。

一种挑战通常存在于大学和研究网络中，并且可以从过去经验中汲取教训。两个特点使得大学网络成为零信任学习的关键案例：首先是它们运行着庞大非军事区（DMZ），包含所有研究终端和宿舍基础设施终端；其次，大学网络不依赖防火墙允许特定的端口和协议，也不试图通过防火墙路由所有流量并创建大量终端所在的隔离。相反，它们采用深度防御作为一种成本更低的替代方案，在多个层面实施安全措施而非仅依赖传统防火墙保护。这样做使得大学网络能够更有效地管理和保护其复杂且变化多端的环境，并减少对昂贵、复杂网络隔离的依赖。

另一种主要挑战是校园内部分布式特性，如州立大学系统等单一行政领域下的情况。在每个校区部署一套防火墙可能过于昂贵，且各校区或场所访问相同资源的配置可能会重复。相反，直接互联网访问可以通过代理或基于云安全过滤解决方案进行保护；同时还有一个用于关键业务流量的独立隧道，该隧道提供至集中数据中心的安全传输，并可在数据经过集中、边缘防火墙前携带识别信息并验证身份。

7.14　克服挑战：纵深防御和以访问为重点的安全

可以说，许多组织现在正在尝试或应该尝试实施一种以终端处理为基础的实践模型，这种模型主要适用于大学和研究网络。此模型可以分解为以下几个关键点：

- 视每个终端设备为可能威胁网络安全的源头。
- 除必要服务和交互外，将终端设备与网络其他部分隔离。
- 要求使用这些终端设备的用户同意相关策略和管理规定，并明确获取相应访问权限的具体要求。

- 在访问策略中，需要确定组织能够推动实施的上下文身份级别。这与组织当前所采用的工具直接相关。
- 在网络入口处执行强制性措施并进行漏洞管理，包括无人操作设备需主动注册或需要出示证件的设备必须提供证件。

在考虑防火墙是否能满足零信任环境需求时，除了前述的数据吞吐依赖问题外，仅用防火墙策略进行网络隔离的管理成本也是极高的。由于大部分防火墙被设计为边缘设备，用于控制入站和出站流量，因此试图利用与 VLAN 关联的子接口会遇到我们之前讨论过的限制：最多只有 4092 个可用 VLAN、无法在 VLAN 内部应用控制机制来阻止点对点通信，并且需要实施可能达数十万条的跨 VLAN 遍历规则。这些遍历规则的主要开销通常与每个子接口允许的共享服务相关。即每个子接口至少需要以下六条规则：

- UDP DNS 出 / 入站以解析名称。
- TCP DNS 出 / 入站以解析大于 1024 字节的数据包名称。
- DHCP 出 / 入站以分配地址，除非所有设备都使用静态地址。
- UDP 身份认证出 / 入站以进行主动身份认证和上下文识别。
- 远程访问协议，在故障排查中远程管理设备。
- 终端域控制器或管理系统流量。

假定一道防火墙可以支持 2046 个 VLAN（即终端数量一半），则这组基本的端点要求也将创建超过 12 000 条初始规则。或者，可以采用深度防御的分布式策略和规则层叠，除了应用标准规则外，还可以应用基于身份的规则以提供类似保护级别，并验证终端行为。

当零信任原则与此设计结合时，我们可以摆脱对防火墙的依赖。在设备连接网络前，用户需同意一项策略，明确他们及其设备需要遵守的规定。这可以通过签署策略或接受注册前显示的条款和条件来实现。然后将该页面转为注册页面，用于自动引导非用户设备（通常基于 MAC 地址）。当终端连接到网络时，会向策略服务器进行认证，并根据其上下文身份进行评估。作为上下文身份的一部分，终端将有一个要求接受态势调查、适用并得到操作系统支持的策略。满足这些条件并关联包括位置在内的上下文身份后，将应用相应的策略。

所应用的策略应根据上下文身份动态执行，即每个设备不再由远程防火墙中心化管理。虽然每个设备都会重复前面六条规则的内容，但可根据各自身份使用不同的资源集。例如，对于需要特定 DNS 服务器的设备，可利用与用户或设备配置文件相关联的组信息获取访问权限。如果需要入站流量，也可以通过策略应用此访问权限。除了第三层（段间）访问外，还可以添加基于第二层（段内）访问的额外策略。这是使用防火墙和在网络访问设备上实施的主要区别。

即使已应用段内和段间访问策略，也可启动其他策略，例如通过 NetFlow 监控设备行为并根据其行为动态更改设备策略。DNS 过滤和访问同样适用，访问无关业务或潜在恶意站点会改变设备对网络的权限。此类权限更改可能强制终端重定向，直到用户确认并接受他们被禁止的行为。所有操作、所应用的策略以及策略变化记录都将集中进行，供日后检查和学习。

这种从集中式防火墙向分布式安全模型的转变也有助于区分终端访问不同网络的方式。例如，对外网访问仍可设定防火墙，并部署如 TCP 规范化、入侵保护、恶意软件扫描、数据泄露防护（DLP）等多项服务。由于只需处理部分流量，通常可以选择吞吐量较低的小型模型，而非负责传输园区、分支机构或站点所有流量的大型防火墙。其他可能替代方案包括云代理或网关、内容缓存引擎、将所有流量回送至数据中心或设置点防火墙的集中隧道，或者仅用一台具备类似防火墙功能且能控制出站流量访问权限列表的路由器。

为了确认终端是否符合策略要求，我们有多种方法进行扫描、分析和管理终端。下面部分将介绍实现此目标的可能方法。

7.14.1　漏洞扫描器

漏洞扫描器是拥有完备威胁情报数据的关键平台之一，该扫描器依赖这些数据识别并理解各种网络威胁。因此，其价值与所用威胁情报数据质量紧密相关。在评估现有或新的漏洞扫描方案时，必须考虑多元化的威胁情报源，并确保平台能够接纳不同来源的信息以实现最佳覆盖范围。同时，也要确保选定的漏洞扫描平台正确配置以进行身份认证扫描。即使拥有优质的威胁情报数据，其价值仍取决于漏洞扫描器对网络的访问级别。如本书其他部分所述，经过身份认证的扫描及其价值可防止可见性丧失和安全态势的降低。

7.14.2　设备管理系统

设备管理系统可能有多种名称，如移动设备管理（MDM）、企业移动性管理（EMM）和统一终端管理（UEM），这取决于其关注的重点和能力范围。但对威胁情报而言，各平台间的差异并不像描述得那么大，因为所有平台都非常依赖威胁情报数据。无论具体分类如何，这些管理平台都提供了一些核心功能，尤其是设备态势验证。此验证可根据组织需求以及设备功能和能力进行配置。然而，它可能包括当前补丁状态、已知漏洞的脆弱性、反恶意软件定义日期等基于数据源的数据。为准确评估设备态势，这些系统需要最新的威胁情报数据，以保证合规判断基于最新、最全面的信息。该判断质量将取决于向该平台提供数据的威胁情报源质量与频率。

7.14.3　恶意软件预防和检查

恶意软件防护平台的职责是识别并尝试阻止恶意软件入侵网络或至少限制其在网络中传播。这些工具可以利用多种技术来检测恶意软件，如启发式方法、签名、沙箱技术和静态分析等。虽然基于签名的检测方式较为陈旧，并且可被多态代码等手段规避，但仍需定期从威胁情报源更新已知签名。其他技术也需要定期更新并输入系统中。例如，启发式方法可能需要更新，但不是针对特定类型的恶意软件，而是针对新出现的可能被利用来感染系统、伪装自身或在设备间传播的新技术。同样，沙箱技术只有在能够检测到异常行为时才有效，随着威胁者开发出新型利用设备漏洞的手段，使得恶意软件能够更好地在系统内生存下去，因此必须不断适应并更新输入，以了解如何发现这类新的行为。即使是新兴的检测概念使用人工智能或机器学习训练代码来识别恶意行为，也需要根据底层代码和模型改进进行更新。所有这些都属于威胁情报领域的一部分。组织的恶意软件防护和检测工具，必须有能力快速更新这些检测机制。

7.14.4　基于终端的分析策略

无论是反恶意软件工具还是先进的检测响应系统，都需要定期更新威胁情报源以发挥其最大价值。这些系统能够通过自动修复或针对人工分析和干预发出警报来识别并应对威胁。识别威胁的能力直接取决于威胁情报源的完整性和及时性。其他需要高质量威胁情报数据的系统同样适用于终端防护系统。终端设备常常会成为恶意软件攻击的目标，因为它们比网络基础设施或服务器更普遍，并且可能由于缺乏隔离措施以及满足组织内不同角色用户需求而具有一般访问权限。

在很多场景下，终端设备也是恶意软件首次入侵网络的途径，原因包括用户下载未知文件、插入 USB 驱动器、点击风险链接或执行其他可能使设备暴露的危险操作。因此，终端平台在尽快检测到威胁并尽力预防或限制其影响方面起着关键作用。这些功能主要依赖提供给平台的威胁情报数据，这些数据赋予了它们识别这些威胁的必要知识，尤其是威胁环境不断变化、恶意软件或其他威胁在传播和避免被检测方面变得更加隐秘和复杂的情况。因此，持续获取高质量的威胁情报源对于这些平台来说至关重要，可以减少组织面临的威胁风险。

7.15　克服挑战：保护应用程序而不是网络

即使已使用分布式应用程序保护内部资源，但组织仍需对其实施额外的安全措施，以在网络中进一步加强安全层级。在前述场景中，大多数考虑都涵盖了上下文身份、网络访问控制和硬件控制等主要应用控制手段。尽管我们还未提及这些控制手段也适用于向客户端提供服务的应用程序和软件，但它们并未被忽视，而是防御深度策略的一部分。

换言之，零信任的五个核心支柱仍然适用。当涉及网络上的任何应用程序的访问时，近年来身份识别已成为必备条件，并不允许匿名访问。可以直接登录应用程序获取访问者身份，并将账户存储在本地系统。然而，一种更好的替代方案是作为某种身份提供商，在无须以潜在风险方式在线存储身份信息情况下进行外部验证。用户可在 Facebook、Apple、Google 和 Twitter 等社交媒体平台创建的公开可见账号进行登录验证。另一种选择是将单点登录（SSO）集成至企业内部使用的应用程序，进一步与双重身份认证应用程序集成。这些双重身份认证应用通常在首次创建账户时向用户发送电子邮件、电话或短信，信息接收地址或电话号码为用户预先存储的。此身份信息被保存为"令牌"，可在网络的各个应用程序间引用，并验证用户是否拥有有效会话，从而减少登录次数。

对于应用程序来说，漏洞管理更多关乎传入和传出数据的验证，而非终端检查。访问应用程序时需重点验证数据包的头部信息，确认请求模式或格式是应用可以处理并愿意处理的标准，并根据安全特性配置确保请求的有效性。若无此类验证，则可能遭受跨站脚本、SQL 注入等攻击手段。成功登录后传入和传出的信息同样如此。对数据包头部及正文中收到的信息进行核验可以确保其处于应用交付能力范围内。还需要考虑利用基于DNS 的服务来确认请求的来源，在确定 IP 源以及特定区域访问模式后，甚至可以通过查询主机名判断其是否托管在高风险云段中。这些都是将应用面向广大公众时必要且有益的措施。

应用程序的运行通常基于角色，定义哪些身份可以访问程序的特定部分或数据。每次访问都应生成一个审计机制以供后续分析，无论是通过系统日志、调试信息还是其他内置在程序中的机制。这些日志应详述身份、访问内容、方式和时间，如网络日志记录等。如有需要，这些日志可发送至集中式日志记录机构进行分析，例如安全信息和事件管理（SIEM）或类似服务器。

在云技术时代，探索应用程序安全性及验证零信任五大核心支柱更为重要。很多供应商认为安全责任已从网络转向了应用程序本身，尤其当考虑到越来越多的应用从本地迁移到云，并暴露在互联网上时。这些在线可用的应用通常依赖于身份提供商集成、广泛整合后端日志记录机制、判断请求是否合法或自动化脚本来源以及对会话权限等因素。如果第三方未经授权获取并恶意利用重要数据，将对公开给全球用户使用的应用造成灾难性影响。若没有硬件防火墙、入侵防护系统、数据泄漏保护系统和额外自动检查（像组织内部应用所做的那样），组织将面临巨大风险。这也解释了为什么云供应商和应用所有者更倾向于使用"X 即服务"（XaaS）模型，他们将大部分安全责任转移给了服务提供商。尽管多数应用供应商确实提供漏洞管理服务，但仅在其内部部署的程序上运行，寻找其中的漏洞或错误配置。这些服务不应只是依赖于程序的安全性，还需要对程序及其防御攻击能力进行健康检查。

7.16　总结

对于组织来说，改变网络架构以适应零信任原则是一项艰巨的任务。许多人会问："我们该从哪里开始？"本章提供了一个蓝图，描述了在开始零信任之旅时可能遇到的挑战和解决方法，并结合了第 6 章中执行策略所需的技术。利用上下文身份概念，这个蓝图首先从获取并理解网络上终端和资产的可见性开始。上下文身份不仅包括用户名和终端信息，还有设备接入网络的地点、时间、媒介等信息，以帮助确定对设备需要实施的限制级别。

然后，我们深入了解了终端、操作系统或固件以及预期通信方式，在组织网络内部、跨组织网络甚至网络外部都要考虑。尽管大多数威胁可能源自网络外部，但本章也阐述了如何通过基线最大程度降低横向遍历威胁对网络造成的危害。只有充分理解这种风险，才能为现有和新建立的终端创建并实施全面有效的隔离计划。

最后，本章介绍了深层防御作为一种保护网络安全的方法，并且保护范围从应用层延伸到网络边缘。下一章将介绍一个模型，解释如何处理和规划网络内的海量数据以及隔离策略的实施。

参考文献

- Amazon Web Services, "Shared Responsibility Model," https://aws.amazon.com/compliance/shared-responsibility-model/.
- Scott Rose, "Planning for a Zero Trust Architecture: A Planning Guide for Federal Administrators," NIST Cybersecurity Whitepaper, May 6, 2022, https://nvlpubs.nist.gov/nistpubs/CSWP/NIST.CSWP.20.pdf.
- Network Mapper (NMAP), https://nmap.org/.

第 8 章

制定成功的隔离计划

本章要点:

- 组织在收集了上下文身份、检查了流量传输,并理解了当前环境中可用于隔离的技术之后,必须制定隔离计划和部署结构,以继续探索隔离之路。
- 当组织计划部署隔离并追求零信任之旅时,旅程的第一步应该是询问追求零信任的驱动因素是什么。保证成功的唯一方式是对零信任的重要性有明确的问题陈述。
- 零信任问题的陈述和组织改变经营方式的需求必须在组织各团队之间获得广泛支持。如果没有所有层级和团队的参与和支持,政治因素将阻止该计划的启动或导致分析瘫痪。
- 了解组织内已经存在的能力以及如何利用这些能力,将有助于防止组织重新设计已经探讨过的解决方案,或帮助确定重新审视这些问题陈述的优先级。
- 对零信任之旅的探索应包括零信任在组织内部的未来愿景计划。这种探索包括隔离部署的潜在方式和控制措施,以及随时间推移该如何应用执行机制。

第 6 章介绍了隔离的定义和实施隔离的方法,还讨论了如何收集信息以了解正常的业务流量。第 7 章介绍了开发隔离架构时遇到的常见挑战,以及克服这些常见挑战的解决方案。本章假定读者已经了解设备如何交互,以及它们在 VLAN 内、跨内部网络和外部的流动情况。在此,组织现在要努力制定一项计划,既可以对终端进行分类和隔离,同时又可以保证业务照常运行。

预计在探索和分析零信任隔离方面的数据时,大多数组织会很快感到不堪重负。零信任架构的应用可能会随着时间的推移持续并分阶段地进行。在初始阶段,组织致力于构建适用于其物理基础设施、用户、服务,以及最重要的业务目标的架构基础。这一基础需要考虑以下零信任原则:

- 验证使组织和用户能够开展业务的策略。
- 建立身份,以确定网络上存在哪些实体。
- 采用漏洞管理,以确定每个实体需要什么样的访问权限,以及它们与网络相关的潜在风险概况。

- 对于不符合与风险相关策略的实体或无法通过其认证机制的实体，阻止其访问。
- 分析与业务和技术目标都相关的每个阶段的结果。

网络隔离在零信任中的作用是基础性的。为了实现隔离，组织必须能够对它负责的用户、终端和工作负载进行识别和分类。根据第 6 章结尾的隔离计划，制定了一个如何进行交互以成功执行隔离的计划。

成功实现隔离的关键在于一开始就专注于定义组织对隔离的理解，这种理解可以基于在分析过程中发现的数据，或者基于组织的隔离目标。这种分析还必须考虑到在采用隔离方法的同时，业务能够继续正常运行。通常，这是由监管要求、风险评估、渗透测试结果或保护关键资产的常用举措所驱动的。所有这些因素都推荐使用隔离作为减轻风险、遏制威胁或缩小攻击面的手段。但这些因素可能不会指导确定减少攻击面积所需的隔离水平，以及如何实现这个目标。因此，当不可避免地需要讨论为什么某个业务单元或另一个业务单元不能拥有无限制的网络访问或终端类型时，组织必须拥有从规划执行方法中得到的文档，这些文档不仅仅展示了为了符合法规而进行了大量的尽职调查，而且还考虑了业务方面的因素。

从零信任架构的角度看，计划是一个至关重要的组成部分。下面将重点介绍一个计划应涉及哪些内容，从而为组织实现其零信任目标奠定基础。

8.1　规划：定义目标和目的

作为第一步，了解组织的业务推动因素对于理解隔离的需求至关重要。这些业务推动因素通常会为隔离的需求提供指导，并帮助组织确定所需的隔离级别，或者将设备进行分组并明确在分组内部和跨组间需要什么样的隔离。本节从业务和技术的角度介绍了许多典型的隔离驱动因素。

8.1.1　风险评估和合规性

风险评估可以采用多种形式。各种监管标准提供了网络风险评估的模板。它们包括自我管理的风险评估、对保障安全性的控制措施进行的彻底审计。其中一些监管标准同时具备这两个方面，如网络安全成熟度模型认证（CMMC）、PCI（支付卡行业）和 ISO（见本章末尾的参考文献）。根据风险评估的重点，它可能指出需要改进允许进入网络的策略，可能发现对终端访问的可见性或加强访问权限的需求，或可能会揭示之前接入网络的终端在历史分析中存在的差距。通常情况下，组织希望或需要与监管要求保持一致的程度越高，与该要求相关的审计就越严格。无论发现什么问题，风险评估都提供了一个需要解决的差距分析，并且应该成为"零信任架构"最终目标的焦点。

作为风险评估的一个例子，美国国防部发布了网络安全成熟度模型认证评估指南，其中包括与本书中构建的零信任架构直接相关的核心内容。以下摘录体现了本书所阐述的五大"零信任"支柱的各个方面。

策略与治理（摘自《CMMC 一级最终草案 20211210_508》的第 16 页）。

确定是否

- 定义了获得授权的用户允许执行的事务和功能的类型。
- 系统访问仅限于获得授权的用户，且仅限于已定义的事务和功能类型。

身份（摘自《CMMC 一级最终草案 20211210_508》的第 13 页）。

确定是否

- 已识别授权用户。
- 已识别代表授权用户行为的过程。
- 已识别授权连接到该系统的设备（和其他系统）。
- 系统访问仅限于授权用户。
- 系统访问仅限于代表授权用户行为的过程。
- 系统访问仅限于授权的设备（包括其他系统）。

漏洞管理（摘自《CMMC 一级最终草案 20211210_508》的第 18 页）。

确定是否

- 已识别与外部系统的连接。
- 已识别外部系统的使用情况。
- 已验证与外部系统的连接。
- 已验证外部系统的使用情况。
- 对与外部系统的连接进行了控制 / 限制。
- 对外部系统的使用进行了控制 / 限制。

执行（摘自《CMMC 一级最终草案 20211210_508》的第 38 页）。

确定是否

- 已定义外部系统边界。
- 已定义关键内部系统边界。
- 在外部系统边界处监控通信。
- 在关键内部边界处监控通信。
- 在外部系统边界处控制通信。
- 在关键内部边界处控制通信。
- 在外部系统边界处保护通信。
- 在关键内部边界处保护通信。

分析（摘自《CMMC 一级最终草案 20211210_508》的第 43 页）。

确定是否

- 已指定识别系统缺陷的时间范围。
- 在指定的时间范围内识别了系统缺陷。

- 已指定报告系统缺陷的时间范围。
- 在指定的时间范围内报告了系统缺陷。
- 已指定纠正系统缺陷的时间范围。
- 在指定的时间范围内纠正了系统缺陷。

虽然监管层面对这些控制措施的要求程度上可能具有一定独特性，但大多数都与这里所描述的要点相一致。

一些网络仍然可能只被视为提供了连接服务，这使得监管遵从性和合规性更加困难。这些"外部网络"或企业服务网络通常侧重于尽可能多地将终端接入网络，执行措施则是事后才进行考虑的。这些网络将受到额外的审查，因为它们使多个组织面临风险，并可能成为提出监管要求的推动因素。

8.1.2　威胁映射

网络威胁多种多样，包括恶意软件、勒索软件、蠕虫、病毒、钓鱼攻击、拒绝服务攻击和入侵等。这些威胁可能是推动关键系统进行隔离和实施零信任架构的重要因素，仅仅是因为它们对支持业务正常运行的关键系统构成了威胁。已知的威胁，如勒索软件，曾导致医院、金融机构和政府办公室关闭 。

许多组织实施零信任原则的驱动因素与业务保险相关，这需要理解网络面临的潜在威胁及其发生的可能性。在理解了这些潜在威胁、它们的可能性以及它们存在的位置之后，必须计算并比较漏洞被利用与实施保护措施的成本。这个过程很大程度上将依赖于对组织中终端身份和流量的理解。例如，一些组织声称通过允许使用最有助于满足业务需求的终端来促进业务，这可能包括在网络上使用个人设备，这将大大增加潜在勒索软件的可能性。这种可能性会抵消允许使用个人设备的便利性，可能会影响终端加入网络所需条件的策略、对非公司设备应有的限制，以及是否需要额外采购与威胁缓解方法更一致的设备。在这些情况下，威胁映射的输出可能会影响与零信任一致的设计目标。

8.1.3　数据保护

数据对于任何组织都至关重要。数据保护是零信任的重点。这种保护包括对静止或传输中数据的保护。数据保护通常被视为评估标准的三要素，包括能否保证数据的机密性、完整性和可用性。对于那些存在数据丢失或无法访问的巨大风险的组织，特别是在研发领域的组织，保护这些数据并理解谁或什么在访问它们，是零信任架构的优先事项。确保信息保密，只能通过授权身份以批准的方式进行访问，确保数据在身份访问或更改时是完整且准确的，以及确保数据在预期的时间和方式下可用，这些都是数据保护的衡量标准。近年来，对于许多组织来说，未经授权访问数据一直是漏洞利用的焦点，对于那些尚未发生这种情况的组织，访问或泄露这些数据可能会带来监管、财务、合同或声誉上的影响。关注保护数据的需求空前强烈，并且成为了许多审计和策略的焦点。

8.1.4   减少攻击面

零信任是一种持续的网络方法，通过本书中概述的五大零信任支柱不断发展。对于许多组织来说，仅仅减少攻击面并确保业务安全以避免花费更多的精力在后续风险缓解的工作上，可能是将零信任支柱应用于其网络的驱动因素。这将意味着额外的策略遵守和改进、可见性、漏洞管理、执行策略和分析，从而可以更好地减少组织内终端、用户和工作负载的整体攻击面。

8.2   规划：隔离设计

零信任的一个关键方面是执行机制的应用，这需要受到策略与治理、身份和漏洞管理这几个支柱的影响。需要对隔离进行规划，包括分析潜在影响、如何测试影响，以及组织内的哪些实体将受到应用隔离策略的影响。隔离设计主要有两种思路：自上而下和自下而上。本节将介绍这两种方法。

自上而下的隔离设计为整个企业创建了一个广泛的隔离视图，重点是与每个隔离的业务对齐。在整个过程中，定义业务驱动因素并了解前面描述的确定的目标是至关重要的。对更广泛组织的目标理解将有助于确定隔离范围、隔离级别和隔离粒度。通常来说，以自上而下的方式进行隔离需要理解的不仅仅是上下文身份（如第 6 章中所探讨的），还有这些上下文身份是如何与业务线对齐的。在自上而下的隔离中，广泛的业务目标驱动了隔离和访问限制的需求，并成为架构的核心优先事项。然后，架构内的设备和身份将按照业务目标进行对齐。

对于那些受监管驱动的组织，例如，受该监管约束的终端必须与不受监管的终端区分开。这可能意味着，属于一个企业并使用两个不同设备（如 PC 和 iPad）的用户，在这两个设备上可能会因为各自的业务用途不同而拥有不同的访问权限。同样的情况可能也适用于同一机箱上的两个物联网设备，其中 PCI 分类的支付系统需要与同一饮料机上的维护系统完全隔离。这种处理方式忽略了设备初始分类中与通信模式相关的任何事项，严格侧重于业务用途，将遍历作为次要甚至第三步才考虑的步骤。

在确定了与自上而下的隔离设计相关的策略和方法后，可以收集技术性的信息来协助规划隔离的位置和方法。这些技术性信息可详细说明哪些业务单元属于单独的隔离或飞地，展示飞地或系统之间或内部的流量和流量遍历，考虑穿越映射中的差距，并为如何分阶段实施（通常是在适用的隔离内）制定应用隔离计划。在此计划的基础上，可以应用隔离技术，并通过技术手段努力实现预期结果。

自下而上的方法首先关注流量收集和分析，通过整理流量、日志和策略以获得明确的输出。它基于流量模式确定隔离策略，通常与减少攻击面或解决组织内映射威胁的目标保持一致。在这种方法中，隔离规划需要考虑到哪些用户、终端和工作负载与其他用户、终端和工作负载进行通信。当身份和遍历作为主要步骤并已知时，将这些身份和遍历所属的业务单位视为次要或第三优先级时，这种方法最为有效。

在自下而上的设计过程中使用的工具通常会与其他数据源集成,为流量流提供额外的上下文。这通常从资产识别机制开始,最好是包含无法进行身份认证设备的资产管理数据库,但也可能从如思科身份服务引擎(ISE)之类的被动身份系统开始。即使是一个被动的身份系统,也允许组织与如 Active Directory 或 LDAP 之类的身份源集成,并通过与 Cisco Secure Network Analytics 或 Secure Workload 等产品的集成,将这些身份注入 NetFlow 记录中。在已知身份的情况下,组织还可以通过将当前已知的 IP 地址映射到身份,而不是到第二步才解析身份以进行流量遍历映射,从而从防火墙日志分析中受益。

从实用的角度看,隔离的实施可能需要同时使用这两种策略以达到最佳效果。例如,在因监管要求而必须减少攻击面的模型中,一种常见的方法是根据组织内的业务单元对身份进行分类,然后映射它们的通信,并在飞地内创建额外的隔离。结合使用这两种方法,可以利用来自各个受影响团队的数据和输入创建高层架构,同时通过对低级流量收集和分析来验证计划并制定实施策略。成功的关键在于,根据组织的内部经验知识,规划出哪种方法最有可能取得成功。

8.2.1　自上而下的设计过程

高管和领导层的支持将组织的创建架构和实施能力联系起来。在设计和实施零信任时,架构师和工程师需要这种支持。这种支持对于自上而下或与业务对齐的隔离策略尤为重要。

设计的目标必须与领导层保持相关,并明确定义与组织有关的业务价值和运营优势。自上而下的设计方法通过推行与更广泛目标直接相关的项目以获得支持。以下非详尽的列表列出了自上而下设计时的一些考虑因素和步骤。

- 定义业务驱动因素和隔离范围:这项工作主要关注隔离工作的高层管理人员和执行赞助者。在这个阶段,通常会着重收集和理解组织的业务目标、驱动因素和优先事项。在这个过程中,将确定整体的组织范围(例如,未分类的非受控信息可能在范围内,但已分类的信息可能在范围之外),以及可能对任何隔离工作产生影响的当前和计划中的项目。
- 定义受影响的团队:这项工作的具体内容会根据范围和行业领域而有所不同。一般而言,在任何隔离策略中,实现连通性的团队、保障连通性的团队、解决连通性问题的团队以及依赖连通性的应用程序或终端设备的团队之间必须进行合作。在许多组织中,这些团队可以被理解为网络工程师、安全工程师、运营团队和应用团队。

隔离项目团队可能包括以下子集:

- 网络工程、架构和运营团队。
- 安全工程、架构和运营团队。
- 应用架构师和所有者。
- 系统和数据库管理员。
- 风险和合规团队。

- 关键用户组，诸如
  - 运营技术支持团队。
  - 生物医学支持团队。
  - 研究部门代表。
  - 单个应用支持团队。
- 定义用例和工作流：这项工作通常包括与受影响团队的访谈和交流，并侧重于第 9 章中所述的研讨会讨论。在这个阶段，组织正在评估在上一步中收集到的内容，并试图向数据集添加上下文和完整性。这项工作明确了应用程序或访问中断的影响以及用例范围、用户、应用程序和终端的范围。这一努力还应被视为告知受影响团队正在进行的隔离实施工作，以及这种隔离可能如何影响各个团队。与受影响团队建立关系是成功的关键。
- 确定安全控制和能力差距分析：这项工作的重点是确定当前和未来部署的安全控制能力。这项工作的总体意图是确定部署了哪些控制措施、在哪些方面会产生影响、未来控制措施部署计划，以及可能影响隔离部署的差距所在。
- 定义网络隔离：这项工作在不同行业垂直领域中略有不同，其中可以识别和创建特殊网络隔离。通常，网络隔离是通过对用户、终端和工作负载进行分类来定义的，通常按功能以及风险或影响进行分组。在这一步骤中，组织可以从整体隔离计划的角度定义期望的最终状态。
- 收集技术性信息：识别和分类企业资产是实现网络隔离的基础。这项工作包括收集、分类和分析组织的知识信息，涉及其广泛的网络和安全卫生，并通常包括以下内容：
  - 局域网、广域网、数据中心、云拓扑和架构图。
  - 应用程序清单。
  - 资产清单（CMDB）。
  - IP 地址分配方案。
  - VLAN 分配方案。
  - 主机命名约定。
  - 业务连续性和灾难恢复分类。
  - 数据分类标准。
  - 审计和测试发现。

请注意，定义隔离来应用零信任原则是自上而下方法的关键。每个隔离都包含其自己的一套用例、数据或终端，因此，这一阶段的边界和方法可能因组织内部不同的业务部门的规划而有所不同。因此，每个业务部门采取的方法可能会有所不同，或者是从自上而下逐渐过渡到自下而上的方式，反之亦然，这些取决于组织所采用零信任的实现路径。

8.2.2　自下而上的设计过程

顾名思义，自下而上的设计过程在部署隔离方面与自上而下的设计过程相反。在这种方法中，由于它通常是为了减少攻击面，所以理解上下文身份及其相互作用就变得至关重要。在自下而上的设计中，会假设终端将在各个业务部门之间使用，并且很少能够划分出离散的网络隔离。以咨询公司为例，如果某个顾问的知识集不局限于单一垂直或法规要求方面的应用，而是覆盖了各个技术方面，那么这个顾问可能会为多个业务部门服务。因此，顾问的设备必须跨组织访问各种资产，这使得基于流量遍历而非组织的隔离成为了更好的方法。同样，对于那些由于资源限制而在物理服务器上托管多个业务部门虚拟应用的组织也是如此。因为业务部门的用户为了使用各自的应用都必须访问物理服务器，更好的方法是专注于理解这种传输，并执行允许的传输和流量模式，而不是创建大量的例外或为每个业务部门投资建设专用环境。

在自下而上的设计中，如果由于组织内部的政治挑战或终端和应用程序所有者对其在网络上的行为一无所知，那么对业务部门或其拥有的应用程序之间的交互的了解通常就会非常有限。特别是在拥有由部门严格控制的独立资金池、应用程序和项目的组织中，很少有人愿意了解设备跨部门交互的全貌，因为部门只关注它们所资助的方面。因此，需要一个不受任何部门或业务部门约束的技术团队来了解交互情况，并确保即使在应用隔离控制后，交互仍能按预期运行。在这种情况下，如果试图采用自上而下或与业务相关的方法，则只能取得有限的成功，而且通常会因为交互未按预期进行，而导致对运行过错或谁应该为交互提供资助的问题而相互指责。

一旦理解了上下文身份和流量遍历，就可以应用与业务单位相关的执行机制。这些执行机制包括业务单元或部门所拥有的管理能力，并需要由该部门的成员来严格执行。此时，可以采取与自上而下方法相反的方向来进行隔离定义、差距分析和类似步骤。

8.3　实施：部署隔离设计

部署隔离是数据收集的结果，无论用于收集这些数据的模型是哪种。在理解了组织布局、上下文身份、流量遍历、执行中的差距以及类似概念之后，组织就可以开始部署隔离设计。然而，不同组织部署隔离的方法各不相同。以下内容详细介绍了不同的方法，并针对每一种方法都进行了考虑。

8.3.1　按站点类型创建隔离计划

在不同站点间创建隔离计划，首先需要定义各站点可能出现的案例类型或集合。这一发现通常会作为隔离研讨会的一部分进行，具体方法详见第9章。此研讨会将确定用例、能力、差距分析、范围和优先级，以适应最符合组织需求的隔离模型。对于正在进行单站点全新架构设计或需要按站点实施零信任应用的组织来说，基于站点类型的隔离计划可能是最佳选择。

当考虑根据站点类型实施隔离时，通常最好将站点分为常见的类别，并依据提出的隔离设计对业务的影响或其他特性进行决策。通常，如果一个用户可以用技术语言描述出自身的行为结果，那说明零信任策略在这个站点上得到了应用。例如，承载技术用户的站点可以说明试图连接网络但未获得 IP 地址的情况，从而可以形成更有效的经验并影响未来站点的成功率。另外，在某些情况下，收入较高的站点可能会更晚应用零信任策略，以充分利用经验教训确保减少停机时间。

在基于站点的使用案例中，为了设计出能够可重用的模版，会识别出上下文。当组织应用零信任策略时，根据之前站点总结的经验教训，这些模版可以重复利用，并对使用案例进行分类、评估或强制执行限制。

以下部分将探讨基于站点的零信任部署中的一些共性问题，如图 8-1 所示。虽然很多网络隔离可能不会在同一个站点上存在，但以下内容旨在为跨站点可能存在的网络隔离提供一个起始分类参考。

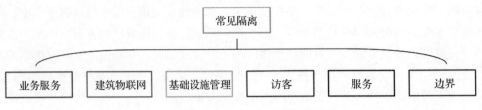

图 8-1　医疗管理大楼隔离映射示例

1. 业务服务

业务服务终端是组织用于日常运营的各种管理和使用设备。尽管这可能因不同行业或业务类型而有所差异，但典型的设备集包括公司管理的工作站、BYOD 设备、打印机、电话以及会议和协作服务。由于这些资源通常有直接与设备或其 GUI 界面交互的活跃用户，因此更易被识别并确定其脆弱性，并进行相应处理。解决漏洞修复需求以及发送与设备行为相关的信息也较为简单。得益于设备可控性质和远程配置能力，我们可以将所有日志信息发送到集中式 SIEM 系统。这些设备能提供操作反馈，通常视为低风险执行装置，然而由于它们也是完成业务功能所需的常见用户设备，因此对整体影响也很大。

2. 建筑物联网

通常，建筑物联网设备虽然能接入网络，但其交互功能可能较弱，也就是说它们可能没有直观的图形用户界面（GUI）或易于访问的配置修改选项。这些设备大小各异，从指尖般微小的芯片到暖通空调或制造单元中的控制板都有。由于设备老旧，识别这类设备可能颇具挑战性。在很多情况下，比如医疗或制造设备，它们可能几十年前就已经生产出来，并配有 USB 1.0 或 1.1 接口以及有线或无线网络接口卡。在大量购买网络接口卡时，连接到网络且具有相同品牌或型号网卡的任何设备在外观上可能完全相同，但实际上却是不同的设备。这类设备包括物理安全装置、门禁读卡器、暖通空调、照明控制以及其他楼宇自动化和安全功能等。

3. 基础设施管理

基础设施管理包括维护网络设备、应用程序和整体网络流量的设备。虽然与物联网设备有些重叠，但该类设备主要包括数据中心的可管理电源插排、电池备份、温度传感器，以及保证网络正常运行的各种设备，如电压传感器、湿度传感器等。这里面包含可以轻松互动但未一直被管理的设备，也包含必须通过管理系统进行控制的非图形用户界面（non-GUI）的设备。这些设备通常较易识别，但在阻止其访问时需谨慎，因为可能会由于无法获取所需资源而影响消息通知和环境状况。成功实施基础设施管理可以减少从物联网环境到其他部分发生问题的情况，从而支撑关键绩效指标。这些都是用户访问网络的连接途径，对它们实行隔离控制往往具有较高的风险。

4. 访客

美国一家大型审计公司的首席信息安全官（CISO）曾表述：“我坚信互联网是一项基本权利，我们应该向所有访客开放。”尽管这主要针对非员工，但也包括访客网络和设备。访客设备在网络中被视为无法与内部系统交互的设备。大多数访客终端和网络的专用服务——如域名、时间、地址分配、打印或演示等——都被隔离在企业网络之外，以防止滥用或未授权访问。虽然各类设备差异较大，但多数组织仅允许用户通过某种形式的注册系统接入访客网络，通常是采取 Web GUI 方式。因此，像 Windows 终端、Mac 终端、移动设备及平板电脑等可以轻易识别，并通过动态访问控制程序实施强制性管理。

5. 服务

服务也称为“共享服务”，服务飞地几乎存在于各个组织中。为了确保 DHCP、DNS、NTP 以及管理服务得到优先处理并集中在一个公共区域，网络架构需要围绕着服务飞地进行设计。大多数核心网络协议依赖这些服务飞地来支持其运行，使得终端能够遍历网络或进行故障排除。许多 IT 组织还在此飞地内提供远程桌面服务。因此，这个飞地应被视为关键业务结构，在日常运营中给予优先考虑。所有设备包括网络连接设备对这些共享服务的依赖性很高，因此在它们上实施隔离方法具有很高的风险。

8.3.2 按终端类型创建隔离计划

在站点内部署隔离的另一种逻辑方法是关注站点的终端类型。基于终端类型制定隔离计划，其核心目标是假设各个站点的终端类型相似。对于那些设备更为统一的站点，通常认为，在对少数设备进行强制性测试后，再全面实施隔离措施所产生的影响较小。

图 8-2 展示了隔离方案中常见的医疗终端类型。

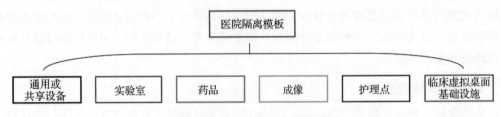

图 8-2　常见的医疗终端类型

在特定的医院隔离设计模板案例中，临床设备通常需要满足类似流量遍历的需求。例如，核磁共振（MRI）、计算机断层扫描（CT）和放射学等成像设备具有相似的流量模式，并与同一隔离区内的专用管理系统进行通信。只有在提供外部服务时，如为患者提供流媒体音乐或数据备份到安全云存储库时，成像设备才会与飞地之外进行通信。因此，在这些环境下，为成像设备创建一个网络隔离是一种理想选择。

对于这种分类方法来说，重点应关注典型医院所提供的功能和服务，并根据设备类型和流量需求进一步细化分类。许多组织面临的一个常见问题是，一开始便过度精细化分类从而创建出"嵌套"的子类别，这些子类别开始描述基于上下文身份机制无法识别或不相关的终端特性。甚至有组织试图按使用年限划分终端，这是一种无效的尝试，因为它们需要相同的访问权限，不能彼此隔离。

从隔离角度看待，临床分类可能共享公共服务（来自 DC 或常用服务类别），但通常不会在各个类型之间进行通信。以下部分将提供这些类型的示例。

1. 通用或共享设备

通用类型与服务类型相似，它代表的是企业共享服务，而非某个单一站点或整个网络的某个特殊部分。这个类型并不像根据服务的唯一位置（可能不存在唯一位置）进行分类那样，而是将共享服务视为一种终端类型，可以在许多甚至所有站点之间共享。因此，在集中模式下，数量有限的数据中心设备可以被归入一个高级类别，并且所有站点都会使用该类别的服务，也可能被终端类型的服务所使用。同样，在这些设备上应用强制技术带来的风险也很高。

2. 实验室

在本章前面部分，我们将实验室定义为一个用于测试网络连接设备和终端的非生产性环境。但在医疗保健领域，实验室则指的是组织内进行医学样本诊断测试的区域。实验室类型的终端旨在支持一系列具有特定功能的系统，以满足各种实验室需求。典型的终端包括实验室仪器、工作站和服务器，这些都应该在实验室中进行隔离处理。相对来说，在实验室中应用强制技术被认为风险较低。

3. 药品

药品类型的终端旨在支持医院内特定的药品服务和功能，如药品站、麻醉系统、药品保险柜和药品旋转架等。这些都是在药品区域中被隔离出来的设备分类。由于其敏感性以及可能对患者福祉产生巨大影响，这些设备通常会优先考虑实施管理机制。例如，分发各种类型药物的"药柜"，如果有人滥用或给患者提供不适当剂量，可能会危害患者健康。因此，在部署之前应该在实验室进行全面测试，确保使用风险可控。

4. 成像

成像类型的终端旨在支持具有特定功能的终端集合和系统，以满足各种成像需求。通过成像飞地隔离的设备包括成像模式、管理和查看工作站等。由于这些设备具有点对点流量遍历的特性，通常需要采取更强大的隔离策略来确保信息实时备份、查看和记录始终可用，不会因长时间使用而中断。在此类型中应用强制技术属于中等风险，并应在实验室彻底测试后再投入使用。

5. 护理点

护理点类型的终端旨在支持患者的护理点设备。输液泵、心跳监视器和血压计是通过护理点飞地进行隔离的终端类型。对于许多护理点设备，其网络配置的定制和修改能力有限，这使它们成为最后应用策略的终端类型之一。在许多情况下，更容易定制的新设备会成为终端父类别中的一个独立子类别，以便简化执行和测试。由于无法通信会直接影响患者，因此在此类型中应用强制技术通常具有较高的风险。

6. 临床 VDI

在安全层面，一项未详细阐述的内容是利用虚拟桌面基础设施（VDI）来限制对关键信息的访问，这种基础设施几乎无法将信息导出到外部设备。临床 VDI 终端类型旨在支持刚好满足业务需求的客户端。诊室和护士站的终端将通过临床 VDI 进行隔离，并且包含这些 VDI 的隔离通常会在 VDI 管理器级别应用策略，规定虚拟桌面的访问权限，而非通过物理网络访问设备来实现对这些虚拟设备的隔离。

8.3.3　按服务类型创建隔离计划

基于服务类型的分类提供了一种识别终端向组织提供服务的方法，例如遍历企业边界的流量流。与其他设计模板一样，定义的用例分类应该是组织现有的所有分类的超集。这种分类方法的示例如图 8-3 所示。

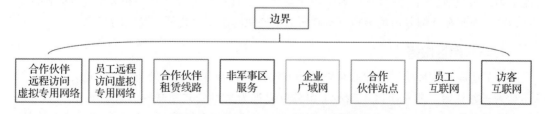

图 8-3　医疗边界服务隔离服务映射

边界服务分类应该被定义为策略执行点，而不是隔离或飞地，因此我们使用此示例来介绍与服务类型一致的设计。这些特定的用例定义用于对进入或退出组织物理基础设施的流量进行分类。

1. 合作伙伴 / 供应商远程访问 VPN

合作伙伴 / 供应商远程访问 VPN 的分类，是为部分可信赖的组织合作伙伴提供内部资源访问权限。这个描述很广泛，涵盖了各种类型的设备和服务。从园区内需要远程管理的软饮料机等设备，到电梯、自动扶梯和烟雾探测器等人身安全设备，都可能属于此类别。对这些服务授权访问的级别取决于合作伙伴需要访问哪些服务以及这些服务的稳健性。尽管医疗或人身安全设备数量可能达数千个，但每个设备都可以通过单一门户或端口进行访问；而电梯或自动扶梯数量较少，但可能需要更多端口和协议来报告并跟踪其安全状态。由于与合作伙伴或供应商相关的服务级别协议差异较大，在执行此类操作时风险级别会在低至高之间变化。

2. 员工远程访问 VPN

对于允许员工远程办公的组织，内在需求是确保连接从不可信区域（通常指互联网）经过适当认证和授权后，通过虚拟专用网络进入可信区域。对大部分组织来说，在零信任之旅中首要考虑的因素之一就是通过 VPN 提供安全访问。我们期望员工能以明确的方式进行身份认证，并根据管理员定义的资源分类精准地获得对特定资源的访问权限。实现这种访问方式的过程各有差异，不同组织间的访问级别也可能有所不同。然而，这个模型与应用于内部设备通过有线或无线媒介访问应用程序的模型相似。随着远程办公能力快速增长，执行远程访问隔离带来的风险已从中等升至高等。但只针对非标准工作时间进行的操作，这种风险可以被最小化。

3. 合作伙伴租赁线路

许多供应商和内部员工可能需要通过特定客户端或设备来访问网络特定区域中的数据，因此很多组织都有专门为外部实体设置的网络区域。这些被信任的外部实体可以无须使用特定客户端或设备就能获取更广泛的信息。这些区域通常是网络非军事区（DMZ）的一部分，但出于设计考虑，它们需要将自己的服务类别分成二级或三级。此种"受信任DMZ"或"合作伙伴DMZ"允许第三方设备通过与服务提供商签订租赁线路终端合同来访问飞地内信息。其中一个子类别可能包括基于 VPN 的合作伙伴可访问区域，通常通过连接到公共互联网的专用硬件实现。由于与合作伙伴或供应商交互的相关服务等级协议各不相同，因此在此细分市场中执行机制所面临的风险水平会在低至高之间变动。

4. 非军事区服务

为了适应现代环境，企业必须以某种方式在公共互联网上对外呈现，无论是自我托管还是第三方托管。非军事区（DMZ）服务可以视为来自公共互联网的入站服务。DMZ 服务专门设计用于可公开访问的网页和服务，并与可能包含敏感信息的系统建立安全连接，这样就能使用该信息而不会将其暴露给不受信任的用户。从互联网过来的入站流量只能终止在应用程序前端，不能直接访问内部服务。由于面向公众的 Web 服务器可能位于此类别中，并且可能是组织在网络上的唯一存在形式，因此执行应用隔离可能被视为高风险或极高风险行动。

5. 企业广域网

企业广域网（WAN）是支持各企业间通信的核心服务。这些通道一般可靠，但需要加密，具体取决于其在站点间的传输方式，尤其是通过专线或公共互联网。它们是关键策略执行点，用以控制各地流量，并作为配置防火墙或入侵防御系统分析流量模式的主要区域。此外，随着服务逐渐迁移到云平台，它们还可能包含访问方法或连接点以接入云服务。鉴于该网络连接了各站点和潜在的数据中心，因此在此网络上实施隔离被视为高风险行动。

6. 员工互联网

几乎所有组织都以某种形式为用户提供出站互联网服务。无论是用于研究、与同事和合作伙伴分享文档，还是使用组织订阅的软件即服务（SaaS）产品，大部分组织都允许一定程度的出站互联网访问。可以通过这个出站服务的结束点来过滤和限制组织认为的相关访问，或缓存常用资源以节省带宽。此外，还需要考虑非托管设备和应用程序消耗更新、软件、补丁和同步等服务的情况。如果员工依赖互联网来完成工作任务，则应用隔离执行可能会带来高风险。

7. 访客互联网

访客无线服务区被定义为仅供访客进行无线网络连接。这个区域应该提供访客无线控制器、专门的 DNS 服务和出站 Web 代理功能。对于大部分组织而言，通过物理设备和服务将访客互联网与企业 / 员工互联网隔离是一种明智且常见的做法。由于这些设施是作为对访客便利性的考虑，因此在其上执行技术操作通常风险较低。

8. 未知

创建"未知"类别的目的是捕获所有其他分类之外的内容。在部署初期，很可能并非所有的终端和设备都能被识别。最初，对于未知的策略会比较开放，允许大部分网段流量通过。但随着时间推进，更多设备被识别和分类后，这种开放策略将逐渐严格化。最终目标是将任何未知设备纳入配置网络中，并为其建立身份、分配分类。

无论采用何种隔离策略模型，理解业务、终端、应用程序、工作负载以及站点对构建支持零信任架构的隔离模型都至关重要。为了打造全面的隔离模型，各个相关业务部门必须协同合作，在确定执行什么以及如何执行前完成技术信息汇总。这些模型旨在提供跨站点、数据类型和业务单元等多个虚拟边界的高级隔离规划。图 8-4 展示了结合所述方法得到的隔离模型。

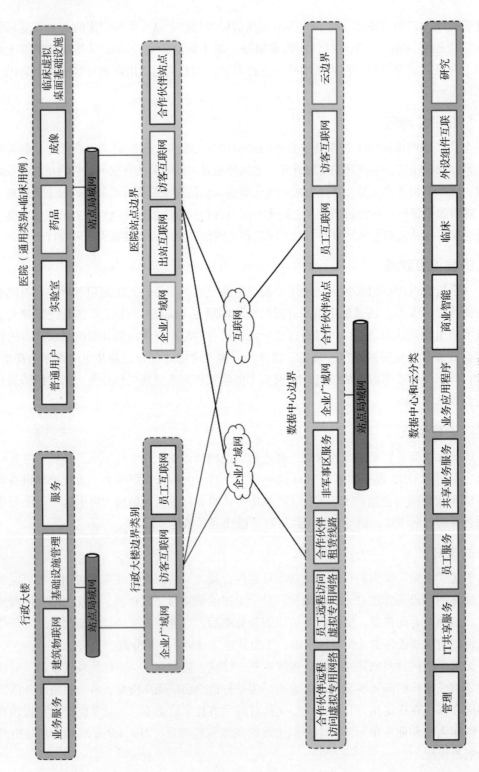

图 8-4 隔离模型

8.4　实施：隔离模型

对于任何组织，通过专注地收集和分析与其功能模型最匹配的相关数据，能够评估业务中发现的依赖性和关联性。深入理解这些关系后，组织可以制定一个隔离计划，作为明确和描述实体间预期互动方式的基础。图 8-5 中显示了业务单元之间交互情况的信任矩阵，这种交互可能是简单地允许/拒绝所有流量或采取更严格、基于端口和协议策略来限制同一网络段内对等体之间的流量通信。请注意，在图 8-5 中，X 代表源头，Y 代表目标地点。在某些场合下，流量只能从一个方向发起。

飞地信任映射		Y	企业		设施		数字边缘		云		公共服务			业务服务	
			分支终端	企业终端	物理安全	建筑	第三方代理	API网关	私有	公有	身份服务	终端用户服务	管理服务	零售	后台系统
X															
企业	分支终端		■	Y	N	N	Y	N	Y	Y	Y	Y	N	Y	Y
	企业终端		N	■	N	N	Y	N	Y	Y	Y	Y	Y	Y	Y
设施	物理安全		N	N	■	Y	Y	N	Y	N	Y	N	N	N	N
	建筑		N	N	Y	■	N	N	N	N	N	N	N	N	N
数字边缘	第三方代理		N	N	N	N	■	Y	Y	N	Y	N	N	N	N
	API网关		N	N	Y	Y	N	■	Y	N	Y	N	N	N	N
云	私有		N	N	N	N	N	N	■	Y	Y	N	N	N	N
	公有		N	N	N	N	N	N	N	■	Y	N	N	N	N
公共服务	身份服务		Y	Y	N	N	Y	N	Y	Y	■	N	N	N	N
	终端用户服务		Y	Y	N	N	Y	N	Y	Y	Y	■	N	N	N
	管理服务		Y	Y	Y	Y	Y	Y	Y	Y	Y	Y	■	Y	Y
业务服务	零售		N	N	N	N	N	N	N	N	N	N	N	■	N
	后台系统		N	N	N	N	N	N	N	N	N	N	N	N	■

图 8-5　策略决策矩阵

网络中的不同位置可能会有多个矩阵。例如，数据中心内隔离或站点间隔离将需要类似的分析。

8.5　总结

对许多组织而言，零信任之旅最难的部分是确定从何处开始，因为对于新手来说，零信任是一项艰巨的任务。大量与网络身份、流量遍历和资产相关的信息需要有结构性地处理，并决定如何实施零信任。本章作为计划的一部分，介绍了如何制定计划，包括评估环境中存在哪些工具、它们的用途、缺点及潜力等内容。这将帮助理解组织当前所在位置以及需要做出哪些改进才能达到零信任目标。接下来我们会详述如何执行部署隔离步骤和注意事项。通过评估这些实施方法可以定义初始步骤以及实现零信任所需的后续步骤时间表。

值得指出，在非生产环境中测试此种方法并了解其潜在功能是评估组织内需进行哪些改进的重要步骤。最后，在规划和测试完成后，可以根据潜在控制情况来实现阻止非法访问的隔离方案。

参考文献

- US Department of Defense, "Cybersecurity Maturity Model Certification," https://dodcio.defense.gov/CMMC/.
- PCI Security Standards Council, www.pcisecuritystandards.org/.
- International Organization for Standardization, "ISO/IEC 27002:2022, Information Security, Cybersecurity and Privacy Protection—Information Security Controls," www.iso.org/standard/75652.html.

第 9 章

零信任执行

本章要点：

- 在规划零信任和网络隔离的过程中，最实用的第一步是发现网络上存在哪些实体以及管理这些实体的策略。为了实现这一点，组织应尽可能长时间地实施一种发现或监视模式，并与其他正在执行的任务并行进行。
- 在存在大量不同类型实体的地方，终端监控最为有效，以便更好地识别可疑身份。当实体无法通过动态分类或基于团队知识进行分类时，需要有现场代表来帮助确定这些实体分类。
- 网络终端的执行模式已经发生变化，不再集中于单一设备，而是分布在网络的多个执行点中。
- 虽然在新建和已有环境中实施执行的方法有所不同，但在监视模式下仔细规划并记录关于设备分析的经验教训，可以在转向执行模式时减轻影响。
- 在零信任之旅中，对实体的授权应被视为最重要的成果。这种授权有一些特定的考虑因素，无论实体是否被正面识别、是属于新建还是已有环境，或需要特殊考虑，如统一通信设备等。

对于大多数组织而言，实施和运营零信任策略才是目标。其目的是确保终端既不会阻碍日常业务的执行，也不会允许其访问未经授权的资源。零信任本质上使组织从连接性思维转向了安全性思维。然而，其实施必须分阶段完成，以确保这些目标能够成功实现。因此，必须对每个阶段进行仔细规划。在本章中，我们讨论了一个实际的计划，说明一个组织应该如何按分步骤的方法确保在达到以安全为基础的执行阶段时，组织可以确信已经尽可能做到了尽职调查以取得成功。最重要的是，本章提供了已经完成工作的书面记录，以揭示了在过程中可能出现的任何差距以及该如何克服它们。

9.1   实施隔离的切实计划

遵循本书中所定义的原则，作为零信任的一部分实施零信任和隔离，必须从策略与治理和身份这两个支柱开始。这意味着需要先了解上下文身份和客户端之间、VLAN 之间以及组织外部的流量流动，并尽可能多地收集有关流量发生的方式和原因的信息。大多数组织在实施隔离时犯的最大错误，是假设通过在严格的实验室环境中对小批量终端进行抽样，就能理解终端的完整流量。这种方法忽略了终端为其业务相关功能执行的外部交互，以及外部设备可能出于其业务目的与该设备进行的交互。

虽然这种解释并不意味着设备不应在实验室或其他非生产类型环境中进行监控和映射，但它确实为应测试增加了一组额外的任务或子阶段。在这些任务或子阶段中，首先在实验室中验证设备，然后在生产环境中尽可能长时间地监控设备，以验证和理解设备投入生产后的行为，特别是在"干净"的实验室网络之外。对于大多数缺乏明确的资产管理数据库、不知道设备连接到网络的位置以及通过何种介质或方法接入的组织来说，这一点尤其重要。零信任之旅的一个积极的副作用是，可以构建并理解网络上所有终端的明确身份。

9.2   终端监控模式

在策略被接受和部署之后，一些现有的策略允许以一种不影响网络的方式发现网络上的终端。与身份相关的发现过程的第一步是许多组织和供应商所称的"监视模式""可见性模式"或"非强制性发现"。监视模式背后的思想是，进入网络的终端可以通过它们在网络上固有使用的协议进行检测和查询，例如 DHCP、DNS、活动目录（Active Directory）登录、CDP、LLDP，甚至使用 NMAP 进行开放端口和协议扫描。这意味着组织在实施任何限制之前，需要充分了解网络上的内容。在这种模式下，网络访问控制系统仍然可以用于确定设备的身份，甚至可以为终端分配一个授权结果。然而，这个结果不会被执行。不执行授权结果允许设备继续以正常业务方式运行。同时，通过设备的连接和网络访问设备可以提供给网络访问控制引擎的洞察，并获得重要的知识。

将授权结果分配给上下文身份会话的优势在于，这个授权结果本身就可以作为终端的分类、验证和发现的一部分。在附录中讨论的智能建筑中心（Smart Building Central）为例，智能建筑中心的制造部遇到了一个不易解决的问题。尽管智能建筑中心制造部（SBC Manufacturing）在日常操作中使用的大多数设备都是联网的，但它们中很少有设备原生就配备了内置的网络硬件。这些硬件自带 USB 插槽以允许外部设备的连接。这个 USB 插槽反过来又被用来连接 USB 到以太网网络接口卡，使设备能够联网，并根据需要与中央控制模块以及其他设备通信。然而，当对这些设备的上下文身份进行探索时，它们都被视为同一类型的设备：USB 到串行 NIC 制造商的设备。通过 USB 到串行 NIC 连接的设备不少于 20 种类型。

在这种情况下，智能建筑中心制造部很容易假设网络上有许多 USB 到串行 NIC 制造商的设备，并将相同的授权结果分配给所有这些设备。只有通过持续的分析和确定，这些大量设备在监控模式下都表现出相同的上下文身份，智能建筑中心制造部才能避免可能发生的重大故障。正是由于分配的单一授权结果阻止了这些具有相似特征的设备对许多关键业务系统的访问，从而导致了故障的发生。智能建筑中心制造部通过对其上下文身份分析实施两项补充来克服这一挑战。第一项是为每个身份分配 USB 到串行 NIC 的配置文件，表明它是一种没有内置本地以太网连接的传统设备。第二项是通过流量分析和网络协议提供额外的上下文，并将这些因素纳入上下文身份，以更好地理解设备是什么。

监控模式的初始应用

组织在零信任之旅的监控模式阶段常犯的两个最大的错误是：认为这是一个有限的时期，以及没有为设备的初步发现分配足够的时间。在大多数缺乏健全资产管理系统的组织中，监控模式的功能取决于组织能够分配多少员工来验证和解决结果中的差异。以智能建筑中心制造部为例，一个包含 1600 个设备的网络，由一个三人团队来映射网络上的资产大约花了四个月时间。这四个月中，团队执行的任务包括：

- 利用可见性和分析技术来识别疑似的设备类型，解决上下文身份中的"是什么"的问题。
- 确定设备的业务功能、所有者和支持团队，以了解其支持安全网络的能力，可能还会将 802.1x 添加到设备配置中。
- 利用流量分析来理解并为设备创建一个基线，以帮助识别设备何时偏离预期的基线。
- 将所有这些信息记录到资产管理数据库中，确保这些信息在执行操作任务和在需要应对突发事件时都能迅速且方便地获取。

对于规模较大的组织来说，初始资产发现可能需要 12～18 个月的时间，这取决于分配的人力资源。监控模式的重要性经常被低估，但在零信任之旅中，大多数组织在这个阶段花费的时间最长，因为组织需要了解终端，不仅仅是通过网络访问控制手段进行，还要通过审计和风险缓解手段。

识别设备、确定业务功能、分析流量以及将信息输入资产管理数据库的任务，这些都是组织取得的成就或胜利。这些信息的缺乏应被视为一个重大的漏洞和风险。识别网络上存在的设备将有助于故障排除和应急响应。因此，每个成就都应该在传达项目价值时得到充分利用，因为它们与业务实体和功能有着密切的关系。应将最小化未知设备作为安全优势，并记录运营优势。

许多组织还认为，一旦监控模式转变为执行模式，就不再需要在网络上监控终端和流量。大多数努力实现完全执行零信任能力网络的组织发现，将补救策略或隔离策略作为其网络访问控制执行引擎的默认策略，有助于解决终端的"硬性拒绝"。补救策略可以允许有限地访问组织内的业务关键服务，如服务请求票务引擎、远程访问和控制应用程序。使用分析引擎可以确保用户在设备连接到网络后可以请求支持。这确保了设备的配置可以在网络的任何地方进行，即使在用户可能距离其本地组织服务台数百英里（1 英里 =1609.344m）远的小型办公室 / 家庭办公室中也是如此。许多组织也使用这种方法作为配置技术，其中新设备的引入从在本地服务台启用监控模式就开始了。与此同时，在网络的其他所有地方都在执行。

对于大多数组织来说，任何通过终端连接的网络设备的变更都会分阶段或逐步进行。通常最有效的方法是在满足两个主要条件的区域开始部署监视模式。

- 网络上存在着多种多样的设备。在网络上的某些位置，有各种不同的终端将被连接并能够被分析或识别。从这些位置可以学到宝贵的经验，并将这些经验应用到更多未来的站点上，从而减少在这些新站点上所需进行的工作量。例如，在之前提到的智能建筑中心制造部内有多种相似上下文身份的相机模型的示例中，这些设备在单一位置的存在使得当它们在其他位置单独存在时，即使彼此看起来相似，也更容易识别。
- 现场人员可以在采集样本时访问和识别设备。团队对其购买、使用案例以及设备可能的制造商或每个使用案例的流量模式的知识（即部落知识）在监控和分析过程中极其宝贵。考虑到监视模式应用的起始位置中存在大量不同类型的设备，拥有一个能够识别或验证上下文身份并将这些信息反馈给网络访问控制管理团队的现场人员，将能够极大地减少在此过程中自然发生的猜测工作。通过"步行网络"使这一资源能够访问终端，识别上下文身份的"是什么""如何"和"在哪里"，有助于创建一个标准配置文件，然后应用于网络其余部分的类似设备。

总体而言，监控模式应在整个零信任过程中持续使用，因为网络和安全团队将不断引入新的终端和支持用例。即使仅在实验室或配置区域（即终端上线发生的地方）使用监控模式，也可以帮助确定存在哪些设备，并帮助组织决定何时过渡到执行模式。

9.3　终端流量监控

在确定终端的上下文身份时，可以分配一个未执行的授权结果到终端会话中。通过为终端会话提供授权结果，与该分配相关的任何信息（如设备的唯一标签、特定设备标识符、属性值对，以及接收到的身份信息）都可以被终端流量监控系统所使用，从而为终端的身份增添更多细节。在思科技术中，作为 Overlay 策略确定化的一部分工作会创建飞地，这些飞地将成为之后隔离的基础，允许在授权结果中应用预期的更广泛的或父级标签，然后由流量监控工具使用。如思科安全网络分析这样的工具会使用终端的身份信息，包括通过平台交换网格（pxGrid）与思科身份服务引擎集成时应用于会话的授权 TrustSec 标签。NetFlow 记录用于确定流量在网络传输过程中的基线，将包含身份和 TrustSec 形式的飞地标签，这有助于进一步理解终端在给定飞地或跨飞地之间的通信方式。

为了更好地回答在哪里部署监控模式最有效，组织还应考虑另一个因素：在特定场所内预估将要映射的共同飞地的数量。如果一个场所（如一组建筑物的园区或总部）拥有在零信任旅程中将要使用的大多数飞地，那么在该园区或总部存在的多样性设备，以及用于开发飞地的业务部门，将为零信任之旅带来巨大价值。在分析过程中，尽管各种流量和通信模式看似令人难以承受，但很快就变成了基于身份的相互通信的模式匹配游戏。考虑到在动态主机配置协议（DHCP）下 IP 地址可能会偶然变化，除非对 DHCP 日志进行仔细审查，否则几乎不会留下历史终端所有者的痕迹，在这种情况下引入身份就变得尤为重要。与依赖传统地址来创建这些通信模式相反，身份的消费为基于身份到身份的流量模式提供了可能性，映射出的应用于特定用户的身份属性可以帮助建模出该身份的通信模式。

监控其他站点

组织通常会遇到另一个常见的挑战是，如何推进监视模式的部署以缩短时间表，同时在出现错误配置更改的情况下维持正常的业务流程。特别是在监视模式的早期，组织通常会质疑监视模式的应用是否真的不会影响正常的业务流程，以及这样做是否是正确的。思科交换机上的配置使用非常少量的命令来区分完全开放状态、监视模式状态、低影响（有限执行）状态和关闭（完全执行）状态的端口。这些命令具体如下。

- 身份认证开放：严格的监视模式，任何发送到交换机端口的授权结果都不会被执行。
- 身份认证开放并添加预授权 ACL：有限执行，这允许设备在身份认证之前访问被认为是必要的关键资源，但在其他方面受到限制。
- 无身份认证开放：完全执行，阻止除局域网上的可扩展认证协议（EAPoL）和用于语音域设备的 TFTP 之外的所有协议。

对于智能建筑中心财务部，创建了一个矩阵，考虑了给定站点的两个不同方面，以评估应按什么顺序应用监视模式。

- 站点的业务关键性：站点的业务关键性是基于用户数量、业务实体和站点在其网络上至少失去 10% 的设备时可能产生的财务影响来评估的。这 10% 应被视为受控的 10%，因为对于有线介质，身份认证将应用于每个端口；对于无线，通过引入新的 SSID 来对每个用户进行身份认证；对于远程访问隧道，也是对每个用户进行身份认证，因为这是使用新的身份认证服务器配置的。虽然许多组织会坚持认为"所有站点对业务都是关键的"，但所有站点的业务关键性相同意味着网络上的任何设备都没有优先级，所有终端和位置都可以被同等对待，这显然也是不对的。
- 站点存在的终端或业务单位的多样性：如果在一个组织站点中的设备类型相对同质，则很难从中获取经验教训来促进零信任之旅的整体成功。当从监视模式过渡到执行模式时，拥有大量相似设备的站点应该使用通用模式或规则集进行执行。

智能建筑中心对其财务部按照这些因素的组合进行分类，以确定哪些站点应该首先被监控，以及哪些站点应该比其他站点更早地转移到执行模式，特别是在并行实施执行时。实施计划如图 9-1 所示。

业务临界

操作临界	极低水平	低水平	中低水平	中等水平	中高水平	高水平	重要的
>25设备类型		米斯蒂克，康涅狄格州 鲍伦，马萨诸塞州 罗切斯特，纽约州					达拉斯，得克萨斯州 纽瓦克，新泽西州
<25设备类型	布法罗 罗切斯特，纽约州 密歇根州 达勒姆，北卡罗来纳州			纽约市，纽约州 布鲁克林，纽约州 匹兹堡，宾夕法尼亚州		博尔德，科罗拉多州 蒙特维尔，纽约州 蒙德维尔，康涅狄格州	
<10设备类型							
<5设备类型			弗吉尼亚海滩，弗吉尼亚州 圣何塞，加利福尼亚州 波特兰，俄勒冈州 温哥华岛，不列颠哥伦比亚		里士满，弗吉尼亚州 奥兰多，佛罗里达州 科罗拉多斯普林斯，科罗拉多		
<3设备类型	西棕榈滩，佛里里达州 马尔伯勒，马萨诸塞州 塔萨斯城，塔萨斯州						芝加哥，伊利诺伊州 圣塔克拉拉，加利福尼亚尼亚州 郑尼丁，佛罗里达州

图 9-1 实施计划

　　在智能建筑中心财务部的案例中，团队确定了最有价值的站点，并可从纽约州的布法罗、密歇根州的罗切斯特和北卡罗来纳州的达勒姆开始监控模式，这样团队就可以确定网络上所需配置文件的数量，而且几乎不会影响组织内的关键业务流程。紧随其后的是佛罗里达州的西棕榈、马萨诸塞州的马尔伯勒和堪萨斯州的堪萨斯城，由于这三个地点的设备类型存在重叠，因此它们所需的配置文件可以参考前三个地点的情况。这使得西棕榈、马尔伯勒和堪萨斯城能够更快地进入监控模式，缩短了确定任何独特终端配置文件的时间。

9.4　执行

　　在广泛分析和监控之后，任何组织都应该考虑对其网络访问设备施加执行措施。在传统的开放式接入层和安全边缘的世界中，由于网络设备文档中存在的限制，这些文档并未明确指出设备在连接到网络时使用的具体端口、协议和通信模式，因此与防火墙团队召开工作会议是常见的做法。对于拥有基于实验室网络的组织来说，这种分析可以进一步简化，因为可以通过防火墙发送有限的流量，而不是每天通过生产防火墙发送成千上万或数百万的连接。在整个监控模式中，包括身份阶段和流量监控阶段，在确保能够编写准确策略之前，应先确定这些流量。当组织在编写策略时，应该专注于尽可能靠近终端应用策略，以便将执行能力分散到靠近终端并且可能最有效的地方。

　　智能建筑中心的企业办公室应该有四个单独的执行区域，团队可以在这些区域应用执行以获得最佳效果。为了与传统网络相一致，团队在网络末端使用防火墙来阻止与互联网外部的通信，并对哪些子网或 VLAN 被允许访问互联网资源或外部客户端站点制定了大量的策略。将策略以分层的方法重新分配的一个前提是需要评估防火墙上哪些规则仍然是执行计划所需的，因为防火墙作为单一执行点有超过 350 000 条规则用来允许单个 IP 和终端与外部进行通信。这些保护和执行机制的重新分配意味着必须对防火墙规则进行审计，其中许多规则已经存在多年。由于缺乏资产管理数据库和无法确定设备何时从网络上退出服务，许多防火墙规则都是考虑到各种用例而建立的，在看似"最合适"的地方建立明确的允许。

　　审计过程需要分析防火墙上存在的规则，哪些规则可能被移除，并需要评估规则旨在提供的限制放在何处对业务最有利。通过审计和最小化核心防火墙规则的能力，智能建筑中心企业能够分发规则并重新设计网络，这样就不需要将所有 VLAN 都通过防火墙或路由器来在它们之间应用限制。有了这个发现，智能建筑中心能够在防火墙上维护与 VRF 间流量相关的规则，将 VLAN 间流量的规则移动到 VLAN 终止的交换机上，利用 TrustSec 标签限制交换机端口内的 VLAN 流量，并在阻止同一机箱内访问的同时，通过修改本地防火墙的代理来对虚拟机应用限制。

　　这种保护和审计的分布导致边缘防火墙上防火墙规则数量减少了 50%，所有这些规则随后在审计过程中都被标记了用途。有了这套规则集，就可以根据每个客户端会话应用动态规则，即使按照思科的建议将访问控制列表限制在 30～35 行，这也意味着每种终端类型都可以针对其在 VLAN 之间的访问进行限制，而不是在单一区域定义所有规则。这种动态分布的一个额外收获是减少了智能建筑中心的防火墙数量；随着执行机制的分布，防火墙可以合并用途，从而最小化资本和运营支出。

然而，与监控模式一样，执行模式也不应被视为只是一个阶段的工作，因为策略将继续发展。随着新的终端和用例在任何组织内被发现，将需要额外的规则来阻止任何之前提到的通信方式：对外通信、跨 VRF、跨 VLAN，或在 VLAN 内部的通信。在零信任旅程的身份阶段中建立的身份和资产管理数据库的整合对于确保理解终端如何相互交互至关重要，无论它们的 IP 地址或在网络中的位置如何。建立一个强大且分层的识别机制不能只依赖于使用防火墙的传统隔离方法，否则整个零信任的执行架构将受到影响。

9.5 网络访问控制

在零信任旅程的监控模式和执行模式中，网络访问控制（NAC）系统将发挥关键作用。在一个设计得当的网络中，所有介质都将通过 NAC 发送终端访问请求，NAC 将作为身份引擎来决定访问请求是被授权还是被拒绝。在零信任之旅的监控模式阶段，在确定谁、何地、何时和如何访问网络时，NAC 应该作为终端上下文身份的唯一真实来源。在设备被识别之后，通过流量遍历工具和漏洞管理工具提供的额外信息可以进一步增强识别。许多 NAC 系统面临的挑战是，它们提供的各种授权结果会因为终端连接的网络访问设备的不同而得到不同的处理。例如，思科无线局域网控制器（WLC）只会在身份认证和授权都通过的情况下允许流量传递，这才是正确的"监控模式"。WLC 必须向终端授予授权结果，且该结果会在 RADIUS 会话完成后立即应用。VPN 终止点也有类似的限制。

有线交换机可以使用各种配置来实现执行策略（有例外）或根本不进行执行。虽然这可以纳入零信任实施计划，但组织是否认为跨多种媒介的多项策略是可行的实施策略，将取决于组织的具体情况。

组织在其零信任之旅中应首先选择哪种媒介也是组织特有的。对于大多数客户来说，有线介质是最适合开始的地方，因为它不需要改变连接方式。有线介质允许用户连接到交换机端口，并且在其上下文身份受到监控时用户也不会感知。这为希望了解网络的网络管理员提供了优势，网络管理员在了解网络时不必阻止设备连接到网络或改变设备到网络的连接方式，就能了解到谁和什么正在连接。即使在对终端应用组策略配置以启用其认证程序并确定使用哪些凭证对网络进行认证之前，可以使用一个发送协议信息（例如 HTTP、DHCP、DNS、活动登录信息和 CDP 信息）的有线交换机来被动观察终端，并且不需要修改它的访问权限。此外，许多组织发现，尽管大多数有线终端可能也支持无线连接，但反之则不然。这种情况有助于吸取经验教训，确定网络上有哪些上下文身份，并提供有设备的类型和位置信息，这些信息可以在将无线介质加入零信任架构中时得到使用。

在无线介质方面，组织可以通过利用替代机制来应用授权结果，从而简化网络访问控制执行的挑战。需要创建一种临时的监控模式，为尚未被分析或识别的终端提供网络访问，同时随着流量模式的确定，通过执行机制逐步限制访问。这种临时监控模式体现在无线控制器的单一接口上。对连接到 SSID（无线网络中的服务集标识）的任何设备，流量会转发到特定的 VLAN 并应用一个显式的"允许任何"访问控制列表。与这种介质相关的最大挑战通常是，当 RADIUS 应用于 SSID 进行执行时，终端被迫以某种方式进行认证和授权。这意味着如果所使用的认证机制与已经使用的不同，可能需要触及终端以更改其网络设置。

虽然可以对 SSID 不进行任何保护并且身份认证可以设置为开放，但这种配置远不如预共享密钥（PSK）或 EAP 类型的身份认证机制常见。如果在没有授权服务器的情况下使用预共享密钥（例如 iPSK 模型中的预共享密钥），则可能需要更改终端的配置来配合无线介质中的零信任实施。使用思科无线局域网控制器广播 SSID 的优点之一是能够基于每个 SSID 进行分析，并随着标准的 SSID 身份认证和授权一起发送此信息。

在许多情况下，组织可能会发现，为满足其零信任要求而设置新的 SSID 可能是一个更好的选择，而将受管理设备迁移到新的 SSID 是第一步。然后可以使用基于 AP 及其映射位置的数据和信息来确定尚未迁移到新 SSID 的设备位置——可能是通过一个组策略或管理能力实现。如果一个组织发现所有受管理的设备都已迁移到新 SSID，那么可以假设这些没有移到新 SSID 的设备未被管理或未与管理策略保持同步，这可以提供与上下文身份相关的宝贵信息。虽然没有网络访问控制（NAC），也能确定设备是否被管理，但如果不使用 NAC 就无法进行显式分析，这限制了组织能够确定和应用的可见性和执行水平。

从获取终端上下文身份可见性的更广泛角度来看，VPN 终端在获取可见性和实施限制方面的难度介于有线和无线之间。使用思科远程访问时，用户通过隧道组连接到网络必须进行身份认证，无论隧道组使用的身份认证数据库在何处，包括连接到远程访问系统用户凭据的数据库。因此，认证源的迁移可以被认为是微不足道的，其优先级低于隧道组有关认证和审计的配置。与无线一样，可以使用"允许任何"作为授权结果，以确保终端对网络的访问不会受到影响或改变。因此，VPN 被认为是"中等难度"，组织通常将其作为确定在零信任旅程中部署网络访问控制能力的先行指标，或者在完成有线或无线网络控制后的第二优先级来处理。

9.6　环境考虑

对于大多数希望部署零信任并追求零信任之旅的组织来说，通常的驱动因素是监管要求或高级管理层的决策。这种考虑通常将实施零信任与网络硬件相关的更新或新建项目结合在一起。同时也有许多组织追求一对一的网络设备更换，以适应更高的吞吐量并最大限度地提供支持。这两种情况都可以是零信任之旅的绝佳起点。然而，零信任实施变革的方式取决于部署方法。以下部分将介绍绿地（全新实施）与棕地（一对一更换）之间的差异。

9.6.1　绿地

绿地环境是指网络、基础设施或策略"从零开始"或从新建立。作为试验场的新建筑物、当前没有病人的医院，或网络改装都是绿地环境的例子。绿地实施为追求零信任之旅的组织带来的好处是，它可以系统地实施，并且可以按顺序将特定类型的设备添加到网络中。在时间允许的情况下，绿地实施还为所有具有不完整上下文身份的设备在转移到新的设备组之前提供了补救措施，这样就减少了因未达到明确策略而需要调查设备的运营负担。这也有利于流量映射，因为网络上只会存在已知身份，且基于已知流量模式和漏洞管理可以允许有限的端口流量，这种行为可能是对安全事件的响应。

对于智能建筑中心制造部来说，绿地方法是实施零信任的好方法，因为它几乎不需要在实验室对终端进行测试。智能建筑中心制造部面临的主要挑战是，对于业务和建筑运营至关重要的系统无法与生产网络断开连接，以确定其上下文身份或如何向网络呈现终端。由于需要订购新设备以在新的制造工厂中实施，因此需要与支持这些设备的团队、网络团队和安全团队进行协调，以便将配置设置到终端需要连接的交换机端口上。在实施和测试时间段内，将设备插入并在团队之间共享结果。

对于可以根据文档按预期运行并通过探针进行分析的设备，这个简单的过程在识别设备的能力方面是明确的。对于那些在其文档中几乎没有关于端口和协议流量传输的参考信息，或者在智能建筑中心制造部的网络访问控制器中没有内置配置文件的制造商来说，这个过程稍微困难一些，因为制造商选择的方法是拒绝无法匹配授权规则的设备。然而，一旦单个设备被定义、分析并且流量映射后，通常允许其他所有设备无障碍连接。因此，与许多网络团队针对多个设备的标准进行更改的做法一样，智能建筑中心制造部首先连接了一个设备，然后是三个设备，然后增加数量，以验证识别设备和提供设备访问的方法在整个过程中是否一致且有效的。

9.6.2　棕地

棕地网络通常被定义为已经部署并且在当前网络或部署上应用了策略的网络。大多数情况下，这种类型的网络是由网络设备更换产生的，使用一个网络设备来代替另一个设备并修改配置，先前连接的终端需要重新连接。这需要对在其他情况下已部署交换机的配置进行添加。这种零信任部署的挑战在于，人们期望以前连接的所有设备在重新连接或添加新配置命令时能够继续工作，就好像没有发生任何变化一样。这意味着在了解设备是什么之前就对重新连接的设备进行评估，并根据其上下文身份提供差异化访问。这种情况通常会导致需要花费额外的时间来分析设备，与绿地网络相比，这可能需要三倍或四倍的实施时间来确保设备可以被识别并且设备的连接不受影响，同时也能被识别并应用或评估策略。

这正是智能建筑中心新兴技术部（SBC Emerging Tech）所面临的情况，该部门专注于在快节奏的市场中开发半导体，几乎不能接受任何停机时间。智能建筑中心新兴技术部计划重新装备其智能建筑，包括用于半导体测试和制造的设施，期望在周末凌晨的短暂变更窗口期间，设备可以从旧硬件更换到新硬件，并几乎不会有停机时间。

为了准备这次设备更换（对智能建筑中心新兴技术部并不罕见），新交换机被垂直放置在传统交换机的旁边，因为更换电缆可以是向上或向下的动作，一个典型的48端口交换机可以在不到10分钟内更换。然而，智能建筑中心新兴技术部要确保自身免受数据泄露、未经授权的设备或其他连接到组织各处交换机的技术对其制造流程的干扰。因为担忧一些最关键的能源和基础设施设备的关键组件生产速度放缓，在功能性和安全性之间取得平衡成为了一个挑战。为了了解网络中存在的设备，智能建筑中心新兴技术部运维人员尽可能详细地记录当前连接到各个端口的设备，包括尝试映射MAC地址、IP地址和潜在主机名，以确保每个因素都能被确定。

在利用更多手动方式完成设备映射之后，这些设备被添加到思科身份服务引擎中并静态分配到存储桶，以便智能建筑中心新兴技术部可以根据确定的信息来识别它们。这些存储桶为每个终端提供了完全访问权限，不需要的端口将在项目的后期阶段被删除。对于无法识别的设备，通过部落知识和分析能力，将设备放入待后续识别的补救桶中。这些设备在转移到新交换机后成为了最优先识别的设备。然而，这一努力大大延长了识别所需的时间。虽然智能建筑中心生产部能够通过分组识别设备并将其添加到交换机中，并在大约1个月的专门分析和应用后完成了整个策略的应用，但智能建筑中心新兴技术部却花了近三个月的时间，因为需要分析的补救设备数量使得可以使用的策略有限。按照前面介绍的方法，识别、流量分析、漏洞管理分析和最终执行是分阶段进行的。然而，实际上这四个阶段需要在前一阶段的基础上跨组进行串行应用。例如，当一个焊接铁被识别时，用于识别焊接铁的数据需要反馈到分析过程和识别数据库中，并与所有观察到的设备进行比较。这是对每个发现的独特设备的递归过程。

9.7 上下文身份中的实际考虑

虽然前面全面介绍了上下文身份，但在部署到安全网络上时，应考虑几个实际应用方面的注意事项。请记住，上下文身份是属性的组合，可以从终端不引人注意地收集这些属性，以确定和验证身份是否如它所声称的那样。

- 以某种身份使用、管理、拥有设备或与设备交互的用户是谁？该设备可能是"无头"的或者不需要用户交互，这应该考虑之内。
- 该设备是什么？基于设备与网络或网络上其他设备的交互，可以通过基于签名的分析技术来可靠地识别设备。
- 设备在哪里？设备在使用时所处的位置可能是一个有价值的属性，可用于确定设备对网络内资源的访问权限。例如，用户在建筑物停车场使用设备，这可能是也可能不是合理的使用场景，而在大厅或办公区域使用设备的情况则与之不同。

- 设备何时与网络交互？如果设备通常仅在工作时间内访问网络，那么在工作时间之外访问网络的设备可能会给网络带来更高的风险。

- 设备如何尝试与网络交互？设备与网络交互的介质以及设备尝试执行的协议和交互都可以指示设备的身份及其打算如何使用网络。

- 设备级配置文件是什么？有时称为威胁分析，对终端设备的配置、文件结构和对网络造成的潜在风险的评估，可用于确定应授予其哪些访问权限，以符合风险承受能力。

9.7.1 身份认证

根据给定组织的用例，身份认证（AuthC）可能是上下文身份的一个重要方面。大多数开始零信任之旅的组织必须首先确定应用身份认证机制的组织能力（当前和未来）。即使是最小的组织通常也有一个带有微软活动目录（Microsoft Active Directory）用户和计算机设置的域控制器，从而能够根据用户的业务功能对用户进行分类。这些组可以作为授权结果应用程序的一部分，然而，它们对用户或设备进行网络身份认证的能力有限。活动目录用户和计算机主要关注上下文身份的两个重要方面：验证用户在网络上归属的用户名和密码，以及加入域时所分配的机器标识符。在大多数情况下，这些信息已经足够用来验证机器是否属于组织、用户是否是组织的一部分。然而，许多组织正在朝着允许用户在网络上使用移动设备作为主要或次要工作机器的方向发展。这种情况对于使用活动目录来说是一个挑战，因为这些设备很少加入域，即使可以这样做，也需要通过其他方式来管理其身份认证。

组织使用的更常见的身份认证方法是向设备颁发由组织的活动目录证书颁发机构签发的证书。该证书颁发机构可以依赖分配的用户名或机器 ID，并使用活动目录用户和计算机将此身份插入证书的规范名称或使用者名称中。用户或机器身份的其他方面，如电子邮件地址、电话号码、唯一身份证号码或其他识别方式，可以用作证书中身份认证的方法。此功能提供了将用户的名字和姓氏用作身份的替代方案；它还为移动设备提供了注册功能，然后可以将移动设备与用户关联，再以证书的形式将该身份呈现给网络。很多组织不再使用本地管理控制台来注册设备，而是更喜欢使用基于云的移动设备管理器，该管理器能够在更大的设备集中注册和应用证书和其他设备设置。有关基于云的移动设备管理器支持的示例操作系统，请参见图 9-2。

一个不容忽视的方面是，应用于设备的证书可以包含与活动目录用户和计算机相关的信息，例如用户名，然后可以根据活动目录对其进行验证，以确定该用户的账户是否是存在、是否被暂停或是否需要采取额外行动。此功能为前面讨论的分层安全模型又增加了一层保护。例如，虽然同一个用户可能有一台 Windows PC、一台 Apple iPad 平板电脑和一台 Android 手机，但可以将不同的设备名称或属性嵌入每个设备的证书中，以提供差异化的访问，即使在分析不可用时也是如此。

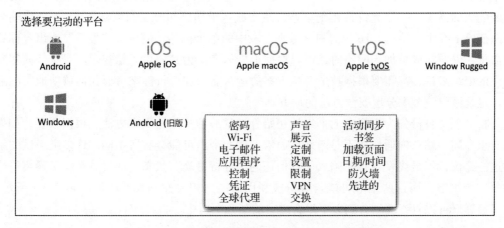

图 9-2　常见移动设备管理器及其终端设备功能

9.7.2　授权

如前所述，授权（AuthZ）基于用户或设备的成功认证。许多组织和管理员常犯的一个错误是假设可以以某种方式对设备进行授权或提供差异化访问而无须了解上下文身份。在向端点提供任何访问权限之前，或更改已应用的访问权限之前，上下文身份通过一种方法对终端进行认证来得到加强。考虑上下文身份的访问通常采用两种形式之一。

第一种情况是，当终端启用了认证客户端但没有将正确的或任何凭据发送给网络。在这种情况下，组织通常会遇到由于终端配置错误而导致终端从网络断开的问题。配置错误问题是由于终端的管理系统在大多数情况下未应用正确的配置，或设备在策略下载过程中断开连接而引起的。当发生错误配置情况时无法触发修复策略，因为这将是一个授权结果。唯一的解决方案是关闭认证客户端或连接到可以成功连接替代认证客户端的介质。

第二种情况是，组织内的管理员希望为未经身份认证的用户创建一个"解决方案"，允许这些用户在未经身份认证的情况下部分访问组织资源。这是错误的做法。如果用户因凭证不正确而无法通过身份认证，通常来说，允许其连接网络风险过高。此类用户可能是心怀不满或已离职员工，意图寻找网络防御漏洞并造成破坏。相反，应强制用户连接到不进行 MAC 认证的另一网络或介质，并与网页进行交互，在登录后才能获得权限。可以在此流程中设置注册环节，要求用户提供详细信息，并通过电子邮件、短信等方式进行核实，同时限制可用域名以防止临时邮箱账户的注册。根据用户登录网页、所连设备端口或AP 位置数据、连接时间及主动确认（如短信或邮件链接）等信息进行验证后，可授予其仅限于互联网的访问权力，即使以低于推荐的标准完成认证也是可以接受的。

9.7.3 隔离

对于大多数实施隔离的组织来说，讨论最终将不可避免地演变为对任何组织层面的细粒度隔离的需求。一个允许或拒绝策略将演变成基于端口和协议的策略需求。5 个终端组将演变成 100 个终端组。16 位思科元数据字段中的单个标签将演变成"堆叠"或组合标签的需求，以便在成员加入网络时，可以根据组成员身份为其提供子组权限。对于任何实施隔离的组织来说，都需要根据技术解决方案的运营能力和可行性来考虑如何成功地实施隔离。这是最应该考虑分层安全方法的地方。

将上下文身份分为不超过七个组的初始分类是一种实用的隔离方法。根据需要，如果所有组在同一站点内通信而不是跨站点通信，这七个组可能会有所不同。许多组织试图绕过这一建议，但最终发现自己陷入了零信任的"分析瘫痪"状态，即过分考虑了隔离策略的每一个细节，而这些细节可能与身份被利用的能力相关性不大。例如，如表 9-1 所示，大多数客户可以将终端划分到以下组合之中的某几个组中。

表 9-1 终端映射

企业终端	承包商设备	数据中心设备
医疗终端	安全设备	分支设备
制造商终端	媒体设备	隔离设备
研究终端	演示终端	修复设备
实验室 / 非生产终端	网络设备	共享服务设备
服务器	基础设施设备	统一通信设备
物联网设备 / 传感器设备	无头设备	
访客设备	经过身份认证的设备	

大多数情况下，可以根据组织的策略和用例及其在整个可见性阶段发现的终端列出七个组。但是，应该注意的是，对于操作团队来说，在上下文身份方面这些组可能看起来相同，但活动目录组除外。无头设备和数据中心设备可能是相同的：每个设备都通过 MAB（MAC 地址绕过）进行身份认证，因为没有用户登录，每个设备都存在于有线介质或数据中心中，并且每个设备都可能是 Windows 设备。因此，组织必须问，"一个不具备架构和设计团队知识的人如何将这个设备与网络上的其他设备区分开来？"

需要回答的第二个问题是"该设备的策略与其他设备及其交互有何显著差异？"例如，当对两个设备（例如安全设备和媒体设备）进行分类时，两者都可以使用共享服务，并且都可以在彼此的标签内进行通信。基于此分析，应进行风险评估以确定两组设备所需的访问级别之间是否存在显著差异，然后再将它们分为单独的策略。例如，在发现过程中，如果确定安全设备需要访问共享服务端口 443、8443、80 和 6667，而媒体设备需要访问共享服务端口 443、8443 和 6668，则两个设备应属于两个分类。如果这两个端口的风险很低，例如设备未在这些端口上侦听或通过第三方在这些端口上进行身份认证，则至少应在初步分类中将这些终端分组在一起，以最大限度地减少所需的标签数量。还应注意，需要在子网内对标签分发执行、子网间的 ACL、跨站点的防火墙或其他用例中的能力进行对比。当安全和媒体设备存在于同一子网上并且需要标签时，应最大限度地减少使用的标签。

9.7.4　绿地

绿地部署终端通常是开始零信任之旅的最简单方式。与棕地站点不同，绿地站点部署需要从管理高层获得支持并在绿地站点的终端所有者中推广这一理念。按照正常人类心理，当得知其对特定端口或协议的访问权被取消时，使用者会感到不满，尤其是当这种访问曾经很方便时。这种情况下相关人员通常不会考虑相关访问可能被利用的风险和安全问题。在实施阶段，无论是与可见性阶段结合以立即执行，还是分离出来先获得可见性再执行，都不可避免地会担心运营团队之前的工作方式不再可用。组织应该探索如何正确应对运营团队遇到的挑战，而不是为了方便而牺牲安全性。

9.7.5　棕地

棕地环境通常是开始零信任之旅中较难的一个。然而，对于绿地环境的经验教训也同样适用于棕地环境。首先是确保获得高层管理者的支持来部署执行措施。成功的关键还在于在确定了与访问相关的挑战后，可以让用户重新连接到网络而不用移除配置。虽然良好的意图在大多数企业场景中占据主导地位，但它们经常在实施过程中被遗忘，并导致整个网络中的策略和执行是拼凑出来的。如果仅仅为了将一个终端连接到网络就允许操作技术员从端口中移除配置，则他们将不可避免地忘记配置已被删除，或者一些政治因素将阻止那些曾经阻止该设备实现其业务目的的配置再次应用到端口配置上。

同样的教训也适用于例外流程。无论需要花费多少时间来决策可以使终端按预期工作的解决方法，都应该严格审查和探索异常情况。对于大多数组织来说，一旦可以提交并批准例外流程，该例外流程几乎会成为常态，并使组织在连接性而非安全性方面回到起点。

9.7.6　统一通信

通常，统一通信（UC）设备在与其他统一通信设备互动时对端口和协议的需求很高。因此，统一通信成了在子网内使用标签或潜在跨子网使用事件的绝佳机会。当网络上同时使用物理电话、软件电话和移动软件电话时，统一通信设备就会面临挑战。这种在各种端口上跨大多数介质进行交互的需求导致需要扩大策略以及了解这些策略如何决定流量遍历。在可能的情况下，在实施后期的隔离阶段将 UC 设备分类到自己的类别中，与企业 PC 分开，并进一步与移动设备分开，这将为技术更新期间的终端交互提供最大的灵活性和更多的选项。在这个过程中，物理或软件电话可能会被清除或重新引入网络。

9.7.7 数据交换

正如在零信任的可见性和漏洞原则中所讨论的，强烈推荐系统之间进行数据交换，以传播身份信息和进行漏洞分析。像 pxGrid 和 STIX/TAXI 这样的方法和协议提供了交换这些信息的工具。即使这些方法没有在策略中使用，它们也可以提供大量的数据交换，因此对于确定设备上下文身份中的额外上下文非常有价值。随着越来越多的产品接收可见性信息，身份信息可以变得更加普遍并可用于执行目的，包括根据设备类型和观察到的漏洞对应用程序的访问。

9.8 总结

部署零信任的方案是否切合实际具有很大影响，需要予以考虑和重视。无论是专门为零信任设计的环境还是已有的网络环境，实施零信任时都有许多因素需要考虑，如环境内工具之间的信息交换、用于指导设备访问权限的策略以及基于关键性和已学到的教训逐步添加站点的方法。组织应考虑所有这些方面，并相应地为过程中可能遇到的障碍制定相应计划，如果在过程中遇到意外的情况，需要有接受回到前一阶段的态度和准备。

第 10 章

零信任运营

本章要点：

- 拥有综合的或紧密联系的网络和安全运营团队的组织可以更好地在整个零信任之旅中进行操作。两个团队对零信任的支持是成功的关键。
- 将零信任的部署区域分为几组（例如早期采纳者、早期多数派和晚期多数派）可以帮助确定执行零信任之旅可能需要克服的障碍和获得支持的标准。
- 当组织考虑实施零信任实施时，它不仅应考虑引入新的设备，还应考虑引入新的支持人员。如果新员工没有能力支持实现组织零信任目标所需的技术，组织将无法正常开展业务。
- 任何组织在零信任之旅中都会遇到的最重大挑战之一是零信任组件和最佳实践的维护。维护用于发现、资产管理和策略的机制是确保维持所实施的零信任模型的唯一方法。
- 设计一个维护上下文身份的归因模式是关键，这有助于理解与这些上下文身份相关的任何变化将如何影响运营、支持和持续的零信任之旅。
- 维护工作将依赖于零信任过程中的入网、发现和持续应用的分布式执行机制。

根据在组织生态系统中实施零信任隔离的方法和构造，需要注意几个事项。这些考虑因素包括但不限于策略变化、控制变更，以及设备或工作负载、服务或应用程序的移动或变化。管理零信任实施后的关键在于流程和团队，这些团队与经验丰富的产品所有者紧密配合并对现有实施的修改达成一致意见。

本章讨论了团队在设计、测试和实施零信任策略之后，该如何对零信任进行维护。我们将讨论一些需要避免的陷阱，以及在当今环境中我们见过的最佳实践。我们将使用实例来帮助说明最佳实践或需要避免的事项。

零信任网络安全策略的基石是通过定义的执行策略实施控制的最小特权访问。只有安全策略到位并保持有效，零信任策略才能成功。一旦实施零信任解决方案，"保持有效"就变得至关重要。因此，必须持续维护和完善安全策略。

当零信任环境进入稳定运行状态时，网络和资产仍会受到监控，并且流量会被记录和审核。响应和策略修改通常基于对数据流量和资产的监控。导致策略变化的其他输入来源可能来自外部，例如当前的威胁情报和行业监管或标准变化。公司的用户以及资源和流程的利益相关者也应该提供反馈以完善安全策略和性能。

此外，当工作流程、服务、资产或架构发生变化时，需要重新评估零信任架构的运行及其策略。新设备、主要软件更新和组织结构修改将改变当前的安全策略。

10.1　零信任组织：实施后运营

当然，组织实现零信任的旅程永远不会结束。当获得新产品、服务或业务时，需要新的控制措施、策略或对现有控制措施或策略的修改。在软件定义的零信任组织中许多更改可以更轻松地实施。然而，只有当组织使用完善的流程、管理良好的组织变革和架构审查团队以及拥有消息灵通的产品所有者时，这些变革才会顺利发生。

我们经常发现组织为实现零信任会在组织内部解决资源分配的问题。很多团队或组织拥有零信任的概念，但却无法向前推进实施。有时，领导层只会资助网络团队的项目，而不资助安全团队的项目，或者反之亦然。这种资源分配不足的原因可能是业务内的不同挑战只为促进增长，而忽略了保护控制措施，从而导致了这样的资金或资源分配差距。

我们发现应对这些挑战的最佳方法是获得负责安全和网络活动领导者的授权和支持。通过使用这种方法，零信任实施团队消除了组织内许多资源短缺、资金紧张以及团队争夺有限资金的隔阂或障碍。该方法也必须立即行动起来，实现零信任的目标需要全员的协作并且两个团队都在为之努力。

通过对组织的外部观察以及作为组织内部的一员，我们可以轻易地看到政治和预算是如何阻碍组织向前发展的。消除障碍，对于组织实施零信任至关重要。组织应针对当前的威胁形势，集中精力使得团队能齐心协力、同舟共济地实现目标。

运营零信任组织的关键组成部分之一是在安全、网络、应用程序和运营团队中建立控制和所有权。如图 10-1 所示。这些团队需要共同努力、协作并跨越组织的界限来支持零信任组织。如今，组织发现的首要问题是团队之间的孤立心态，这会导致竞争或缺乏动力去推进由其他团体赞助和提出的举措。这是最高层领导的失败。

孤岛环境的一个关键特征是，一个团队不知道其他"本应是"合作伙伴的关键团队成员的姓名。另一个特征是，当一个团队提出了一个好主意时，另一个团队会复制相同的主意并与其他团队竞争，而分散领导层的关注点和目标。

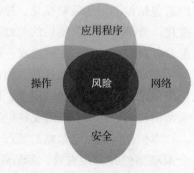

图 10-1　零信任隔离跨团队协调

为员工创造这种跨团队的合作空间应该是组织领导者的首要目标。如果每个人都朝着同一个方向前进，所有人都将目标保持一致，努力实现同样的事情，那么预算就花在了预期的目标上。跨团队监督组织健康和个人贡献者的心态对组织至关重要。这种心态对于构建零信任组织也非常重要。

如果一个组织存在孤岛，那么在零信任环境中，一些信息将不会在不同团队之间共享。不是朝着一个方向前进的组织会发现一些隔离实施工具适合某个团队，但对另一个团队却不适用。这种情况可能会导致组织内部的混乱或完全停滞。对于一个组织来说，最重要的是持续关注。一个组织必须超越现状，不断前进。

10.1.1　采用零信任的障碍

在 Geoffrey A. Moore 的 *Crossing the Chasm* 一书中，详细讲述了不同群体对新技术接纳的各个阶段。以"鸿沟"为例，如图 10-2 所示。我们认为早期采用是基本目标，但更重要的是能够跨过这个鸿沟，将可能属于早期多数派、晚期多数派或者最后的滞后者带入变革。在一个组织内部，这个鸿沟可能很难逾越，特别是当团队相互孤立时。

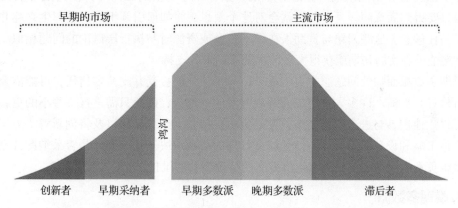

图 10-2　跨越鸿沟的技术采用生命周期（作者：Geoffrey A. Moore）

从操作上来说，一个形成了僵化孤岛的组织将无法努力实现共同的愿景。在组织内部，领导层的一项关键任务是建立协作和共同愿景。组织行为将不断地推动或阻碍企业的发展。我们可以说出许多不再处于前沿或不再处于领先地位的公司，因为它们既无法应对变革，也无法建立良好平衡的组织架构。

这种技术采纳命周期在部门、团队甚至孤岛内部都会有所体现。随着每种人格类型的出现，项目可能会得到加强，也可能失败。理解不同类型的采纳者以及项目团队如何支持采用新策略是至关重要的。

1. 创新者和早期采纳者

以"跨越鸿沟"的场景来说，创新者是那些赞助、设计或制定零信任策略的团队。早期采纳者是支持在零信任环境内进行试点或测试的团队。

在组织内部，赞助者是创新者或早期采纳者，就像是"风险投资家"，并且对持续成功至关重要。零信任项目的赞助者必须持续在组织内宣传计划，因为领导者可能会调动、变更或离开组织。

维持高层支持，以确保组织内关键解决方案和团队的预算，也是决定成功的一个因素。在组织内持续关注零信任隔离计划可能很困难，尤其是在员工流动率高、变化频繁或组织重组时。

这个团队负责理解组织内一组特定解决方案集的重要性，以及它们对于控制访问和推动整体策略的重要性。支持零信任是整体管理团队的责任。

这个团队最好的做法是将零信任策略纳入整体治理文件。策略对于任何零信任计划的成功都至关重要。通过将零信任纳入管理组织的规则、方法和流程中，使其成为组织思维方式的一部分，有助于解决其他采纳群体所面临的问题。

2. 早期多数派

除了创新者和早期采纳者，还有早期多数派，尽管他们提出了许多问题并表达了疑虑，但只要得到满意的答复，他们就会对这个新思想将如何引领组织前进产生兴趣并开始实践零信任理念。这些问题与赞助人在寻求资金或资源时与执行层讨论的问题相似。解决这些问题能够在实施初期就获得大多数早期采纳者的支持。

早期多数派面临的问题通常更为复杂，为了让他们接受并支持零信任，可能需要对计划进行修订与更新。许多人希望成为解决方案的一部分，因此只需进行一些小的更新或更改就可以让他们参与进来。早期多数派是负责支持整个组织迁移以及将创新解决方案纳入长期整体策略和设计的团队。零信任综合计划的成败取决于这个群体是否采纳此计划。同时通常也负责组织内零信任隔离解决方案的持续运营和维护。

3. 晚期多数派

有趣的是，晚期多数派对变革拥有最丰富的经验，并且似乎知道细节中隐藏着需要解决的问题或顾虑。他们往往在结果出现之前就能预见结果。对于想要推动已定义和已获批准项目的实施团队来说，这可能会令人沮丧。有时，实施团队可能必须"重新启动"项目或重复"启动"活动，以推动这个群体逐步采纳和接受此项目。

这一群体的倾向是在每一个转折点上寻找障碍，并要求实施团队消除最新发现的障碍以满足他们的要求。许多晚期多数派采纳群体的成员喜欢看到其他人尝试实施并失败，以证明他们的观点：继续前进的风险太大。

组织的领导层必须面对并解决这个充满挑战的群体所带来的问题，但最后，他们也需要为接纳这个群体承担所有风险。只有当未来行动对他们自身或团队不再构成风险时，该团队才会愿意继续前进。

4. 滞后者

滞后者往往听命于上层。他们通常害怕犯错或出现任何错误。这种恐惧使他们陷入"分析瘫痪"状态。正如一位领导者喜欢说的那样,他们喜欢从各个角度审视问题。这种审视过程是为了不采取任何行动。他们希望实施团队会忘记曾请求过他们的支持或帮助。

在实施零信任隔离时,所有采纳方式中最具挑战性的是整个组织从滞后者的角度接受变革。这意味着他们的竞争对手总是领先于他们,客户总是在寻找并转移到其他组织,而其他组织提供了客户的股东或利益相关者希望看到或实现的更好的功能。

滞后组织及其团队由于害怕犯错或者浪费资源,而陷入停滞。通常,需要领导层或核心团队的变更才能开始解冻,以便开始行动、变革和实施新的想法或方法。那些积极推动变革的领导者会发现这种采纳风格的组织非常令人沮丧,并会迅速转向其他组织。

10.1.2 应用所有者和服务团队

由于发现了许多实施过程中遇到的陷阱,因此我们需要探讨支持零信任模式的组织形态。让我们来谈论一下对零信任成功极为重要的应用和运营团队。

应用团队在基础设施内部构建系统和解决方案,该基础设施拥有公司的关键资产、知识产权、数据、客户、策略、数字,以及还没有引入应用管理团队之前的所有内容。许多零信任隔离计划是在没有应用团队参与的情况下实施的。

经验表明,那些早期未能加入项目的团队,在项目后期愿意付出努力去克服问题的可能性较低。因此,尽早吸引应用团队参与进来至关重要。引入并培训应用所有者团队,并保持他们积极投入,对整个项目成功非常重要。忽视他们可能会由于对这些应用间互操作性和需求的误解而给业务带来的额外麻烦和复杂性。

10.1.3 运营和帮助台

运营团队需要为零信任隔离的采纳和使用提供支持,以确保零信任的基础设施能够正常运行。这些团队必须从一开始就参与进来,并与运营团队建立明确的权责关系。

运维团队能够成功采纳零信任的前提是制定好开发运营指南和运行手册,这些指南和手册需要支持解决方案、与关键团队一起处理警报,并定期更新联系信息。

为了支持运维团队,必须更新策略手册和内部规则集。完善的治理文档将使全天候支持团队能够与白天工作的支持团队一样有效地工作。运维团队不间断地服务对于运营成功及满足客户或利益相关者的需求至关重要。

10.1.4 网络和安全团队

网络团队或安全团队可能是启动零信任计划的团队,但通常不是在关键解决方案实施后负责监督该计划的团队。在实施关键基础设施组件后,其中一个或两个团队将成为关键利益相关者。网络和安全团队使企业能够采用零信任模式。然而,从长期来看,运营团队、应用团队以及负责监督的团队将处理日常迁移和内部工作。

治理团队或安全团队可能需要对策略制定和监督负责。身份和访问管理团队通常是安全团队的一部分，对于建立支持关键基础设施所需的服务至关重要。

这些团队必须通力合作，使企业从组织的零信任基础设施中获得最大收益。如果这些团队之间功能失调，就会导致零信任实施失败、停滞或仅部分实施。

我们的团队在大型企业中工作过，见证过网络和安全之间积极、富有成效的关系。这需要高层和各个层级的共同努力和沟通。假设组织中的团队存在协作问题，在创建零信任组织之前，应先解决这些问题。

10.2　零信任策略的生命周期

零信任策略的维护将影响组织中的各种组件。其中的每一个都可能具有建立和维持信任的不同能力。在 NIST 800-207《零信任架构》中描述的主要功能之一，是由策略引擎和策略管理员组成的策略决策点，其运营目的是成为所有在零信任环境中建立连接的策略决策仲裁者。在实践中，至少在本书写作时，执行此功能的一个现成产品或一组产品是多个组件的集合，所有这些组件都可能处于不同部门或组织的管理保护之下。

例如，在园区内，可能有一个由网络团队管理和操作的网络访问控制解决方案。同时，在数据中心，可能有一个由系统管理团队管理和操作的特权访问管理解决方案，以及一个由安全团队管理的远程访问解决方案。每种解决方案在零信任架构中都扮演着角色，并符合 800-207 中提出的架构模型。然而，由于每个用例都是独特的，且访问策略有着不同的目标，因此每个用例的策略的管理和维护可能会有显著差异。

正如本书中所讨论的，零信任不是旨在或预期将当前企业网络基础设施中的流程和技术进行全面替换。零信任的实施应该是对基础设施支持模型的一种演变，其中包括信任决策和信任评估，使用许多当前企业内部采用的相同基础设施组件和流程。

理解零信任概念将影响所有 IT 服务的消费者、提供者和推动者，因此从商业角度出发，创建或增强现有的治理机构是非常有意义的，可以指导实践并将提高组织迁移到零信任策略的能力。

对组织来说，建立访问策略的信任和信赖的主要信息来源之一是库存管理和归因。库存管理系统，如配置管理数据库（CMDB），从各种来源收集信息。它们应被视为企业内所有资产和配置项（CI）的唯一真实来源。现有的变更咨询委员会（CAB）或配置控制委员会（CCB）利用 CMDB 来建立、维护和管理配置，并识别连接的资产及其在组织中的依赖关系。将这些与零信任相关的治理实践集成起来，对于识别可能影响访问策略决策的控制属性至关重要。

从零信任策略维护的角度来看，组织应该考虑创建标准的归因模式，以帮助标准化各种企业用例中的可信度测量标准。企业有多种用例可以来推动不同的零信任架构解决方案，这是符合预期的。这些解决方案可以由共同的信任度标准驱动，允许终端连接到园区网络、对工作负载和工作负载基础设施的管理访问，或远程访问解决方案。

确定访问数据（资源）的用户、设备和应用程序（主体）的可信度基本上有两种方式，这两种方式可以独立使用，也可以结合使用以确定访问策略。

- 归因：可以呈现给策略执行点（PEP）的标准，并根据策略决策点对单个连接请求授予的访问策略进行测量。
- 状态：呈现给策略执行的标准，这些标准根据策略决策点进行测量，但使用来自外部的信息，如威胁情报和 CVE（通用漏洞披露）报告来源。

创建一套可应用于多个用例的通用标准，为不同的策略引擎和策略管理员提供了评估信任和访问策略的方法。将归因模式纳入资产和库存管理工具及流程，有助于吸引具有不同运营要求、数据来源和业务成果的多个团队参与。这种方法将有助于促进对零信任目标的更广泛了解和接受，同时创造一个将共享目标阐明并纳入零信任策略和访问决策的环境。

10.2.1 零信任策略管理

文中描述的归因模式，在图 10-3 中通过示例进行了说明，是一种用于一致表示上下文身份的方法。该模式由一组独立变量组成，可用于唯一地标识用户、设备和工作负载的特性。然后，这些特性可以用于推导基于身份的、上下文感知的安全策略。此归因方模式还旨在用于支持软件定义网络基础设施和安全策略各个方面的自动化和可编程性。

定义的每个属性都可以适用于用户、终端或工作负载。有可能某些属性更适用于特定类别，但在这里都表示在一个主列表中。每个属性都应该被客观地定义，并且无论应用于哪个资产类别（用户、终端或工作负载），都应该有一个标准定义。

对与零信任访问策略直接相关的"谁、什么、在哪里、何时、为什么和如何"进行理解和分类，有助于推动信任决策，并可以提供一种基于属性来评估个别访问请求的信任度可视化方法。

注意：并不是所有属性都适用于所有用例、资产或 CI。应根据尽可能少的属性来制定访问和信任标准。

在如图 10-4 所示的示例环境中，我们提供一个如何将归因转化为零信任策略分配的示例。整个网络路径上的策略执行点应该根据不同的条件评估来采取行动。同时，在整个网络路径中，应该有其他的策略引擎和策略管理员来管理不同策略执行点（PEP）上的策略。在稍后的用例中，将对终端、用户和工作负载的各种属性进行评估，并用作策略分配的标准。

10.2.2 实践中的考虑因素：思科网络架构

从零信任策略维护的角度来看，将归因与创建策略关联起来可以明确地定义所有参与连接建立组件（终端或设备、用户和应用程序工作负载）需要满足的条件。归因的收集和评估可能会在多个策略引擎 / 策略管理员（PE/PA）处进行，并可能在传输路径的不同策略执行点（PEP）处进行执行。

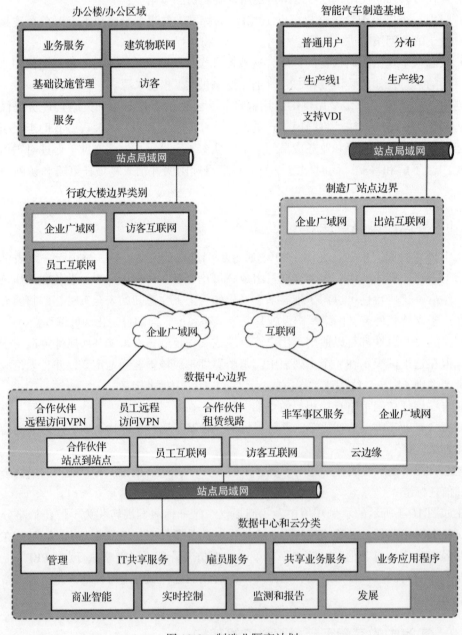

图 10-3　制造业隔离计划

使用案例: 智能建筑中心拥有和管理的设备连接到Dashboard科技的无线网络, Dashboard开发工程师连接到工作负载

安全策略: 如果终端属于智能建筑中心, 并且终端是工作站, 用户是智能建筑中心仪表板团队成员, 工作负载是 DashDevEnv, 则允许访问

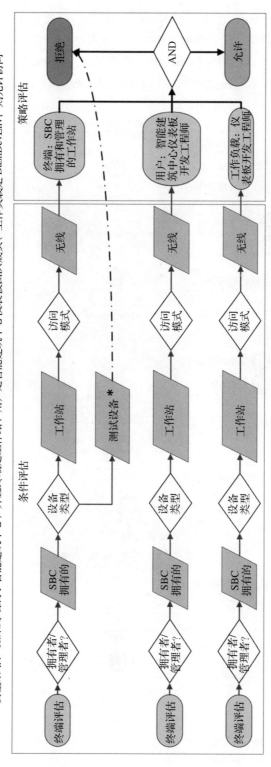

* 任何属性的变化都可能立即停止策略评估并导致拒绝结果的代表性示例

图 10-4 零信任归因决策流程

　　理解流量如何适用于每个用例，归因在何处被评估，以及各种策略执行点与整体网络架构之间的关系，是维护零信任策略和架构的另一个关键组成部分。

　　图 10-5 中的示例表明了在思科网络架构中，策略引擎、策略管理员和策略执行点的位置。我们可以看到有三个主要领域进行归因评估和策略执行：局域网、广域网边缘和数据中心。

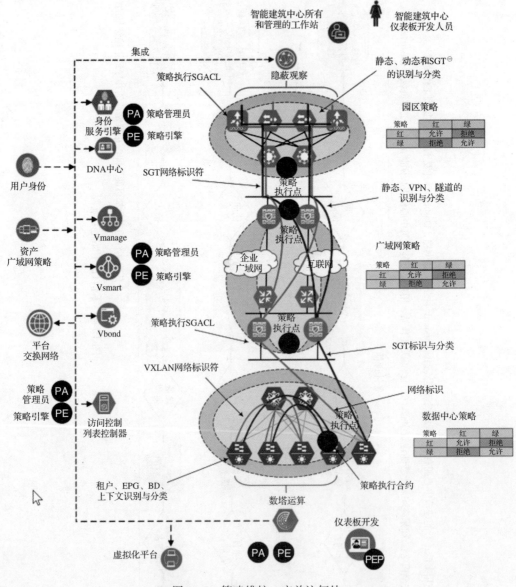

图 10-5　策略维护：应关注何处

在局域网（LAN）中，用于软件定义接入（SDA）架构部署的 DNA 中心，与身份服务引擎（ISE）协同工作，以提供策略管理员 / 策略执行（PA/PE）功能，其中接入层接口是启用 TrustSec 隔离的典型策略执行点（PEP）。在广域网（WAN）边缘，通过 Vmanage 基础设施进行归因评估，可以基于标签值、VXLAN 报头或应用参数进行。可以为跨广域网配置的隧道分配 SDA 虚拟网络，基于 VXLAN 报头信息、TrustSec 标签值或标准的基于 IP 的控制来执行策略。

在由 APIC 控制器管理的数据中心，应用中心基础设施（ACI）作为数据中心网络架构的策略管理员 / 策略执行（PA/PE），在此可以通过虚拟路由转发（VRF）、租户、终端组和合约来实现策略执行，并且可以与思科安全工作负载解决方案结合使用，通过基于主机的原生防火墙能力来提供流量可视性、PA/PE 和 PEP 功能。

10.3   零信任组织中的移动、添加和更改

在一个组织内，为了使零信任隔离成功，引入新类型设备成为一个新的流程。如果一个组织对新解决方案或设备有一个强大、健全的引入流程，那么可能只需添加几个步骤就可以了。其中一个关键步骤是识别解决方案或设备的生命周期，它符合或不符合的内容，以及它从策略或运营角度是如何支持组织。将这些定义应用于此解决方案或设备之后，作为健全引入流程的一部分，应该建立一些属性以支持这种新技术进入环境；然而，如果这种新类型的解决方案或设备与现有基础设施中的内容存在显著差异，那么应该启动架构审查委员会来定义这种新的解决方案或设备类型。这种新的解决方案或设备类型需要进行评估和测试，以批准其进入环境。

所有这些步骤可能看起来过于烦琐或过分细节，然而，从长远来看，它们能够为组织避免一些不必要的问题和麻烦。一方面，这种尽职调查为接下来的审计或随后需要了解这种新设备的事件带来了便利。这对于安全环境的成功至关重要，因此也是实施零信任的关键。另一方面，如果一个组织没有对新类型设备明确定义引入流程，那么建立一个架构审查委员会就是当下最为关键的第一步。

持续的流程应该被很好地定义，但我们不建议使用复杂的流程，这将使任何组织中参与引入新服务、设备的人感到不知所措。应进行初步评估以验证这是否是一个新设备。如果初步评估能够将新设备与现有框架设备对齐，用户就可以按照该解决方案或设备类型模板进行下一步操作。这些新解决方案或设备与当前模板通常会有 95% 的匹配度。但是，如果需要额外的微调或变更，架构框架审查委员会应参与此变更过程，并且此变更过程不应给使用该方法的人员带来不必要的负担。

烦琐的流程会导致绕过正式流程的影子流程。那些采用零信任但拥有影子流程的组织，在实现零信任的整体旅程中将不会成功。

10.4 总结

在本章中，我们讨论了在团队设计、测试和实施了贯穿本书的零信任策略之后，如何维持零信任的方法。通过真实案例，我们讨论了需要避免或减轻的陷阱，以及在当今环境中解决这些问题的最佳实践。

在组织内尽早建立零信任策略和解决方案的权责至关重要。这种权责必须在零信任计划的整个生命周期内保持。负责该计划的团队必须专注于组织的业务成功和整体业务策略。

零信任策略和程序不应被视为静态的。随着系统、工作流程或公司需求的变化，这些策略应该不断发展和完善。零信任策略是有效网络安全解决方案的支柱和基础。这些策略有效地定义了保护资源和信息的优先级。

定期的策略维护可能是对风险或威胁的主动或反应性响应。基于威胁情报源关于零日漏洞公告的建议或警报，可能会主动对安全策略进行更改。实际发生的安全事件或通过监控或资产数据流量识别的异常，可能需要对安全策略进行反应性更改。

公司内部的日常活动可能会改变系统或操作环境，这可能会对资产安全造成重大影响。例如，安装新硬件、更改系统配置，或在已建立的配置更改控制流程之外安装补丁。当技术或服务的变化影响到系统的使用或操作时，应根据需要审查并调整安全策略。

应进行必要的策略审查和更新，以防止潜在威胁、最大程度地降低风险并遵守法律、合同和相关法规。

参考文献

- Geoffrey A. Moore, *Crossing the Chasm*, 2021, www.crossingthechasmbymoore.com.

第 11 章

结　论

本章要点：

- 在本书中，我们探讨了零信任模型及其对组织成功的重要性。该模型有助于组织迈向零信任之路。
- 在零信任实施中，成功的关键是拥有合适的团队并得到组织高层的支持。若缺乏统一策略来应对政治挑战，零信任之路将更加艰难。
- 采用本书介绍的五个零信任核心支柱是一个良好的开始。但在组织实施零信任的过程中，不断优化并反复运用每个支柱才是持续成功的关键。

大部分组织都面临着两个看似简单却很关键的问题：如何开启零信任之旅，如何从中获得最大利益？解决问题的关键在于获取高层对实施零信任的支持，理解此行为可以保证业务的顺利开展。这种来自高级管理甚至董事会级别的权威支持，有助于验证覆盖网络及其中的策略，并推动计划顺利进行，更不用说为完成零信任所需的任务争取到预算和资金了。

关于这种支持，重要的是确保合适的人员参与其中。也就是说，来自业务核心区域的人员应协助确定方向、相互协作。他们需要了解组织更广泛的业务职能，以便做出明智决策，以直接使业务受益。这一过程包括理解网络和有可能影响零信任成功实施的工具，明确参与者职责，并认识到实施零信任是一个长期目标而非立即全面执行。此目标应基于相关方对正确实施零信任的愿景，而不是受过去行为或规定限制来运行。这可能涉及重新设计部分架构、开发新流程或重新培训员工等措施以及对日常工作产生的影响。

下一个重要的考虑因素是全面理解网络中的上下文身份，这通常也是最大的优势，因为它影响了在各种飞地、网络隔离和业务单元中实施控制的能力。对网络上下文身份的深入理解可以帮助我们更明智地决定如何、以何种粒度对其进行控制，并根据其业务功能及可能遇到的特殊挑战来选择合适的控制方式。应对这些挑战不能"一刀切"，每个组织和业务领域都有其独特性。因此，通过分析和理解来确定组织内部存在哪些问题至关重要。在所有行业中，都需要了解上下文身份及其在网络中如何互动。尽管大型组织内设备数量众多使得任务具有挑战性，但我们可以采取逐步方法。"大爆炸"式方法并不总是正确的方向，相反，应使用小规模资产集合来识别整个组织里更广泛的主题。

对于大多数组织来说，理解零信任需求后，就需要决定如何执行相关策略以满足这些需求。尽管许多机构需要全面的策略来减少恶意软件对网络的影响，并保持正常业务运行，但也有一些机构会优先考虑安全性，采用精细化管理来防止设备间通信（除非遵循严格的端口和协议规则）。在很多情况下，还需要进一步确定哪些限制措施最能帮助机构受益、最小化影响，并确保没有单点故障。为了实现这个目标，可能需要重新设计架构以更有效地应用所需机制。需要再次强调的是，在零信任之旅中获得高级管理层或董事会级别的支持可以缓解时间、预算和任务支持等方面的压力。

必须以计算和精确的方式分析整个过程中的各类风险，再逐步执行所有步骤，以保证业务正常运行。实施身份可见性、通过收集 NetFlow 数据映射流量并将其与身份关联、分阶段执行（从允许端口和协议到逐步拒绝），这些需要在保证业务持续运作的前提下进行。对影响进行建模、在低风险站点进行测试、总结经验教训并始终关注目标，这些都是成功的关键因素。

最后，利用在零信任旅程中获取的新信息来塑造未来的访问模式，并采用通用的零信任策略，这是保证零信任成功的关键。很多组织会到达一个阶段，开始发现具有挑战性的新信息，这可能揭示了以前未知或未被检测到的漏洞。零信任依赖于一致地应用流程和技术手段，以确保组织保持尽可能的安全。

11.1 零信任运营：持续改进

大部分组织都对零信任的实施感兴趣，但往往不知如何开始。本节详细阐述了零信任的广泛应用以及构建零信任所需的基础元素。

组织可能会急于想要完全达到零信任的标准，然而就像所有旅程一样，零信任也是从一个小步骤开始的。首先，组织需要明确什么是零信任。如图 11-1 所示，这将是一个持久且逐步推进的过程。

11.1.1 策略与治理

根据本书对零信任能力的概述，组织可以开始规划网络需求，并在组织中实施每项能力。虽然策略会因组织和业务功能而有所不同，但只允许公司资产进入网络并为其提供访问关键业务资源的需求是一致的。同时，还要区分可能存在未

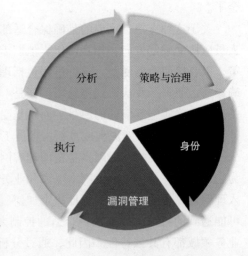

图 11-1 零信任运营：持续改进

授权身份的区域，如访客、供应商或高风险设备等。

策略与治理是由高层领导的支持所推动的，传递到每一个贡献者，所有组织成员都必须遵守。

11.1.2　身份

策略被制定并签署后，各组织内部及其间的身份认证方式可能会有所差异。考虑到用户、设备、组织和检测机制中身份认证的数量和可变性，这可能是零信任过程中的不稳定因素。通常需要某种机制强制进行上下文身份认证，并根据其特征进行授权。

在新购设备、获取或并入网络时，也需考虑其身份，并执行明确的引入流程，以便在初始识别阶段能轻松找到终端。作为策略覆盖的一部分，我们不仅要考虑当前网络中哪些设备可以访问对业务至关重要的受限资源，还需要思考如何保证未来设备在接入网络时可以提供有助于确定其访问权限的身份信息。这种策略通常会导致谨慎且细致的入网流程，明确规定哪些购买、设备、配置和策略是可接受的，以便设备能够在网络上访问并使用受限数据。

11.1.3　漏洞管理

对于每个接入网络的设备，无论是由哪个用户拥有、管理、使用或负责进行故障排除，其在网络中的存在均具有固有风险。为了降低这种风险，我们需要分析设备在网络中的实际行为与预期行为。此类分析高度依赖设备的上下文身份，与设备相关的认证信息或分析数据也需考虑在内，以确保将上下文因素纳入风险评估。

需要开发一个设备所连接到的资源的基线，如果启用了新的上下文身份特性或功能，那么这个基线需要能检测和理解其中的变化。同时，对这种通信模式的理解可以作为应用执行策略的依据，以防止通信在已知所需的端口和协议之外进行。

11.1.4　执行

虽然确定网络内的身份和漏洞无疑是零信任的"关键因素"，但实施各种机制才是我们的目标。执行策略的关键在于，确保在适当的领域采用正确的执行方法，以最大限度地降低漏洞被利用或将无法解释的上下文身份引入网络的风险。这种执行需要分层处理，并覆盖整个网络，在设备所处的网络区域中以最有效的方式控制潜在漏洞。

分层执行的思维模式确保设备不会因特定上下文身份所需的各种任务而过载，并避免单点故障，无论是通过阻止还是允许访问来实现保护。

11.1.5　分析

分析，不仅涵盖设备行为和其在网络中位置变动时所需的策略，还将这些信息反馈至所有其他零信任功能，以验证并优化它们在上下文身份应用中的表现。

分析能力应考虑从其他安全能力收集的信息，例如使用身份信息对照资产管理数据库进行验证，以确定网络上出现的设备是否已经退役并处于休眠状态数月，甚至最近又被重新引入网络。虽然一切看起来都符合该身份信息，但进一步分析将能够发现其中的异常。这也适用于积累关于设备行为、用户行为以及每个行为成功或失败相关的经验教训和有价值信息，以便更容易察觉误报和漏报。此外，还需要将关于这些设备的外部源信息、预期行为以及实际观察到的与预期相反的行为纳入分析范围内。

零信任之旅是一个周期性过程，不仅需要持续分析和理解网络设备及其在生命周期中的访问变化，还要了解和分析随时间推移必然会加入网络的新设备或上下文身份。这种分析为零信任策略的其他部分提供了支撑，因为对设备和上下文身份的理解可能会影响叠加策略的调整，可能增加更多用于识别设备和用户的信息，可能发现以前未知或未被察觉到的漏洞，或者可能会确定何时应限制或放宽执行力度，以使身份能够实现其业务功能。

因此，需要从网络收集的所有信息中进行分析，包括应用程序日志、交换机计数器、全网设备的系统日志以及身份会计信息。然后，根据企业业务目标，有效地汇总、分析、排序并展示这些信息。通常还需进一步深入分析数据和结论，以便按照这些目标调整和获取准确数据。

11.2 总结

"零信任"的高成本不应该成为企业在其架构中实施的阻碍。随着世界从连接思维转向安全思维，五大支柱和团队概述的方法及最佳实践能够最大限度地减少恶意行为对组织的影响。尽管有许多与零信任相关的产品和实现"零信任合规"的控制措施，但经验表明，运用这五大核心支柱——策略与治理、身份、漏洞管理、执行和分析，是企业的成功之道。作为"零信任"之旅的一环，每个月都会有新的合规框架被添加或更新。我们致力于帮助组织通过使用本书所述的核心零信任能力来适应各种合规框架。

每天，我们与全球各地的组织合作，零信任相关的概念和想法也不断发展和完善。对于每个组织而言，更多的信息意味着更新和成长。零信任设计理念的优势在于其是全方位的，可以为组织带来深远影响。

附录 A

零信任原则的应用案例

A.1 商业问题

智能建筑中心（SBC）公司正在打造一座尖端大楼，这将是其新的总部，并打造为"人们向往的工作场所"。这个即将成立的总部，旨在让办公体验尽可能地接近在家工作的体验。除极少数例外，大楼内所有系统都将连接到网络，而且基于思科的交换机和无线技术来构建骨干网络。在此过程中，SBC 公司还期望通过设备只以获得批准的方式进行通信来避免成为下一个网络安全事故的焦点。这就需要开发一个安全通信总线，在互动系统间实现映射、控制，并确保智能建筑中心日常运营的安全性。

当然，项目的风险还是很大的。智能建筑中心的互联园区包括基于物联网的设备、用于与物联网设备互动的移动应用程序，以及大量用于控制建筑中系统的应用程序和中间组件。在追求创建最佳远程办公体验的目标下，以及在思科安全服务的协助下，智能建筑中心开始了通往"可能性的艺术"的征程。了解无论在目标中还是在应用中都需要有结构性的方法，是通往成功的指路明灯。

A.2 目标与驱动因素

智能建筑中心的目标不仅是打造一个员工愿意工作的总部大楼，更在于通过思科和 SBC 之间的"可能性的艺术"合作，向 SBC 终端客户展示这些技术。所有 SBC 在建筑中使用的技术——包括电梯、扶梯、摄像头、暖通空调系统、照明系统、灌溉系统以及安全系统——都将成为智能建筑中心的主要展示内容，此外还包括定制开发的集成软件和中介系统。

鉴于近年来的安全漏洞问题，SBC 认识到有必要研究如何集成一个统一的移动应用程序，来改变员工周围的环境因素。该应用需能在几英尺（1 英尺 = 0.3048m）范围内定位大楼用户，并在常规和紧急情况下协助用户导航至建筑服务处。结合预期的办公楼功能，如预订会议室、支付系统集成，甚至从驻地咖啡店点单等，智能技术旨在无缝连接用户与服务。然而，必须禁止高风险系统（例如暖通空调系统与销售点之间）的未授权通信。需要克服的最大挑战将是网络扁平化设计带来的问题，这种设计适用于不超过数千名用户。SBC 公司已设定新目标。

- 首要目标 # 1：全面了解环境或建筑中的设备、用户及网络访问设备。
- 首要目标 # 2：对发现过程中识别的样本设备进行测试，评估所有设备是否能够通过身份验证并动态授权接入网络。
- 首要目标 # 3：明确每个已识别设备所需的外部通信方式。
- 首要目标 # 4：明确每个已识别设备所需的内部通信方式。
- 首要目标 # 5：确保将所有设备纳入资产管理数据库，为无法主动验证身份的设备提供真实数据源。
- 首要目标 # 6：强制所有可进行身份认证的设备执行身份认证操作。
- 首要目标 # 7：与环境内对等系统交换身份认证数据信息。
- 首要目标 # 8：对主动身份认证的设备采取差异化策略处理。
- 首要任务 # 9：对无法主动进行身份认证的设备采取差异化策略处理。
- 首要目标 # 10：提供指标以防止非合法性质的身份认证。

A.3   零信任原则的应用

像许多其他部署一样，智能建筑中心是技术架构师以网络为中心的理念设计的，遵循了经典网络的"硬外壳软内核"模式。技术架构师主要关注所有设备都能接入网络，并仅在边界防火墙处限制通信。除此之外，网络内的所有连接都被允许，而在"网络信任边界"内使用的执行机制则相对较少。这种模型被思科的架构师形容为"连通性优于安全性"。鉴于其业务特点，SBC 公司发现自己需要满足多项监管要求，包括授权访问、理解上下文身份、阻止无业务交互设备间的交互以及理解与外部实体的交互情况。SBC 不仅需要考虑代表常规业务进行交互的设备，还必须计划对设备和网络进行定期审查和审计，并作为未来考量因素。

在 SBC 中实行零信任的第一步是举办研讨会，如第 1～3 章所述。初次尝试时，SBC 优先邀请了网络和网络安全团队的主管级人员。如图 A-1 所示，在 SBC 公司的组织架构中，网络归属于首席技术官，而网络安全则由首席信息官负责。

在 SBC 的企业文化中，由于各种因素，组织层级结构导致了一些具有挑战性的互动。首先，两个团队拥有不同的驱动力和成功定义。网络团队与网络运营团队处于相同的汇报体系下，专注于将设备接入网络。网络团队的主要目标是确保终端能够执行其业务功能，这本身就充满挑战。对新加入网络的终端来说，流程通常分散在多个部门，并无明确规定终端、用户或部门必须遵守哪些具体要求才能获得网络访问权限。遗憾的是，在短时间内解决任何阻碍设备出于合法业务目的接入网络的问题带来了更多额外的挑战。

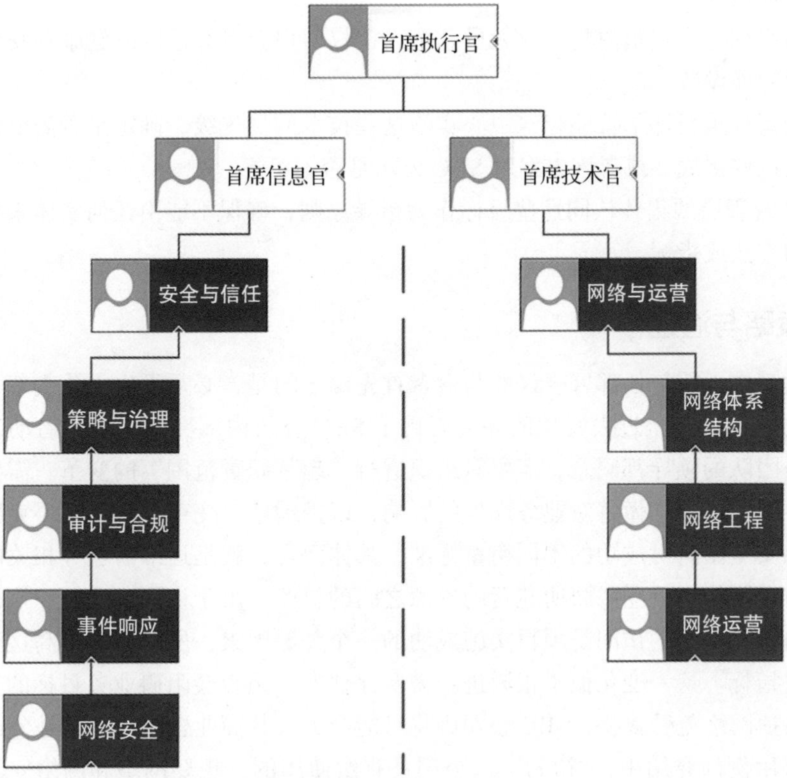

图 A-1　SBC 公司的组织架构图

　　网络安全团队与网络团队之间的分歧常有发生。相较于网络团队，负责审计、渗透测试、事件响应和错误配置的网络安全团队在允许网络连通性上更为保守。在零信任策略与治理阶段，很快就明确了需要设定一个统一的使命声明，并配备相应人员来推动这个使命。只要两个团队对"成功"的定义存在冲突，实际进展就无法实现。SBC 公司需避免仅用时间表来指导解决"过度访问和连通性"问题的方法。SBC 希望避免重蹈覆辙，因此采取了与所有其他架构中使用的相同的方法。由于必须符合智能建筑中心特有的监管要求，如果采用同样方法无法满足这些要求，则可能会导致失去政府合同、制造补贴以及内部支付系统等。

　　首先，研讨会参与者需要达成共识，明确能够成功部署智能建筑中心所需的项目结果。这个成功结果应单独定义，不受当时 SBC 内部现有流程或治理的影响。我们为智能建筑中心设定了几个目标，这些目标将在 SBC 各组织间共享。

- 能够精准识别网络连接设备，仅提供其完成业务所需的访问权限。
- 防止未授权设备访问智能建筑中心内部或 SBC 数据中心的关键资源。

- 将任何设备被入侵后的影响降至最低，以确保智能建筑中心甚至整个 SBC 公司能够正常运营。
- 能够启用允许建筑内的行政人员和个人授权用户获得舒适以及健康和安全提醒的下一代智能设备。
- 基于指标重新评估智能建筑中心实施这些技术的优先级，确定是否需要额外调整以解决这些挑战，或者该方案对 SBC 公司是否不可行。
- SBC 管理层的集体认同这些目标作为指导原则，确保不能由任何实体来规定衡量结果的方法或指标。

A.3.1 策略与治理

智能建筑中心零信任部署会议的与会者首先确定的是，必须发生文化变革，以便引入任何额外的限制。鉴于过去发生的冲突阻碍了 SBC 公司内部类似项目的启动，网络团队和网络安全团队的领导都同意，需要对组织进行"超越职责范围"的变革。需要明确地向组织的领导阐明不这样做将对业务产生的影响，以推动这一变革。这里需要克服的最大挑战是网络和安全团队对成功的不同衡量标准，具体而言，就是运维与业务相关的应用所花费的时间与在网络上响应威胁所花费的资源之间的权衡。由于识别、理解和执行智能建筑中心园区内各种身份的访问是项目实施成功的一个关键因素，所以必须提高这项工作的优先级并设定指标。这一变化似乎很激进：需要评估安全是否会阻碍业务目标的实现。如果不能成功保护网络免受威胁，SBC 公司则将可能会失去其商业合同——这是公司的命脉。

在整个用例的介绍中，"初始"这个词是有意使用的。想要网络和网络安全团队之间有共同的认识和协议，就必须在更高的权威层面做出决策。如果没有这个章程，就无法成功。要想成功，就必须在 SBC 公司内各业务部门之间举行内部会议、达成最高层级的联盟和对成功的相互理解。在研讨会结束后的三个月内，SBC 公司确定了需要实施的变更，以确保项目的成功。首先是将网络安全团队移至与网络团队相同的组织内，向首席技术官汇报。从商业文化上来看，让团队向具有不同成功标准的不同高管进行汇报将阻碍成功。这不仅适用于智能建筑中心项目，还适用于与之相关的未来项目。由于网络管理、网络安全和网络运营都向同一个高管汇报，因此这个单一的权威机构便可以为推动项目提供指示并保证成功实施。

需要注意的是，负责审计、渗透测试、事件响应以及管理这些方面策略的团队也需向首席信息官进行汇报。这种对齐为应用于智能建筑中心项目所需的技术和控制提供了一个独立的机构。此外，这种对齐使网络和网络安全团队有能力克服为实现之前设定的目标所要面对的各种困难。

- 任一团队都无法追踪、确定或影响保证网络连接所需的新设备的购买。
- 在新设备连接到网络之前，团队间都没有关于网络上设备需求的任何沟通。
- 无法验证设备是否已正确配置或使用正确的配置接入网络。

- 总是存在各种例外情况，允许话语权最高或影响力最大的用户将设备接入网络，而无须考虑连通性或业务目标。
- 缺乏对当前网络上情况的可见性，更重要的是，这些设备是否应该存在于网络中。

克服网络及其安全团队所面临的问题是项目成功的关键。为此，合作团队可以提出明确策略，规定哪些设备有何种访问权限以及该如何执行。新成立的企业安全团队需要这些信息。由策略制定者、审计员、渗透测试工程师和事件响应工程师将独立负责确保用户遵守企业标准，由他们组成的企业安全团队可以担任网络安全团队的顾问。他们网络安全团队需要建立控制措施来验证合规性。

公司的安全团队承担起了这一新定义的职责，并制定了符合零信任核心原则的策略。

- 所有希望通过任何设备、应用或用户名进行网络通信的用户，都必须同意遵守 SBC 的数据流保护和控制策略。
- 在任何设备参与网络之前，都必须通过网络发现手段进行明确识别。设备的识别信息应包括：
  - 设备的所有者、管理者、故障排除和维护人员，以及他们各自负责的生命周期和漏洞管理。
  - 设备类型、其在网络中的作用，以及如何遵守定义好的身份认证策略。
  - 用户或设备与网络交互时预期所处位置。
  - 用户、设备或应用程序与网络交互的预期持续时间，包括是否始终在线或断线重连。
  - 用户、设备或应用程序期望通过哪种介质进行连接。
  - 用户、设备或应用程序与网络内其他身份之间期望的交互、端口、协议和通信模式。
  - 此策略不适用于非 SBC 公司及其合作伙伴、子公司或授权访客用户。
- 所有接入网络的设备都必须经过所有者、管理员或运营技术人员验证，确认已按照 SBC 公司标准正确接入。
- 任何未经许可的设备一旦接入网络，将立即被移除。相关责任人、管理者或技术员不得再次连接该设备，除非网络审计团队确认所有先前步骤符合规定。

这些简明扼要的策略确保了各团队分别负责网络设备，而非过度集中责任于两个团队。因此，这些策略也促进了网络和安全团队之间的合作，前者确保设备能接入网络，后者则确保已建立控制机制以限制连通性。这种协作使各团队可以专注于正确地进行设备入网和识别工作，无须审计或追究重复违规或不符合策略的应用程序所有者。在智能建筑中心，遵循这些策略是将设备加入网络的唯一方式。

A.3.2　了解业务

在重组后，SBC 仍有一个显著的缺点：当涉及使用网络的设备、用户或应用程序时，

SBC 会被动地删除未经授权的设备。鉴于监管要求是对建筑物、基础设施和终端管理的新补充，我们需要考虑改变流程以更有效地识别并主动消除威胁。首先，我们需要深入了解 SBC 公司的业务运作方式。明确各个业务部门在公司中的角色以及它们依赖哪些终端、用户和应用程序，将确保每个部门能实现其目标。高层领导受邀参加第二次规划项目实施研讨会，重点讨论业务内容、业务所依赖的关键系统以及这些系统之间的交互情况。

鉴于智能建筑中心作为一个集成先进技术的总部大楼，我们一致决定邀请现任企业运营部门的领导参加以身份识别为主题的研讨会，包括在智能建筑中心有分配空间的各业务部门。这些运营部门，如财务、人力资源、IT、市场营销和合作伙伴销售等，被归入企业终端类别，该类别将成为组织和执行策略的重要环节。每个属于企业终端类别内的部门都需要回答以下一系列问题。

- 用户通常如何访问资源以完成工作？
- 当你们、员工或合作伙伴连接网络时，使用什么类型的设备？
- 当用户接入关键资源时，是通过哪种方式连接的？
- 你依赖哪些关键资源来完成工作？
- 你们部门是否只在正常上班时间运营，还是经常轮班？这些轮班会随季节变化吗？
- 员工在工作中是否因私人或职务需要而使用移动设备？
- 在你们标准的工作环境中，有哪些系统可以优化以提高办公效率？

正如预期的那样，即使这些问题提前交给了部门负责人和高层领导，也会产生各种不同的回答。最常见的回复是提供一些应用程序名称或 IP 地址，尤其是非技术性部门。然而，对于可以改进之处的反馈则多种多样。用户需要能够随时展示最适合他们工作模式的设备，并且能轻松找到可用的协作空间，以及能够转移到最适合当前项目进行头脑风暴的协作空间。

SBC 公司已为全体员工统一配备了联想笔记本电脑。公司设立了严格的额外处理程序，防止其他品牌笔记本电脑访问公司资源。同时，其他品牌的笔记本可以通过无线访客网络连接，并可通过物理方式轻松传输数据。员工常利用此策略漏洞在屏幕更大、应用安装要求较低或难以追踪活动的机器上工作。这种行为在 IT 部门和营销部门的用户中很常见，这些用户能够找到技术变通的方法。

大部分用户在使用公司设备访问资源时，还会在有线和无线网络之间切换。由于无线网络仅采用预共享密钥进行身份认证，第三方设备可以轻易接入，并且对网络所有者或用途的控制很少。同时，对隐藏加入 SSID 所需密码的重视程度也严重不足，以至于 IT 隔间里到处都是印有密码的塑料标牌，在"常见问题解答"列表中任何人都能看到并使用此密码。

网络资源识别技术的缺乏对安全策略这两个方面的限制能力产生了直接影响。大部分终端识别是反应式的，通过集体知识或手动搜索来完成。对于员工用于日常工作的众多应用程序，人们往往对它们之间如何互动一无所知，有时甚至应用程序的所有者已经离职十余年。这些所有者离职后，没有特定人员负责管理这些应用程序。当一个应用程序出现问题时，技术人员会使用未曾更改过的默认凭证或任何人都能通过网络访问的静态凭证进行登录。这种情况在各部门中普遍存在，SBC 公司高层再次感受到了压力，并意识到需要保护业务流程并正确识别设备和应用程序。

在企业身份认证研讨会上，下一环节将探讨日常工作中的难题以及如何吸引员工到办公室工作。SBC 计划打造一个面向新思维和赋能技术的创新平台，SBC 公司期待听到业务部门对于激发员工愿意来办公室而非远程或家庭办公的建议。人际交往、社交以及与同事关系建立是大家最喜欢的办公室元素，这有利于更好地融入团队和业务。参与者们提到"饮水机旁的闲聊"是他们看重的体验之一，但也反映了办公室过于嘈杂且分散注意力。其中一个主要需求是设立合作区域，在此区域内员工可以共同协作而无须因隔断墙而提高嗓门。然而，重要的一点是能够在数字化平台上无缝分享想法，避免寻找或预定会议室这样棘手的问题。许多员工表示他们更希望轻松分享平板或手机屏幕内容，而非在白板上使用智能笔书写，这样更便于分享、编辑和保存创新想法。因此，需要提供易于访问、连接和协作的区域，并避免干扰他人或产生技术障碍。

根据这些需求、想法和建议，公司的创新工程师应邀参加研讨会，分享他们对 SBC 未来技术赋能的设想。这个创新团队专注于提升员工体验和 SBC 产品的市场推广，并为智能建筑中心市场部领导者勾勒出了一幅总部未来蓝图。

- 确保工作日的停机时间最少化，以便员工能更快、更高效地参加会议和到达目的地。这种创新是通过一系列技术方案实现的：
  - 为了让员工更快到达不同楼层和会议地点，他们常需花费大量时间等待电梯。为缩短这一等待，SBC 公司的创新团队开发了一个应用程序，能通知集中控制器员工需要前往的楼层。该控制器与共享出行服务类似，员工可通过网页或移动应用告知控制器他们要去的楼层。登记需求后，应用便启动手机定位跟踪功能，并根据与电梯的距离进行追踪。此定位跟踪功能不仅在应用内提供 GPS 导航路径帮助用户找到最近电梯和目标地点，还能安排 SBC 的六部电梯之一前往预设楼层。同时它也可以计算用户特定时间的位置、步行速度及至目标地点的距离，以优化电梯使用安排。
  - 如同常见的咖啡店移动应用，SBC 也将移动订购系统融入了大楼的咖啡厅和食堂。在这款应用中，员工可以查看完整菜单，并在赶往会议途中轻松下单，无须担心会议室所在楼层是否有现煮咖啡或提供食物。
- 确保通过无缝互动使会议更顺利、更具协作性。技术的应用旨在让会议室不仅可用，也易于操作，无论员工使用哪种类型的技术设备：
  - 在同一款集成了导航和食品订购功能的应用程序中，用户只需轻触手机屏幕就能根据需要预定会议室。由 Cisco WebEx 提供的虚拟会议将在用户进入实体会议室后自动接入，这是通过运动感应技术来实现的。如果用户决定邀请他人参加虚拟会议，那么他们将自动收到包含虚拟房间地址的通知。

- 会议室配备了与所有 Apple 和 Android 手机兼容的共享技术，可在连接大楼 Wi-Fi 网络的任何设备上共享或镜像屏幕内容至会议室内的多台电视，供受邀参加者查看。
- 这款移动应用能识别会议室主人，可调节室内温度、遮阳帘、顶灯以及房间屏幕上虚拟参会者的音量。
- SBC 的中央会议空间能容纳数千名探索 SBC 公司创新产品的访客，其音频 / 视觉系统可向公司内部电视网络及全体员工进行广播。
- 确保所有访问 SBC 访客的舒适度：
  - 在会议室内，我们利用热成像摄像头计算参会人数，测定环境温度，并据此调节室内温度以确保与会者的持续舒适。
  - SBC 位于阳光充沛的地区，最大的问题之一是办公室内的温度和光线过强。尽管拥有角落办公室是一种特权，但窗户产生的眩晕和热量在酷暑中难以忍受。满员会议室也存在同样问题。我们采用了与会议室相似的温度感应技术，可以调整每个房间的温度。结合流明敏感窗户，能检测直射阳光并通过电致变色玻璃改变窗户色调，从而节省因眩晕或高温导致的暂停所需的能源和时间。
  - 所有会议室、私人办公室以及员工健身房都已配备了内嵌于大楼移动应用的在线音乐流媒体。

研讨会上提出的观点旨在为 SBC 打造一个以员工为中心的环境，这些观点前瞻且创新。然而，在零信任原则下，SBC 公司明白要与网络新建终端参与策略保持一致，就必须进行大规模改革。这不仅是为了确保 SBC 公司网络内关键资源的安全，也是为了维护员工的舒适和安全。因此，首步应当在大楼基础设施中引入明确的身份识别机制。

A.3.3　身份和漏洞管理

为了将识别网络设备这一庞大任务进行分解，智能建筑中心首先被划分为五个虚拟路由和转发（VRF）实例：公司、建筑管理系统、实验室、访客和 IoT。对于每一个虚拟路由和转发实例，以一种能够预测设备在网络上初始分类的方式分配了 100 个 VLAN。例如，所有的公司 PC、平板电脑和管理的手机都被分配到了公司的 VRF。然而，SBC 公司如何在一个设备连接到属于公司 VRF 的交换端口的时候，确定这就是公司提供的设备呢？

SBC 已部署思科的身份服务引擎，以识别网络中所有设备，并与需要明确设备身份的新策略保持一致。对于 IoT 设备，我们还配合使用 Cisco CyberVision 来进行操作技术识别。SBC 公司最大的优势在于其统一且集中管理的企业终端文化。经过组策略管理并剔除无法管理的第三方后，PC 已成为标准工作站选择。这使得 SBC 公司能够向受管控终端推送新的组策略，使设备能够将用户名和凭证提交给网络进行验证，此验证由身份服务引擎完成并参照活动目录进行核实。通过验证后，会主动检测相关软件安装情况、启用终端管理代理、确保反恶意软件代理是最新版本，并利用 Thousand Eyes 客户端测量网络响应时间。"态势检查"等漏洞扫描技术被用来确认网络中大部分用户所使用的 PC 是否处于受管状态及所有权问题。任何无法识别或未更新到最新版本的 PC 都将被禁止访问网络，如有任何管理问题需联系 IT 人员解决。

对于必须在 SBC 网络中运行且在大楼内部的应用和服务器，识别它们的首要步骤是通过其在网络中的物理位置。SBC 在大楼内设有一个主配线设施（MDF），所有服务器都需放置于此。除了从网络其他区域进行物理保护外，MDF 还包含专门为需要安装在各部门服务器机架上的服务器的交换机。因此，在执行策略时，可以将这个物理位置视为执行与这些服务器和应用相关的策略时所需考虑的一项属性或条件。

对于连接至这些设备的应用或服务器，交换机无法通过设备上的本地请求者来识别其身份。因此，设备所有者有两种选择。首选方案是让应用所有者声明需要将该设备添加到资产管理数据库中，并包括其属性，如所有者、经理、故障排除联系人、使用目的、生命周期、互动方式、协议以及实现功能所需端口等信息。这些属性都被用于追踪资产并制定严格的网络交互策略。然而，应用或终端所有者面临的风险在于所有没有明确列出的功能将被阻止执行，而某个功能在业务上可能至关重要，如果无法被识别和执行，则可能会对 SBC 合同造成潜在影响。

第二种手动填充资产管理数据库的方法是让 IT 部门利用安装在服务器上的代理自动收集这些信息。该代理是思科安全工作负载解决方案的一部分，可以从设备通信中获取行为数据，并具有执行策略或在偏离策略时发出警报的功能，同时不会影响关键应用程序。设备部署后，需要录入初始信息，包括所有者、经理、故障排除联系人、目标以及设备生命周期，并明确如果设备行为改变时责任归属于谁。通过安全工作负载代理对行为进行追踪可以减轻了解所有协议和端口的压力，并确保尽可能靠近服务器来执行这些策略。

用于感知舒适度的设备已被归类至 IoT 虚拟路由和转发（VRF）实例。与其他能启动业务的设备一样，这些设备需要以与服务器相同的方式进行分类，确保可以程序化地识别设备身份。记录设备所有权，并理解其预期行为。然而，我们也认识到一个事实：大部分设备无法安装代理，尤其是那些内存极小、网络堆栈有限且通常需要专用接口配置和更改设置的小型传感器设备，在本地没有标准部署代理或评估行为方法可供使用。因此，SBC 公司成立了名为"关键大师"的"虎队"，隶属于网络工程部门，以克服这个挑战。

"关键大师"团队在 SBC 环境中专门负责 IoT 设备的接入、分析和故障排查。所有设备必须经过"关键大师"的审核和评估才能接入网络，这一切都以新建的资产管理数据库为准。此过程比较复杂，需与每个设备的所有者、经理及故障排查人员合作完成。首先，在安全加固的环境中连接设备，并将其与系统依赖项连接。例如，对于智能恒温器等联网设备，整个可能影响或与其通信的系统都需要在加固实验室内构建。大部分知识来自产品所有者——他们要么已在 SBC 公司其他领域应用该系统，要么是产品本身及其在线功能方面的专家。由于各设备需协同工作以发挥效用，因此每个都被录入了资产管理数据库，并根据功能归类为独特系统名称，同时在系统中也有各自角色。

我们发现，物联网设备的识别通常依赖于其独特的 MAC 地址。由于设备不能主动确认自身身份，MAC 地址被用作被动验证的方式。这个 MAC 地址会记录在资产管理数据库中，并传输到身份服务引擎中。通过使用 MAC 地址的组织唯一标识符（OUI），可以将该地址归类为产品和制造商类型，作为授权策略的一部分。然后预测设备应有的态势或网络表现形式。应考虑将设备与网络交互的各种因素——例如 HTTP 请求头、DHCP 地址请求内容、公司 DNS 服务器上提供或配置给设备的主机名以及设备是否响应 SNMP 查询等——都纳入评分系统来判断设备行为是否正常。

在掌握了设备的概况后，下一项挑战性任务是不仅要深入理解设备系统示意图中的交互情况，还要明白这些交互如何在系统各产品间进行。SBC 的创新团队对于将实施到 SBC 系统的方案进行了全面尽职调查，包括追踪系统部署注释和制造商文档。这些示意图被提供给"关键大师"团队以便团队在文档中考虑预期行为。许多作为指南提供的文档还额外附带一个端口列表及其网络部署时的预期用途。然而，"关键大师"团队发现大多数设备软件或固件的开发者往往缺乏网络背景或技能。"关键大师"通过 Cisco Secure Network Analytics 收集交互流量并跟踪 NetFlow 中发现的对话来解决此问题。"关键大师"确定所有可能被防火墙阻止的交互（访问云服务、共享服务如 DNS 和 DHCP，甚至 Kerberos 等身份服务）都有记录，如图 A-2 所示。

然而，大部分在 IoT VRF 内的设备制造商并无计划阻止其交互系统与 IoT 设备的公开通信。智能建筑中心希望对经过验证的流量进行应用，不考虑对除此之外的任何通信进行管理。

制造商很少在系统内记录交互。这就需要"关键大师"团队收集和记录相当于制造商提供的连接数量的 10 倍的信息，并在资产管理数据库中为每一种交互、协议和端口创建记录，以供后续使用。

文档记录各系统设备行为有两个目的。首先，确保以分布式方式制定策略，在多个执行点阻止设备通信。使用 TrustSec 作为预期部署在同一 VLAN 内设备间的第二层执行机制，形成在身份识别服务引擎（ISE）内配置的一项策略。该策略只允许协议和端口通信。需要加入特定 VLAN 的设备可以通过包含 VLAN 的 RADIUS "推送"动态分配。此外，还可以采用可下载 ACL（访问控制列表）的形式进一步限制，并在 ISE 内进行配置。对于需要跨越 VRF 交互的设备——如恒温器与冷水机或热泵——将在防火墙上部署策略。通过使用经 Cisco Secure Workload 修改过后的 IP 表机制，任何需要与基于云的资源进行交互的设备都可以直接将其策略应用到它们正在与之交互的云服务器上。

文档记录各系统设备行为的第二个目的，是建立基线通信以比较实际环境与实验室的观察结果是否有差异。这种变化可能暗示潜在威胁。"关键大师"团队在测试中发现，在 IoT 设备上使用漏洞管理和评估工具很容易导致设备无预警地停止响应网络通信。例如，只有当恒温器显示室内温度错误时，控制冷风机的逻辑电路才会启动；但如果运行 NMAP

或进行漏洞扫描，则电路会停止响应。当人们抱怨冷水机提供的温度过高或过低时，要恢复正常运行通常需要重启设备。这与智能建筑中心为智能系统设置的目标直接背道而驰。因此，每个系统相关的流量映射和交互都通过定制脚本跟踪，并根据思科安全网络分析收集到的 NetFlow 遥测数据发出警报。

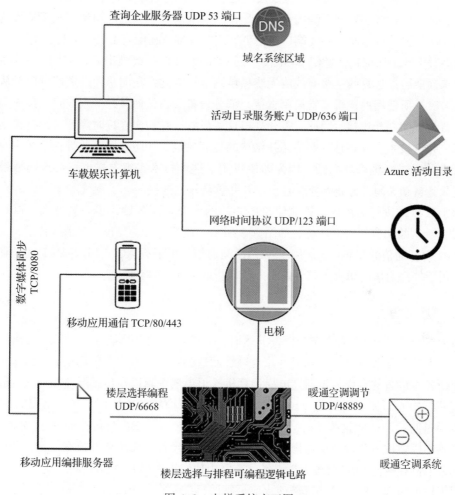

图 A-2　电梯系统交互图

这些警报会向管理员显示，基线通信不符合已知模式或已完全中断，暗示存在问题。所提供的警报和信息既可以是宏观层面（如系统间的持续通信），也可以是微观层面（如标题内容变化）。

A.3.4　执行的应用

即使已经完成了设备的识别和通信基线的映射，智能建筑中心系统的关键性仍引发了企业各方面的忧虑。因为只是试图评估冷却器漏洞就可能导致其意外关闭可能会产生明显影响，所以高层管理更加注重平衡正常运营与法规遵守之间的关系。在整个"零信任"测试的身份认证阶段，"关键大师"对每个系统都采用了不同程度的执行技术，并评估了这些技术对系统的影响。由于一些楼宇管理系统设备最初开发时并未考虑联网，因此在应用身份认证方面存在一定的风险。此阶段还确定了哪种执行技术对每个系统最有效。

对于许多运行楼宇管理系统的设备，最初的系统由一系列组件构建，尤其是可编程逻辑电路。这些组件可以通过 PCI 端口轻松更换，并且部分还配有 USB 1.0 接口。

这些设备装配商在 20 世纪 90 年代中期 PCI 和 USB 首次推出后，装配了一些组件，他们从未预期会通过总线连接有线或无线局域网卡。因此，在向总线发送信号以及从总线接收信号时，所使用的逻辑非常简单直接，部分设备会将任何强行接入或阻止接入交换机端口的行为视为断开连接。因此，需要规避这些设备，在初次连接时降低对设备类型的安全要求，并将技术实施转移到网络拓扑结构的更高层级，如防火墙。关键在于运用身份和漏洞管理阶段进行理解和判断，因为即使应用了这种技术实施方式也不会给网络带来错误。它只是自动关闭并停止响应，直至断开并重新建立连接。

鉴于分布式执行的需求，智能建筑中心的网络安全团队设计了一套方案，以在每个 VRF 和整个网络中实施安全功能，如图 A-3 所示。执行应用主要包括一系列技术，例如用于 VLAN 内部通信的 TrustSec、用于 VLAN 间通信的可下载 ACL、用于 VRF 间通信的防火墙、用于外部通信的防火墙以及用于外部解析的 DNS 策略。

A.3.5 防火墙

防火墙仍是 SBC 首选的安全设备。然而，无论远程站点功能如何，部署防火墙的标准都被认为过于复杂。SBC 公司是一家全球性制造公司，拥有多个创新中心和众多负责管理及更新各类设备的合作承包商。电梯计算机、恒温器逻辑以及传感器监控等紧急服务都是智能建筑中心所需关注的重点。因此，我们与供应商签订了协议，允许指定的 IP 地址和站点通过防火墙访问这些系统。除必要入站规则外，在 SBC 公司办公室内实际存在但工作地点不固定的承包商也被考虑在内。这些承包商经常需要到各办公室工作，并已签订协议允许他们在任何 SBC 公司大楼工作，需要为他们提供临时"运营基地"。

根据这项协议，SBC 公司部署防火墙规则的标准是将承包商的入站和出站例外情况复制到每台公司防火墙上，并为特定站点业务目的设定本地规则。然而，在提供智能建筑中心应用初始防火墙规则模板时，考虑到建筑内吞吐量和终端规模，发现大量规则可能会令大多数供应商的防火墙负荷过重。网络安全团队提供了 350 000 条需要填充至防火墙以实现目标的规则。由于这些规则可能给防火墙带来压力，因此需寻求其他解决方案。

优化防火墙规则的第一步是重新审视"零信任"原则中的"身份"环节，明确哪些规则适用于哪些承包商，并考虑是否有部分规则可以剔除。类似没有明确的资产管理数据库所带来的风险，SBC 公司每个企业防火墙都拥有数千条规则，但并未标注任何识别特征、备注或对其目的及生命周期的理解。为了精简防火墙规则，并进一步推广执行技术，SBC公司需评估哪些规则是必须保留的。许多早已应被删除的规则可通过不同机制在终端实施。因此，我们通过系列评估以深入了解防火墙规则。

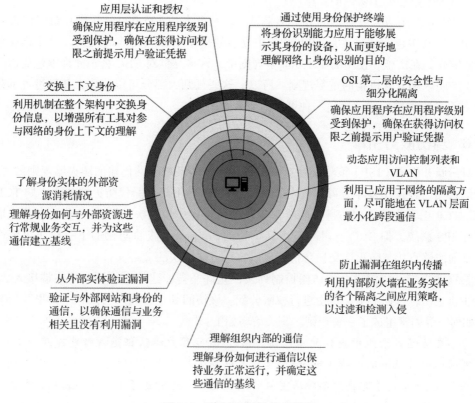

图 A-3　执行机制的分布情况

- 首先，我们会根据 SBC 公司内部的 DHCP 范围对每个防火墙规则进行评估，以确定是否可以识别出可疑所有者。SBC 公司采用分布式架构，各分支机构需通过园区或数据中心站点进行连接，这确实提供了一定的识别能力。某些 DHCP 范围只与少数业务部门的小型办公室相连。对于这些站点和已识别出的业务部门，我们不仅依赖 DNS 记录，还尝试利用现有知识和集体智慧来确定目标位置。
- 对于无法使用特定于站点的 DHCP 作用域轻松识别的连接，则对占用允许通过防火墙访问地址的最后一个已知终端执行 DNS 查找。SBC 公司在这方面的一个重要优势是集中式 SIEM 系统，该系统可根据企业要求记录长达 13 个月的数据，从而使企业能够回溯任何特定终端或用户在过去一年中的活动。
- 对于无法通过 DHCP 跟踪、部落知识、DNS 查询和日志分析确定的规则，我们会在公司四个园区防火墙上逐步禁用，但数据中心防火墙仍保持激活。如果用户不能通过某个数据中心访问目标地点，却能通过另一个数据中心访问时，他们可能会有所抱怨。只在园区防火墙上禁用规则的做法是为了在接收到这些投诉期间，尽量减少对业务的影响。此外，我们还可以根据业务优先级（如每个防火墙承包商数量）来决定禁用哪个防火墙。

对 350 000 条防火墙规则的分析结果显示，只有大约 125 000 条规则在组织内得到积极应用。这其中包括清除了近 50 000 条重复、效果不明显或无效的规则，因此总规则数量大幅减少。在实施和使用的 125 000 条规则中，许多是针对 SBC 公司允许承包商访问的所有 175 园区和分支机构的重复规则。所以，这些规则大部分可以简化，并通过可下载的 ACL 按设备类型应用——这是一种更为简洁高效的方法。

A.3.6 身份服务引擎

身份服务引擎（ISE）策略是针对少数目的地之间重叠子网传输的防火墙规则编写的。鉴于防火墙已经使用多年，可以确定 SBC 公司并未启用其下一代防火墙功能，如 TCP 随机化、TCP 正常化和入侵防御策略等都未在任何连接中应用。尽管 SBC 公司在防火墙外部部署了 IPS 系统，但 SBC 公司决定将其整合到 Firepower 威胁防御的下一代防火墙产品中，从而能够直接与防火墙交换身份信息以执行更深层次的策略。

根据此决定，我们设立了访问控制列表，允许非智能建筑中心网络的终端接入 24 个跳转主机之一，依据上下文身份进行权限分配。该访问基于"谁""什么""哪里""何时"和"如何"等因素组成了一套规则。相关策略如下：

> 在活动目录组中找到的承包商，通过 VPN 客户端认证进入智能建筑中心，并通过运行 Windows 或 Ubuntu 的笔记本电脑从外部访问 VPN，只能在工作时间内管理 24 个用于客户设备跳转主机的站点之一。这种基于上下文身份的规则大大简化了对承包商的管理，使规则数量减少了近 10 000 条。在 174 个外部站点中，每个站点至少有一个有线和无线子网被允许访问这些跳转主机。

随着防火墙规则的最小化，并且在任何防火墙供应商所能容纳的规则数量范围内，重心已转向企业、协作终端和访客。在智能建筑中心，创新团队致力于实现无纸化办公环境。所有标识可轻松更新，并在楼内策略性位置的屏幕上显示以共享信息。同时具备自动紧急指示功能，在紧急情况下引导至最近出口。进入大楼时，所有访客需在 iPad 上登记，并领取可复用并与 iPad 登记身份关联的徽章，以便在大楼内进行用户识别和追踪。我们希望确保所有演示均为数字化，并集中存储文件以方便移动设备使用。通过无线方式进行演示以减少大楼内电线数量。旨在实现清洁、节约及可持续发展的目标。

如前所述，智能建筑中心采用基于安卓和苹果的展示设备，可与任何设备连接并共享全屏或单个应用。当此目标同时应用于公司终端和访客时，便遇到了挑战。众所周知，所有合作终端都是企业 VRF 网络的一部分，尤其在考虑到软电话间全网流量连接需求时更为明显。这种通信模式也同样适用于大楼内的视频合作设备。然而，使用安卓和苹果展示设备对于合作和安全解决方案有着显著优势，因为它们可以被视为独立输入的合作设备。当触发屏幕共享时会切换至该输入源。因此，在防火墙及基于身份的策略保护下，"共享服务"VRF 网络允许企业终端和访客与这些设备进行通信。

这种基于身份的执行机制是思科身份服务引擎和 VRF 间防火墙（思科火力威胁防御平台）的组合功能。每个企业用户连接网络时，无论使用何种介质，都需要对网络进行身份认证，并实施授权策略。在此授权策略中，应用了 TrustSec 标签，将用户识别为企业终端上的企业用户。同样的流程也适用于 SBC 管理的移动设备，在会话中应用相似的企业移动 TrustSec 标签。访客通过 iPad 在安检处注册后可进入网络并获取登录凭证，然后将该凭证与他们的徽章和登陆访客网络的设备相关联。

对于使用个人管理手机的公司用户也采取了相似的处理方式。这些用户只需用活动目录凭证登录访客网络认证门户，而非注册时提供的凭据。这种做法为每位访客提供了所需的行为记录和归因级别，并且如果用户携带徽章离开园区或在园区内进行其他不法行为，还可以取消其访问权限。两种身份信息都以标签形式从身份服务引擎传输到 Firepower 威胁防护系统。这样一来，就能创建一条规则：允许企业 VRF 中的企业终端、移动设备以及访客 VRF 中的设备根据其上下文身份通过防火墙与共享服务 VRF 进行通信。此外，该方法还可限制任何访客或企业设备与同组内其他设备通信，从而避免恶意软件传播。同时也阻止了企业终端与访客设备间的通信，以防信息在可信和不可信来源之间共享。在允许三个组执行相同操作的同时，也防止了它们以不期望的方式通信。

物联网设备的管理也采用了类似的方法，确定这些设备具有管理图形用户界面。这些物联网设备存在于大楼的物联网 VRF 中，通常包括恒温器、传感器、用于安全和温度感应的 IP 摄像头，以及用于电梯、自动扶梯和智能玻璃的可编程逻辑电路。每套独立的系统都必须与某种管理控制器（如移动应用处理单元）及其各自的控制器进行交互，以实现系统功能。所有这些控制器都被统一放置在楼宇管理系统 VRF 中，通过 Firepower 威胁防护防火墙与传感器本身隔开。

与协作单元使用的认证授权方式一样，需要与其管理系统通信的终端在得到支持的情况下也配置了凭证，并进行了分析以确定设备功能。对于无法主动使用凭证验证网络的已知设备，其 MAC 地址会被输入资产管理数据库，作为系统交互测试完成后关键管理员新职责的一部分。如果终端的 MAC 地址在资产管理数据库中被找到，并且应该有一个设备配置文件，或者在参与网络时"看起来"应该是这样，那么就会为其提供相应的物联网标签。这些标签通过 Firepower 威胁防护防火墙控制与楼宇管理系统的交互，只允许已知和经过验证的协议和端口通过。

A.3.7　TrustSec 标签

智能建筑中心设定的初始目标之一是尽可能减少网络内任何利用行为对其造成的影响。这意味着，如果系统内的某个设备受到损害，执行机制将采取一系列措施以最大程度地降低对网络其他部分的潜在影响。这些措施包括在网络中使用 TrustSec 标签，在每台设备加入网络时分配给它，并与创建时生成的唯一会话 ID 关联起来。然而，如第 7 章所述，许多组织常犯一个错误：将所有终端作为一个整体，从而通过编写大量针对终端交互的策略增加运营负担。虽然智能楼宇中心使用了 TrustSec 标签，但"关键大师"团队仍需谨慎处理数百个潜在标签以避免给网络运营团队带来过大负担，最终确定在全网最多只部署 10 个主标签。每个主标签下都有额外"子标签"与特定终端组相关联，但只有在必要时才实施，并且会在智能楼宇中心启动一段时间后才实施。为使 10 个主标签发挥效果，需要考虑 VLAN 内设备间的交互以及哪些通信被视为关键通信。

为确保智能建筑中心不会超越其 TrustSec 能力的关键是明确需要用到 TrustSec 的具体用例。该方案涵盖了在同一 VLAN 中可能被利用的终端。最重要的是，我们可以通过其他方式控制通信，例如可下载的 ACL、独立的 VLAN 或防火墙上的 VRF 终端。为智能楼宇中心创建的 TrustSec 标签类型如下：

- 企业终端（个人计算机和受控移动设备）。
- 协作终端。
- IP 安全摄像机。
- 打印机。
- 打印服务器。
- 物联网。
- 访客。
- 楼宇管理系统。
- IT。

在识别和流量映射阶段，"关键大师"面临的最大挑战是 IP 摄像机的映射。我们发现，在智能建筑中心，IP 摄像机主要有两个用途：物理安全，以及热成像和环境温度测量。虽然各摄像机的固件不同，但连接网络时的行为却一致：设备刚接入网络时，会先通过多播信息与 VLAN 中的对等组建立联系，再发送广播信息询问应连向哪个网络视频录制系统进行画面传输。如果设备因快速开/关机事件或电源浪涌导致固件损坏，则会重置所有之前配置过的、与静态配置网络录像机相关的信息，并执行相同的操作。考虑到安全性，SBC 公司的安全团队决定更倾向于让摄像机动态地寻找并连接至网络录像机，并在失去连接后进行静态配置，而不是在技术人员访问物理设备之前就失去连接。这种行为必须经过风险分析，才能确定最佳处理方案。

如果同一 VLAN 上的设备利用漏洞，将所有 IP 安全摄像头开放点对点通信，可能会导致大楼内部物理连接中断。同时，阻止此类通信也可能导致相似问题，如在频繁发生事件时丢失设备。因此确定了需要在 6668 端口上进行通信的 IP 安全摄像头将受限其对等组本地端口来交换配置信息，并与防火墙进行组播和通信以便与控制器联系。然而由于这些摄像头在网络中起着重要作用并各有不同行为特征，因此它们被单独划分为 TrustSec 标签并应用特定策略。

　　其他设备，如恒温器和传感器，被视为更通用的物联网传感器，主要是因为这些设备配置丢失后都需要访问设备，但在完成访问前对楼宇日常运营的影响较小。这些设备在其同类组内可用于通信的端口数量有限，导致将使用一套共享端口进行通信。应用此结果时，需考虑到某些设备可能会通过错误的端口进行通信，而不仅仅是组内已监听所有允许的端口。

　　在智能建筑中心，大部分点对点流量都使用 TrustSec 标签进行了阻止，因为设备之间这种通信模式的需求有限。例如，我们希望改变与打印机通信的方式。为了保证所有打印任务都能实现数据泄漏防护、集中授权和易用性，IT 运营团队要求每台 PC 只能与集中打印服务器通信。然后由该服务器将打印任务转发至用户选择的打印机，并根据发送地推荐合适的打印机。由于个人计算机、打印机和服务器经常处于同一 VLAN 内，所以 TrustSec 标签是最佳应用方案。执行策略规定公司计算机只能与服务器通信，并禁止直接连接到打印机上。允许通过服务器来完成从个人计算机到打印机的信息传输，使服务器成为两者之间的核心节点以便于控制。

　　智能建筑中心需要摒弃传统的网络技术，如为特定类型的终端或部门分配 IP 地址块。因此，个人计算机、移动设备、打印机、打印服务器和企业设备应全部布局在一个 VLAN 中。这就需要使用 TrustSec 标签作为执行机制。然而，对于使用静态 IP 地址以便于管理的数字标牌设备，需要分配一组 IP 地址，既可供 IT 系统访问，又不会被标准企业系统访问，并且即使设备遭到攻击也不会感染其他数字标牌。为实现这一目标，在终端会话上我们设置了安全执行机制。

　　首个安全机制是将这些设备动态地分配到各自的 VLAN 中，这样即使这些设备在网络端口之间移动，特别是在需要大量数字标牌的会议区域，运营团队也几乎无须额外的开销。为此，数字标牌设备将使用其唯一凭证进行网络验证，根据其独特的终端属性进行配置，并以动态方式应用数字标牌专用的 VLAN。已连接终端的交换机虽然拥有 VLAN 但未被分配，可通过 RADIUS 进行配置，以为会话分配 VLAN。在动态分配 VLAN 的基础上，将 IoT 标签应用于数字标牌，以防止 IoT 设备之间进行点对点通信；最后应用可下载的访问控制列表，允许设备访问其两个位于楼宇管理系统 VRF 中、具有两个唯一 IP 地址的数字标牌控制器。

A.3.8　DNS

　　智能建筑中心在执行过程中遇到的最后一个难题是大规模使用云服务，包括公司内外的公共云。在"关键大师"进行通信确定、发现和流量分析阶段，发现 93% 的智能建筑中心终端都依赖云来托管某种形式的动态内容。不仅如此，几乎所有的智能助理设备都完全依赖云来提供内容，而且使用流媒体服务的健身房设备、访问云网站的个人计算机、从云接收固件更新的物联网恒温器以及向 SBC 公司自有云服务器发送读数的传感器等都对智能建筑中心的成功带来了巨大风险。智能建筑中心最担忧设备可能连接到已淘汰或无法使用的云服务器上。攻击者可能会重建这些资源，并用其进行包含恶意软件或勒索软件等非法行为。尽管已经采取了安全措施防止恶意软件传播，但还需要进一步降低从内部利用云服务所带来的潜在风险。

为了降低这种风险，智能楼宇中心建立了自己的 DNS 服务器，而非完全依赖企业 DNS 服务。这些 DNS 服务器作为企业 DNS 服务的补充，将所有外部解析请求转交给 Cisco Umbrella 进行处理。Cisco Umbrella 每日处理超过 1.7 亿次的 DNS 请求，提供了 SBC 公司的企业 DNS 无法比拟的智能化解析服务。对于每一个发送至 Umbrella 的 DNS 请求，都会根据所请求网站可信度等多项标准进行评估。这些标准包括：

- 注册的 DNS 记录时长。
- 注册时 DNS 记录的所有者。
- 网站是否根据请求提供了安全证书。
- Umbrella DNS 观察到的网站提供的内容。
- 提供内容的业务相关性。

Umbrella DNS 每日处理大量请求，其优势在于能够获取常见恶意软件和勒索软件的云资源访问信息，从而在流量到达相关网站前进行分类和主动阻止。对智能建筑中心来说，这意味着能够阻止可能伪造的网站，并具备在 Umbrella DNS 中过滤与业务无关内容的能力，同时向用户展示警告页面，如涉及成人、暴力、数据共享或明显政治性质的网站。此过滤器仅适用于企业 PC、物联网设备以及其他企业设备，并不适用于网络访客或个人手机区域。

A.3.9 分析

可以设想，整个智能建筑中心的分布式授权和执行机制需要处理和利用大量的数据集进行分析，既影响策略，又要解决网络中动态应用控制流量穿越的问题。智能建筑中心配备了一个 SIEM 系统，用于处理安全事件，包括认证是否通过、防火墙允许或拒绝的流量，以及尝试登录整个网络系统的系统日志事件等，但架构中仍存在一些重大缺陷。SBC 公司的管理层非常关注安全工作与阻止的对智能楼宇中心潜在威胁数量之间的关系。其中一个考虑因素是被完全禁止访问网络而无法通信的设备数量；另一个考虑因素是由于启动 TrustSec，在传输过程中被阻断的流量数目。TrustSec 并不是状态防火墙，它会切断同一 VLAN 内终端间的通信；但在某些网络接入设备上，它不能显示已经切断通信。这种情况使得评估通信切断发生的位置以及预期失败时的故障排除都变得更加困难。

为了降低故障排查和分析的需求，智能建筑中心采纳了三种产品。首先是安全网络分析（SNA）。安全网络分析能够收集整个网络的 NetFlow 流量，并指出流量未到达目的地的路径（包括源头和目的地）。这是基于对预期路径的观察以及数据包是否能抵达最终设备。例如，若一台 PC 试图直接与数字显示设备通信，流量记录将显示由于 TrustSec 策略导致未授权流量，并在数字显示设备连接的交换机上切断此通信。然后，可以将此故障记录在 SIEM 中并进行分析，以确定访问尝试是误操作（如偶发性访问），还是有模式可循的访问尝试，如扫描网络或企图向设备写入恶意信息（如数据包中内容所示）。

此外，"关键大师"和 IT 运营团队一直在使用安全网络分析，致力于改变 SBC 的文化，只允许预授权和批准的设备接入网络。但是，仍有大量资源会未经授权地购买或引入设备。在遵循已有策略基础上，对设备进行用户凭证验证，并在发现未经授权的设备时提供文档给 IT 运营部门。设备所有者还需说明设备类型、其与网络业务的关联性以及为何该设备没有通过正确流程接入网络。这些请求多数都提到了"成功时间表"，并表示公司文化转变过程十分缓慢。

在智能建筑中心成立的前几个月，IT 运营团队一直在培训员工掌握正确流程，同时利用安全网络分析技术动态确定终端需要通信的资源，并允许终端保持与其分配交换口的连接。工厂运营团队采取了静态隔离未经授权设备并提供最低限度网络访问权限的方式，然后进行动态分析以创建适当的授权策略。但由于这种做法干扰了 IT 运营的其他优先任务，在智能建筑中心正常业务期的第一个季度结束后就被停止了。结果是，用户必须等到策略确定后才能通过相应流程入网。

智能建筑中心主要利用思科安全工作负载（Cisco Secure Workload）来分析流量。这是对所有部署的物理和虚拟服务器的一项要求。其目标是分析服务器与终端之间的通信，以便在交互行为超出预期消耗资源时发出警报。例如，防止跨站点脚本或命令注入等不良行为，在观察到此类情况时，安全负载会向相关虚拟服务器发出警报。由于数据中心交换机受限于智能建筑中心本地配电设施，安全负载可以直接将策略应用于服务器，而无须依赖连接的交换机。安全工作负载通过修改服务器上的 IP 表来调整其通信，以满足策略服务器（即安全工作负载管理中心）的严格通信要求。这样一来，就能轻松地将策略应用到物理服务器的端口和协议级别。

在智能建筑中心中，手机云服务主要用于导航和预约电梯，这也是思科安全工作负载的重要功能。楼宇导航所需的大部分资源，以及与电梯、智能照明等设施交互的服务器端应用处理都由一家主流公共云提供商托管。尽管可以根据允许的端口和协议对云服务器进行分类和关联，但识别哪些设备正在与这些服务器交互，并执行相关策略，仍是智能楼宇中心需要重点关注的问题。通过修改 IP 表，思科安全工作负载可以提供与物理服务器相当的可视性、执行力和分析能力。

智能建筑中心部署的最后一个分析引擎是思科千里眼（Cisco Thousand Eyes）。大楼依赖于关键的物联网系统，而这些系统可能会对大楼使用者的健康和安全产生影响，因此智能楼宇中心的一个主要目标就是防止网络管理员抱怨"我的终端连接太慢了！"思科千里眼系统的实施可持续测量楼宇内以及云端的连接指标，以发现高延迟和应用程序或服务器宕机时间。它还用于测量响应时间，以便更轻松地确定终端是否无法访问应用程序、响应时间是否受到影响，或者是否应该向终端发起咨询，以确定它为什么不能在合理的时间内访问应用程序服务器或处理来自应用程序服务器的信息。

A.4　结论

随着智能建筑中心的成功，以及为解决智能楼宇中心规划阶段暴露出的局限性而对组织进行的改革，SBC 公司决定将零信任模式应用于所有新建楼宇部署、翻新楼宇以及优先维护的房地产。该公司并非所有房地产都集成了智能设备。但是，每栋楼内都有大量设备，在识别阶段之前，这些设备都是无法连接的。

通过分析智能建筑中心在零信任之旅中成功的步骤，SBC 公司可以为其他建筑的发展和里程碑制定路线图和评估标准。相比于"大楼何时能实现安全可靠？"这个问题，"大楼处于哪个阶段，进展到什么程度？"更具有价值，这可以用来确定进展情况。

"零信任"是一段旅程，对于追求"零信任"的组织来说并没有所谓的终点。从网络中消除信任是一个持续且永无止境的过程。图 A-4 所示的"零信任之路"无疑是一段旅程。然而，对于选择追求"零信任"的组织而言，在整个过程中实现的价值思维方式是投资最大的收获，并有助于组织在旅程中像地图一样验证所处的位置。

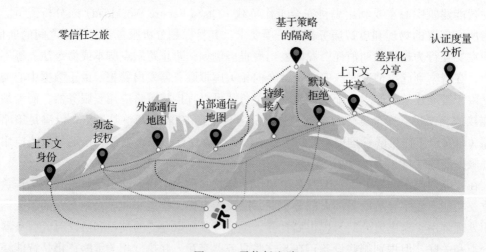

图 A-4　零信任之路

对于智能建筑中心来说这个过程还在继续，包括新设备的接入、供应商对设备生命周期的支持以及替换设备的需求，并且要给供应商提供必要的访问权限。幸运的是，"零信任"原则为 SBC 提供了一条清晰路线图，使其能够精准执行上述任务，确定自己实现价值的优先方向，并保持作为全球最智能和以人为本的楼宇之一进行运营。

尽管该组织已更名，但我们希望这个真实案例能帮助组织理解并有效规划自身的用例，从而达成目标，并开启成功的零信任之旅。